高等学校信息技术
人才能力培养系列教材

U0647147

计算思维与
人工智能基础实验

徐月美 王新 周勇 ◉ 主编

Experiments on Computational Thinking and
Fundamental of Artificial Intelligence

人民邮电出版社
北京

图书在版编目（CIP）数据

计算思维与人工智能基础实验 / 徐月美，王新，周勇主编. -- 北京：人民邮电出版社，2023.9
高等学校信息技术人才能力培养系列教材
ISBN 978-7-115-62012-5

Ⅰ. ①计… Ⅱ. ①徐… ②王… ③周… Ⅲ. ①计算方法－思维方法－高等学校－教材②人工智能－实验－高等学校－教材 Ⅳ. ①O241②TP18-33

中国国家版本馆CIP数据核字(2023)第113778号

内 容 提 要

本书是《计算思维与人工智能基础（第 2 版）》的配套实验教材。本书紧跟计算机技术发展潮流，以"基础性、系统性、先进性、实用性"为指导思想，主要实验内容包括 Windows 10、Word 2016、Excel 2016、PowerPoint 2016、Visio 2016、网络信息检索、算法设计、基于 Weka 平台的机器学习算法实现。

本书强调计算机实际应用能力的培养，实验内容注重由浅入深、详略得当、图文并茂、示例精练。通过本书的学习，读者可熟练地使用计算机，并加深对计算思维与人工智能基础理论知识的理解。

本书适合作为高等学校非计算机专业计算机基础课程的实验教材，也可作为计算机应用培训班实验教材和计算机初学者的自学实验用书。

- ◆ 主　　编　徐月美　王　新　周　勇
  责任编辑　李　召
  责任印制　王　郁　陈　犇
- ◆ 人民邮电出版社出版发行　　北京市丰台区成寿寺路 11 号
  邮编　100164　　电子邮件　315@ptpress.com.cn
  网址　https://www.ptpress.com.cn
  三河市君旺印务有限公司印刷
- ◆ 开本：787×1092　1/16
  印张：11.75　　　　　　　　2023 年 9 月第 1 版
  字数：340 千字　　　　　　　2025 年 7 月河北第 8 次印刷

定价：42.00 元

读者服务热线：**(010)81055256**　印装质量热线：**(010)81055316**
反盗版热线：**(010)81055315**

前 言

随着互联网、大数据、云计算和物联网等技术的不断发展，人工智能深刻改变了人类的生活。2017年，国务院印发《新一代人工智能发展规划》，要求实施全民智能教育项目，支持开展形式多样的人工智能科普活动，鼓励广大科技工作者投身人工智能的科普与推广中，全面提高全社会对人工智能的整体认知和应用水平。2018年，教育部印发《高等学校人工智能创新行动计划》，提出将人工智能纳入大学计算机基础教学内容。

在这种背景下，周勇教授教学团队编写了《计算思维与人工智能基础（第2版）》。本书是《计算思维与人工智能基础（第2版）》的配套实验教材，针对学生的现状和需求组织实验内容，以实际应用为目标，将计算思维与人工智能基础知识讲解和应用能力培养相结合，为学生运用计算机知识和技术解决各专业领域实际问题奠定扎实的基础。通过本实验教材的学习，读者能够更好地理解和运用计算思维，更好地理解人工智能的经典方法。本套教材在培养读者的计算思维与人工智能应用能力方面具有基础性和先导性作用。

本书由长期从事计算机基础教学、科研工作的骨干教师编写。教材大纲由全体参编教师共同讨论确定，徐月美、王新、周勇担任主编，负责统稿。具体编写分工如下：第1章、第5章、第6章由徐月美编写，第2章、第3章和第4章由高娟编写，第7章由王新编写，第8章由周勇编写。

教师使用本书时可根据不同的教学目的和对象对内容进行选择。根据本书的定位，建议每章最低学时分配如下。

章	实验内容	实验学时
第1章	Windows 10	2学时
第2章	Word 2016	4学时
第3章	Excel 2016	4学时
第4章	PowerPoint 2016	4学时
第5章	Visio 2016	2学时
第6章	网络信息检索	2学时
第7章	算法设计	6学时
第8章	基于Weka平台的机器学习算法实现	8学时
合计		32学时

本书的编写得到了中国矿业大学教务部和计算机科学与技术学院领导的关心和大力支持。编者参阅和引用了大量参考文献，在此对相关作者表示衷心的感谢。

　　由于编者水平有限，书中难免有欠妥和疏漏之处，恳请专家和读者批评指正。

编者

2023 年 5 月

目　录

Windows 10

Windows 10 是微软（Microsoft）公司 2015 年发布的跨平台及设备的操作系统，涵盖 PC、平板电脑、智能手机、Xbox 和服务器。该版本在易用性、安全性等方面更优秀，是目前最优秀的操作系统之一。Windows 10 面向不同的用户群体，共有 7 个版本，即家庭版、专业版、企业版、教育版、移动版、移动企业版和物联网核心版。本章对 Windows 10 PC 端家庭版的基本使用方法做简要介绍。

学习指导

一、Windows 概述

1. Windows 10 的桌面

桌面是用户打开计算机并登录到 Windows 之后看到的主屏幕区域，其布局如图 1-1 所示。桌面，顾名思义，就像我们平常使用的桌子台面一样，桌面上可以放置桌面背景、桌面图标。在 Windows 中，桌面是各种操作的起点，所有的操作都是从桌面开始的。

图 1-1　Windows 10 的桌面

桌面上排列的一些小图案被称作"图标"，分别代表一个对象。双击桌面图标可以快速打开存储在计算机中的对应文件或应用程序。桌面图标中有系统图标、用户自己添加的程序或文件（文件夹）图标，以及快捷方式。

系统图标是 Windows 10 自带的具有特殊用途的图标，常见的有"回收站""此电脑""网络""控制面板""用户的文件"。快捷方式的左下角比一般图标多一个小箭头。快捷方式提供了对常用程序和文档等项目的访问捷径，双击快捷方式即可启动程序或打开文档。快捷方式不改变程序或文档的存储位置，只是在用户与程序或文档之间建立了一个链接，因而删除快捷方式时，程序或文档文件的内容不会被删除。

桌面的底部是 Windows 10 的任务栏，任务栏由"开始"按钮、搜索框、"任务视图"按钮、快速启动区域、活动任务区域、通知区域和"显示桌面"按钮组成。下面对任务栏的功能做简要介绍。

用鼠标左键、右键单击"开始"按钮，将分别弹出"开始"菜单和快捷菜单（快捷菜单也叫弹出式菜单）。Windows 的许多操作都是从"开始"按钮开始的。

"搜索框"是 Windows 10 任务栏上新增加的功能，可以搜索本地计算机中的文件，也可以搜索互联网中的信息。

Windows 10 任务栏上新增的"任务视图"按钮，是多任务和多桌面的入口。单击该按钮，可以浏览当前计算机中所有正在运行的任务程序（见图 1-2），可以在打开的多个窗口之间快速切换。用户还可以在任务视图中新建桌面，将不同的任务程序"分配"到不同的"虚拟"桌面中，从而实现多个桌面下的多任务并行处理。

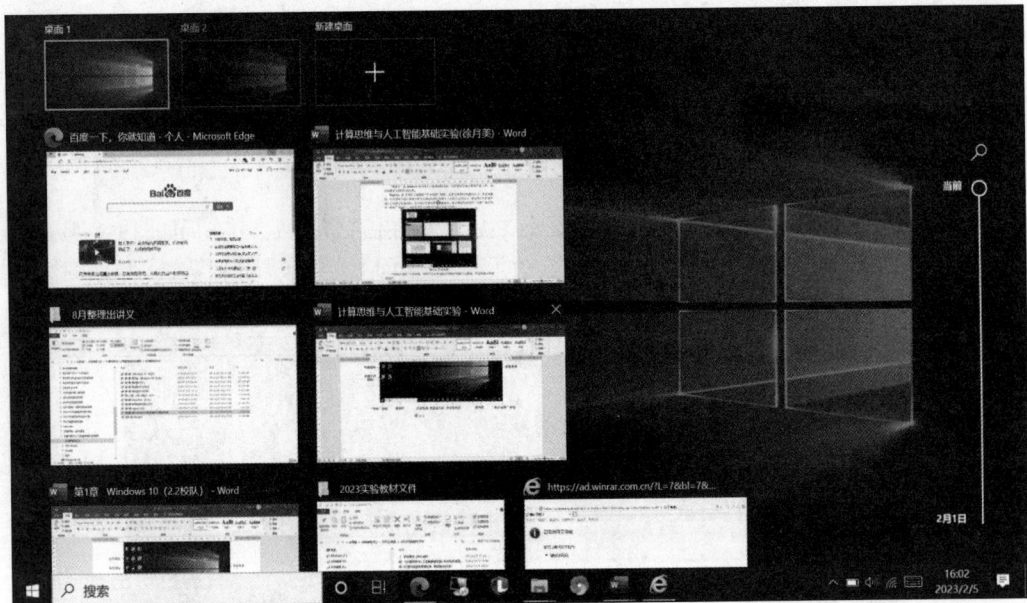

图 1-2　任务视图

"快速启动区域"中可放置一些用户经常访问的应用程序快捷方式，以便快速启动这些程序。

"活动任务区域"显示所有正在运行的应用程序的任务按钮，单击这些任务按钮可进行应用程序间的快速切换。

"通知区域"用于显示在后台运行的应用程序和其他通知，主要包括语言输入法、音量控制、当前系统日期和时间、新通知等图标，通过这些图标可以切换输入法、设置日期和时间、调节音量等。

任务栏的右端是"显示桌面"按钮，单击该按钮可快速切换到桌面，若要还原打开的窗口，可以再次单击该按钮。

在 Windows 10 中，任务栏也具有预览功能，当鼠标移动到任务栏上相应的任务按钮时，用户可预览这个程序打开的所有窗口。

在 Windows 10 的桌面上，除了可以把程序窗口拖动到任意位置，还可以使用贴靠功能来快速布置窗口。桌面的贴靠点有左侧贴靠点、右侧贴靠点、上贴靠点、左上贴靠点、左下贴靠点、右上贴靠点、右下贴靠点。拖动窗口标题栏到左侧（或右侧）贴靠点，贴靠点会出现波纹，此时松开鼠标左键，则

< 2 >

窗口将在桌面左半区域（或右半区域）固定，如图 1-3 所示的窗口左侧贴靠，此时单击桌面右半区域，则其他窗口恢复原始大小和位置，若单击的是桌面右半区域上的某个窗口，则被单击的窗口填充右半区域，其他窗口恢复原始大小；拖动窗口标题栏到上贴靠点，窗口将最大化；拖动窗口标题栏到左上、左下、右上、右下贴靠点，窗口则以 1/4 的大小贴靠到相应位置。

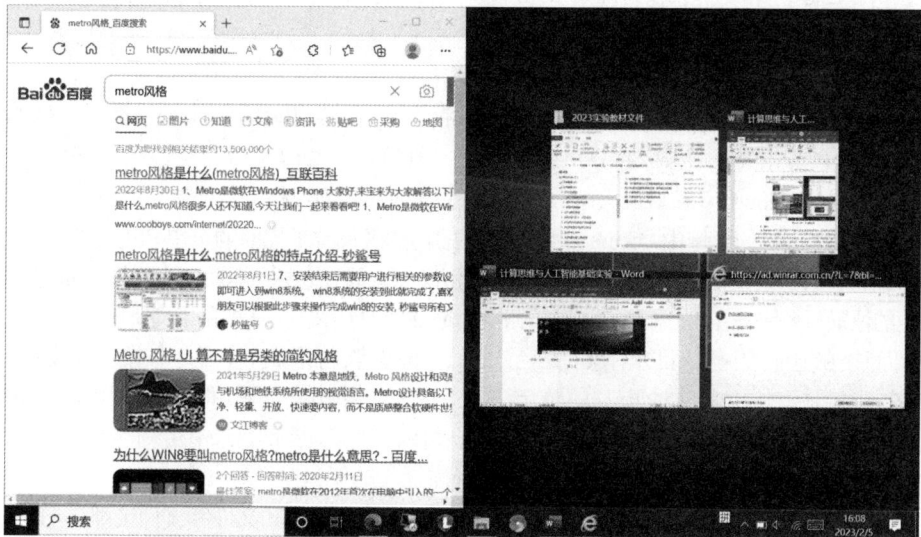

图1-3　窗口左侧贴靠

2．窗口

在 Windows 10 中，窗口是用户界面中最重要的组成部分，是各种应用程序工作的区域。双击应用程序或文档图标，就可以打开一个应用程序窗口或文档窗口；若同时运行多个应用程序或打开多个文档，桌面上就会有多个窗口。图 1-4 所示为"此电脑"窗口，由标题栏、菜单栏、功能区、导航栏、地址栏、搜索栏、导航窗格、内容窗格、预览窗格和状态栏等组成。

图1-4　Windows 10 窗口组成

① 标题栏：位于窗口的顶部，用于显示当前的目录位置。用鼠标拖曳标题栏可以移动窗口；双击标题栏可以使窗口最大化（或还原）。

< 3 >

② 控制按钮：位于标题栏的右端，由"最小化""最大化（向下还原）""关闭"3 个按钮组成，用于控制窗口的形态。

③ 快速访问工具栏：位于标题栏的左边，默认有 4 个按钮，从左向右依次为"窗口控制菜单"按钮、"属性"按钮、"新建文件夹"按钮和"自定义快速访问工具栏"按钮。"自定义快速访问工具栏"按钮显示为一个下拉按钮，单击此按钮将弹出下拉列表，如图 1-5 所示，可以在下拉列表中进行选择，将需要的常用功能按钮添加到快速访问工具栏中，例如，图 1-5 中添加了"撤销"和"恢复"两个按钮。

④ 菜单栏：位于标题栏的下方，列出用户可使用的菜单名，以"选项卡标签"（或称"选项卡名称"）的形式显示。单击某选项卡标签，则打开相应的功能区，可从中选择需要的命令。例如，图 1-4 的窗口中，菜单栏显示的选项卡标签分别是"文件""计算机""查看"。

⑤ 功能区：Windows 10 窗口最大的改进是采用 Ribbon 界面风格的功能区。Ribbon 界面把命令按钮放在一个带状、多行的区域中，Ribbon 界面风格的功能区代替了先前的菜单和工具栏。

⑥ 导航栏：由一组导航按钮、地址栏和搜索栏组成。导航按钮包括"返回"按钮←、"前进"按钮→、"最近浏览的位置"按钮 ∨ 、"上移到……"按钮↑。地址栏中显示的是从根目录到所选对象所在目录的路径；也可以直接在地址栏中输入目标对象的路径，然后单击地址栏右侧的"转到"按钮→或按 Enter 键，快速到达要访问的目标对象位置；对于已联网的计算机，在地址栏中输入网页的地址，即可启动浏览器并打开该网页。通过搜索栏中输入要查找信息的关键词，可以快速找到当前目录中相关的文件或文件夹。

⑦ 导航窗格：在窗口的左侧，为用户提供了导航操作的便利途径。

⑧ 内容窗格：用于显示当前文件夹中的内容。所有当前位置上的文件和文件夹都显示在内容窗格中，文件和文件夹的操作也在内容窗格中进行，因此内容窗格是 Windows 10 最重要的部分。

⑨ 预览窗格：在内容窗格中选择一个文件，就可以在预览窗格中预览该文件的内容。

⑩ 状态栏：位于窗口的底部，用来显示对象的状态信息。

3. 对话框

Windows 的对话框是变化最多的一种界面。不同的对话框，其大小和形状各不相同，但基本功能都是提供人机交互的界面，等待用户输入信息，从而确定程序的执行方式；也可通过对话框显示附加信息和警告。一般情况下，当某个命令后面有"..."（见图 1-6）或功能区带箭头按钮 ⌐（见图 1-7）时，表示执行命令会出现一个对话框。图 1-8 所示即为单击图 1-6 中"文字方向选项(X)..."命令后打开的"文字方向"对话框。

对话框的组成元素包括标题栏、选项卡、单选按钮、复选框、命令按钮、文本框、列表框、下拉列表框、数值框、帮助按钮等，如图 1-9 所示。

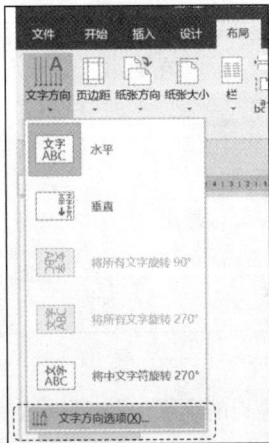

图 1-5　自定义快速访问工具栏

图 1-6　带"..."的命令

< 4 >

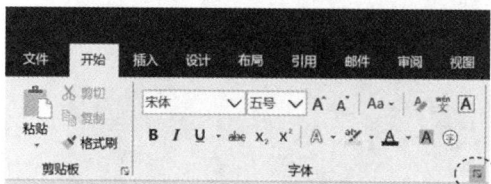

图1-7　带 按钮的功能区

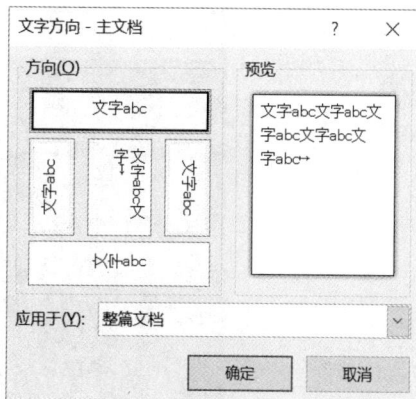

图1-8　"文字方向"对话框

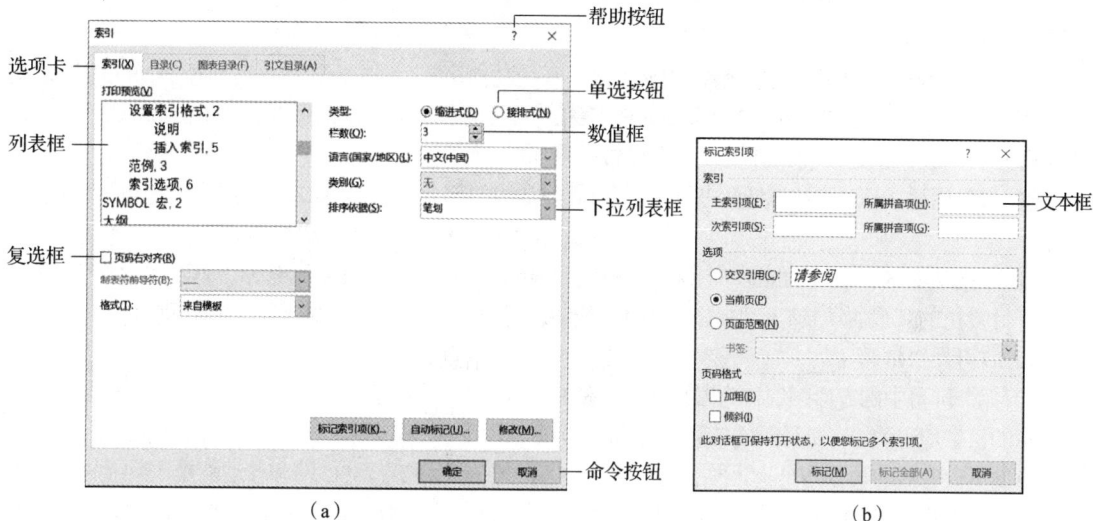

图1-9　"索引"对话框

（a）

（b）

① 选项卡：用来组织多个页面，单击某个选项卡的标签可以切换到相应的选项卡，设置相关参数。

② 单选按钮：一组单选按钮中，一次只能有一个单选按钮被选中。

③ 复选框：在一组复选框中，可以同时选择多个复选框，也可以一个都不选。

④ 命令按钮：命令按钮上通常显示该按钮要完成的工作，单击该按钮执行相应的命令。

⑤ 文本框：允许用户直接在文本框中输入文字。

⑥ 列表框：将各种选项以列表的形式显示出来，供用户选择。

⑦ 下拉列表框：当用户单击下拉列表框右侧的按钮 时，就会弹出下拉列表，列出可供选择的选项。

⑧ 数值框：单击增减按钮可以改变数值的大小，也可以直接输入数值。

⑨ 帮助按钮：单击此按钮可获得有关该项目的帮助信息。

4. "开始"菜单

单击桌面左下角的"开始"按钮，或按 Ctrl+Esc 组合键，或按 Windows 键 ，即可打开"开始"菜单。利用"开始"菜单几乎可以完成所有的 Windows 操作。

Windows 10 的"开始"菜单由"开始"列表和"开始"屏幕组成，如图1-10所示。

< 5 >

图 1-10 "开始"菜单

（1）"开始"列表

"开始"列表包括用户账户、最常用显示区、系统功能区等。"开始"列表适合于 PC 的鼠标操作。

① 用户账户：显示登录的当前用户账户名称，可以是本地账户，也可以是 Microsoft 账户。单击用户账户可以进行锁定、注销和更改账户设置等操作。

② 最常用显示区：列出最近添加的程序和最近常用的部分程序，单击某一项则可快速启动相应的程序。

③ 系统功能区：系统功能涉及文档、图片、文件资源管理器、设置、电源。单击"设置"按钮，可打开计算机的"设置"窗口；单击"电源"按钮，可以选择让计算机睡眠、关机或重启。

（2）"开始"屏幕

"开始"屏幕中的方形图块称为磁贴或动态磁贴，其功能类似快捷方式，与快捷方式不同的是，磁贴上显示的信息是活动的，是最新的信息。"开始"屏幕采用了 Metro 风格，通常显示常用的磁贴，主要是为了方便平板电脑的触屏操作。"开始"列表结合"开始"屏幕实现了 PC 端和移动端操作系统的统一。

用鼠标拖曳"开始"屏幕的上边沿或右边沿，可以改变"开始"屏幕的高度和宽度。"开始"屏幕中的磁贴是可以动态添加的，若要添加，则在"开始"列表中的项目上单击右键，然后在弹出的快捷菜单中单击"固定到'开始'屏幕"。如图 1-11 所示，用户通过此方法添加了"画图 3D"磁贴。在"开始"屏幕中，单击某个磁贴，则立即启动相应程序，打开该程序窗口；右键单击某个磁贴，则在弹出的快捷菜单中可对该磁贴进行操作，包括从"开始"屏幕取消固定、调整磁贴的大小、关闭动态磁贴、固定到任务栏、卸载等，如图 1-12 所示；拖动磁贴，可以改变磁贴在"开始"屏幕上的位置或分组。

图 1-11 添加"画图 3D"磁贴

< 6 >

图 1-12　对磁贴的操作

5．Cortana（小娜）

Cortana（小娜）是 Microsoft 发布的第一款个人智能助理，是微软在机器学习和人工智能领域的尝试。Cortana 的功能非常强大，用户可以用它来搜索硬盘内的文件、系统设置、安装的应用程序，甚至互联网中的信息，例如，用户可以让小娜告诉自己当前的资讯。启动 Cortana 需要先使用 Microsoft 账户登录 Windows 10 操作系统。Cortana 必须在接入互联网的计算机中使用，它是与搜索栏的搜索功能融合在一起的。

6．任务管理器

Windows 的"任务管理器"显示计算机所运行的应用程序、进程等信息，以及 CPU、内存等的使用情况。如果计算机已联网，还可以查看当前网络运行状态。

7．Windows 10 的帮助功能

与 Windows 7 不同，Windows 10 没有提供联机帮助功能。要获取 Windows 10 的帮助信息，操作方法有很多种，这里简单介绍两种。

方法一：使用 Cortana（小娜）。Cortana 是 Windows 10 自带的虚拟助理，它不仅可以帮助用户搜索文件，而且能够回答用户的问题，因此有问题找 Cortana 是一个不错的选择。当用户需要获取一些帮助信息时，比较快捷的办法就是去询问 Cortana，看她是否可以给出一些回答。

方法二：使用 F1 键。F1 键一直是 Windows 内置的快捷帮助入口。Windows 10 只将这种传统功能继承了一半。如果用户在打开应用程序的情况下按 F1 键，而该应用提供了自己的帮助功能，则会打开帮助文件；如果该应用没有提供自己的帮助功能，Windows 10 将调用用户当前的默认浏览器打开必应（Bing）搜索页面，以获取 Windows 10 中的帮助信息。

二、Windows 10 文件和资源管理

文件资源管理器是 Windows 10 提供的用于访问和管理计算机系统资源的工具，使用它可以帮助用户管理和组织系统中的各种软硬件资源，查看各类资源的使用情况。要打开"文件资源管理器"窗口，可以右键单击"开始"按钮，在弹出的快捷菜单中选择"文件资源管理器"命令，如图 1-13 所示。

Windows 10 的"文件资源管理器"窗口主要由地址栏、搜索栏、功能区、导航窗格、内容窗格、预览窗格、状态栏等组成。

< 7 >

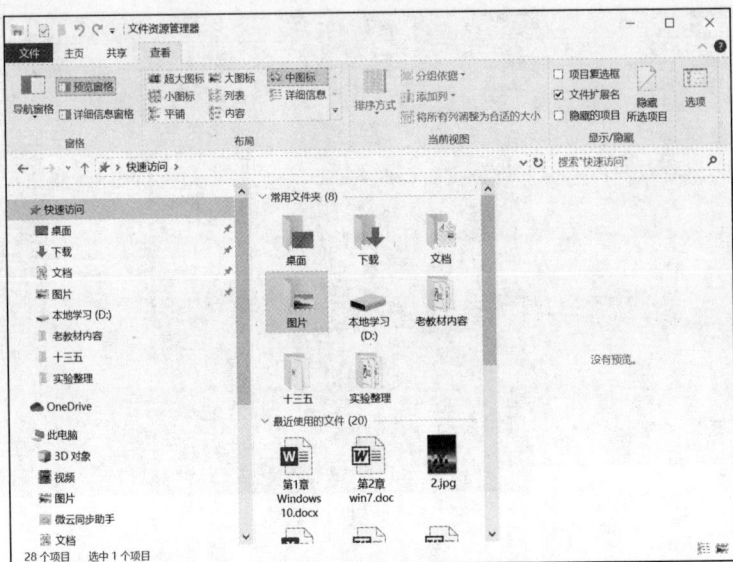

图 1-13 "文件资源管理器"窗口

导航窗格中显示以树形目录结构展示的"文件夹",涵盖当前计算机的所有资源;内容窗格显示的是左侧导航窗格中选中的文件夹中的内容,是用户进行操作的主要场所,可进行文件或文件夹的选择、打开、复制、移动、新建、删除、重命名等操作;预览窗格默认不显示,可单击"查看"功能区中的"预览窗格"按钮来控制其是否显示。

将鼠标指针置于文件资源管理器的窗格分隔线上,当鼠标指针变成双箭头⇔时,通过按住鼠标左键拖动,可以改变各窗格的相对大小。

用户打开"文件资源管理器"窗口默认显示的是"快速访问"界面,如图 1-13 所示,在内容窗格中上部分显示的是"常用文件夹"列表,下部分显示的是"最近使用的文件"列表,方便用户快速打开经常操作的文件夹或文件,而不需要反复通过硬盘进行查找。

1.文件及文件夹

文件是记录在外存储器(硬盘、U 盘或光盘)上的一组相关数据的集合,它是操作系统中用来存储和管理信息的基本单位。文件可以是各种程序文件和文档文件。一个存储盘上通常存有大量的文件,Windows 以树形文件夹(文件夹也称为目录)结构组织和管理文件,用户可以把不同类型或属于不同用户的文件保存在不同的文件夹中,以便于分组和归类管理。

在 Windows 10 中,任何一个文件都有文件名,对文件的存取采用按名存取的方式。文件名格式一般为"主文件名.扩展名"。主文件名描述文件的内容,扩展名(一般由 0~4 个字符组成)用以标识文件类型和创建此文件的程序。文件名中可以没有扩展名,但不能没有主文件名。

在文件资源管理器中,对文件或文件夹的操作主要有以下几种:选择、新建、复制、移动、重命名、删除、发送、查找,以及修改文件或文件夹属性。

2.库

从 Windows 7 开始就出现了"库",库是浏览、组织、管理和搜索具备共同特性的文件的一种方式,即使这些文件存储在不同的地方。库可以按文件类型对文件进行集中管理,如视频、图片、文档、音乐,以及其他类型。库类似于文件夹,但实际上并没有真实储存数据,仅是文件、文件夹的一种映射。它采用索引文件的管理方式,监视其包含项目的文件夹,并允许用户以不同的方式访问和排列这些项目。库中的文件都会随着原始文件或文件夹的变化而自动更新,并且允许以同名的形式存在于库中。

< 8 >

Windows 10 能够自动为视频、图片、文档、音乐等类型创建库，用户也可以创建自己的库，对不再需要的库进行删除，还可以在库中添加文件夹。不同类型的库，库中项目的排列方式不尽相同，例如，图片库的排列方式有"月""天""分级""标记"等选项而文档库的排列方式有"作者""修改日期""标记""类型""名称"等选项。

3．OneDrive

OneDrive 是 Microsoft 推出的一项云存储服务，是 Microsoft 账户随附的免费网盘，用户可将文件保存到其中，然后在任意 PC、平板电脑或智能手机的系统上免费安装 OneNote 应用，就可以随处访问存储的内容。Windows 10 中默认集成桌面版 OneDrive，支持文件和文件夹的复制、粘贴、删除等操作。

Microsoft 为每一个账户提供一定量的免费在线云存储空间，如果需要更大的存储空间，则需要另行购买。

4．快捷方式

快捷方式是定制桌面、对文件进行快速访问的最为重要的方法，它实际上是一个指针，直接指向相应的对象。在桌面上为某个应用程序创建一个快捷方式，就可以从桌面直接运行该程序，就像从该程序所在的文件夹中运行一样。用户可以为应用程序、文件夹、文件等对象创建快捷方式，快捷方式可以放在桌面上、"开始"菜单中或任意文件夹里。

5．剪贴板

剪贴板是 Windows 在内存中开辟的一个临时存放、交换信息的区域。利用剪贴板可以实现应用程序之间的信息交换，从而达到信息共享的目的。将应用程序中的文本、图形等信息剪切或复制到剪贴板中，然后使用"粘贴"命令即可将剪贴板中的内容传送到需要交换信息的应用程序中。

6．回收站

回收站是 Windows 操作系统中的一个系统文件夹，默认在每个硬盘分区根目录下的 Recovery 文件夹中，该文件夹通常是隐藏的。当用户从硬盘或桌面上删除某些对象（如文件、文件夹、快捷方式等）时，Windows 实际上并未永久地删除它们，而只是将这些对象移到回收站中，它们仍然占用存储空间。只有清空回收站或删除回收站里的对象，才能永久删除它们，并释放存储空间。因此，在清空回收站之前，可以恢复被错误删除的对象。

三、控制面板与设置

控制面板是用来进行系统设置和设备管理的一个工具集。用户可以通过它修改系统设置，安装新的软件和硬件，对多媒体、网络、输入输出设备进行管理，根据自己的爱好更改显示方式，设置打印机、鼠标、键盘、桌面等。

"控制面板"窗口的界面有两种形式：分类视图和图标视图，如图 1-14（a）和图 1-14（b）所示。默认情况下显示分类视图，它把相关的控制面板项目和常用的任务组合在一起，以组的形式呈现在用户面前。单击图 1-14（a）中"查看方式：类别"下拉按钮，可在分类视图和图标视图之间切换。

为了适应智能手机、平板电脑等触屏设备，Windows 10 引入了 Windows 8 中的"设置"，如图 1-15所示。

"设置"窗口虽然也是控制计算机的工具，但在功能上还不足以完全取代控制面板，所以在 Windows 10 中既有"设置"又有控制面板。"设置"窗口易于操作，适合于触屏设备，而控制面板突出了全面和细致，更适合在计算机中使用。

< 9 >

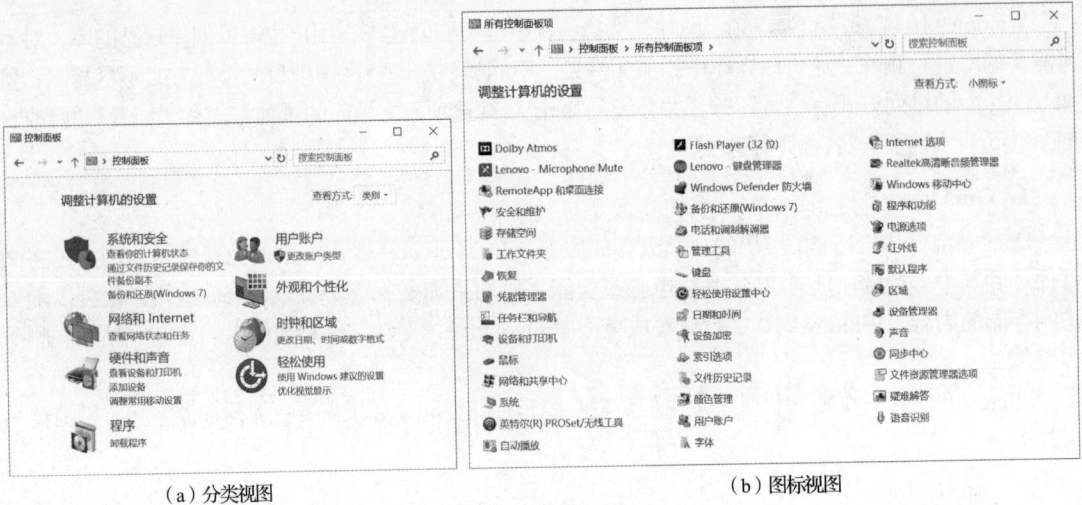

（a）分类视图　　　　　　　　（b）图标视图

图 1-14　"控制面板"窗口

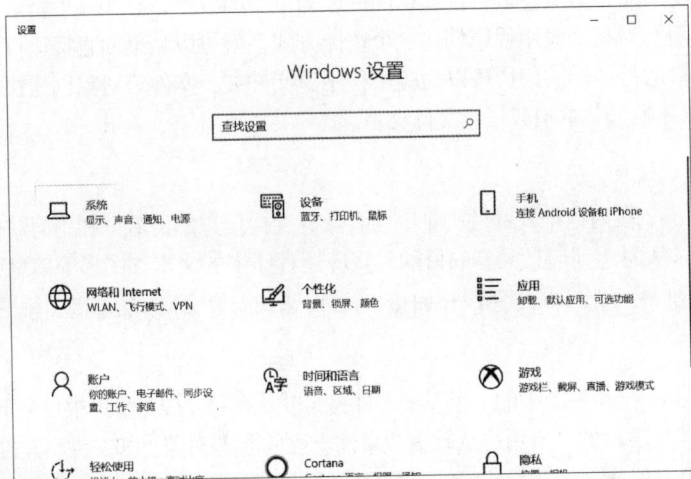

图 1-15　"设置"窗口

四、附件及系统工具

Windows 10 提供了一些实用的附件程序或程序组，如"画图""写字板""记事本""计算器""截图工具""放大镜""便笺""系统维护工具"等。

1. 画图

画图程序是 Windows 中基本的作图工具，使用它可以绘制、编辑及打印图形，也可以将绘制好的图形插入支持对象链接与嵌入的应用程序。从 Windows 7 开始，画图程序就采用了 Ribbon 界面（即功能区用户界面），使得用户易于找到常用功能命令，提高工作效率，而且界面美观。启动画图程序后，其窗口如图 1-16 所示。

"画图"窗口的顶部是快速访问工具栏和标题栏。快速访问工具栏就是位于标题栏左边的一些按钮，主要显示用户频繁使用的命令，如"保存""撤销""重做"等。用户也可以单击快速访问工具栏中的"自定义快速访问工具栏"按钮（下拉按钮），在弹出的下拉列表中选择某些功能，将其添加至快速访问工具栏中。

标题栏下方是菜单栏和功能区。菜单栏包含"文件""主页""查看"3 个菜单名。

< 10 >

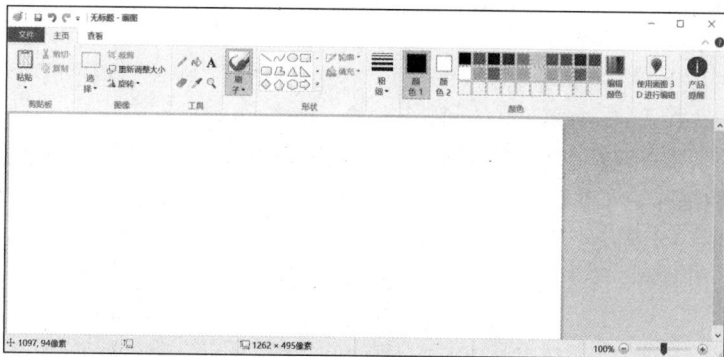

图 1-16　"画图"窗口

单击"文件"菜单名，则显示一些菜单项，可以进行文件的"新建""打开""保存""打印"等操作。

单击"主页"菜单名，则出现相应的功能区，包含"剪贴板""图像""工具""刷子""形状""粗细"和"颜色"等功能模块，提供给用户对图片进行编辑和绘制的功能。

"查看"功能区包含缩放（放大、缩小、100%）、显示或隐藏（标尺、网格线、状态栏）以及显示（全屏、缩略图）的功能。

用 Windows 10 画图程序建立的图形文件，其默认保存格式为 PNG 格式，用户也可选择保存为.bmp或.jpg 文件等。

2. 写字板

写字板是 Windows 内含的字处理程序。与记事本不同，写字板文档可以包括复杂的格式和图形，并且可以在写字板内链接或嵌入对象（如图片或其他文档）。Windows 10"写字板"窗口与"画图"窗口类似，如图 1-17 所示。

单击菜单栏中的"文件"菜单名可进行文件的"新建""打开""保存""打印"和"页面设置"等操作。

单击"主页"菜单名，则出现相应的功能

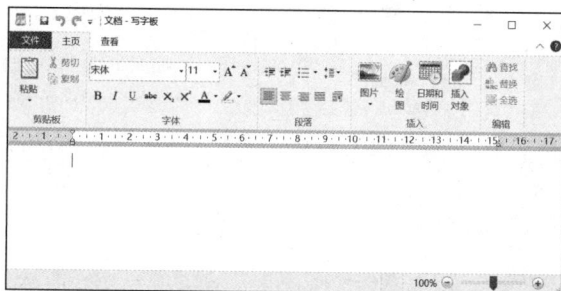

图 1-17　"写字板"窗口

区（或称工具栏），包含"剪贴板""字体""段落""插入""编辑"功能模块，可以为文本设置不同的字体和段落样式，也可插入图形和其他对象，具备了编辑复杂文档的基本功能。

与画图程序的"查看"功能区类似，写字板程序的"查看"功能区可实现缩放（放大、缩小、100%）、显示或隐藏（标尺、状态栏）以及设置（自动换行、度量单位）的功能。

用写字板创建的文件，其默认保存格式为 RTF 格式。

3. 记事本

记事本主要用于编辑小型的纯文本文件（扩展名为.txt）。它所编辑的文件只能由字母、数字和符号组成，且只能对文件中的所有文本设置一种文本格式（如字体、字形和大小等），而不能对一部分文本进行格式设置，也不能插入图片等多媒体信息。

若在记事本文档的第一行输入".LOG"，则以后每次打开该文档，系统会自动在文档的最后一行插入当前的日期和时间，以方便用户用作时间戳。

由于.txt 文件格式简单，占用存储空间少，且能被任何文字处理软件打开，被许多程序调用，因此.txt文件很常用。

< 11 >

4．计算器

Windows 10 中的计算器有多种基本操作模式，包括"标准""科学""程序员""日期计算"，还可以在计算器基本操作模式和转换器模式之间进行切换，如图 1-18 所示。

① "标准"计算器：完成基本的加、减、乘、除四则运算及求平方运算、平方根运算等。

② "科学"计算器：除了具有"标准"计算器的计算功能，还具有函数运算功能，如三角函数运算、指数运算、对数运算、n 次方运算、阶乘运算等。

③ "程序员"计算器：除了具有"标准"计算器的基本计算功能，还具有进制转换、逻辑运算、移位运算等功能。

④ "日期计算"计算器：主要用于计算"日期之间的相隔时间"和"添加或减去天数"后的日期。

5．截图工具

截图工具提供了多种截图方式，可以截取屏幕上的图片或文字等信息，并以图片文件的形式将其存储起来。

在"开始"菜单中，找到"Windows 附件"文件夹，单击其中的"截图工具"命令，打开"截图工具"窗口，如图 1-19 所示。在该窗口中，单击"模式"下拉按钮打开下拉列表，下拉列表中有"任意格式截图""矩形截图""窗口截图""全屏幕截图"，从中可选择不同截图类型。截图后会自动弹出小型图片编辑器供用户进行图片编辑。

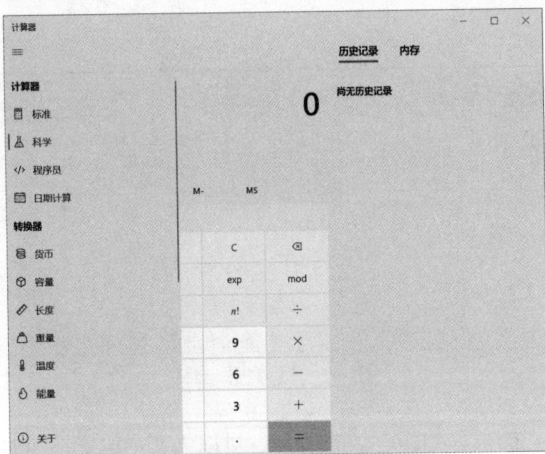

图 1-18 "计算器"窗口

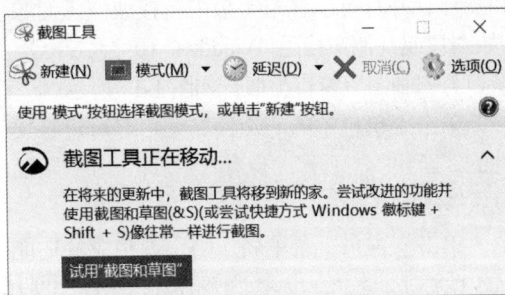

图 1-19 "截图工具"窗口

6．放大镜

Windows 为了使用户能够应对一些不方便的情况，提供了一些辅助工具，这些工具大多放在"开始"菜单的"Windows 轻松使用"文件夹中，放大镜就是其中之一。

放大镜可以放大屏幕上的部分或全部内容，以使文字和图像看得更加清楚。在"开始"菜单中，单击"Windows 轻松使用"文件夹中的"放大镜"命令，可启动放大镜程序，如图 1-20 所示。它具有以下 3 种视图。

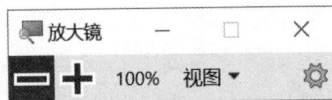

图 1-20 "放大镜"窗口

① "全屏"视图：整个屏幕会被放大，放大后用户可能无法同时看到整个屏幕，需要通过在屏幕上移动鼠标指针来查看全部内容。

② "镜头"视图：鼠标指针周围的区域被放大，移动鼠标指针时，放大的屏幕区域随之移动，就好像在移动放大镜。

< 12 >

③"停靠"视图：放大屏幕的一部分，其余部分正常显示。

7. 便笺

便笺是从 Windows 7 开始出现的系统自带桌面应用，提供在桌面上显示提示信息的功能。它是一款能够让用户随时把自己的想法或计划"贴"在桌面上的便利工具，可以用来记下一些提醒事项以备忘。例如，可以在便笺中输入一些作息时间的安排信息，如图 1-21 所示。

在"开始"菜单中，单击"便笺"命令，打开桌面便笺。便笺不能作为单独的文件保存，但只要不删除便笺，即使关闭计算机，下次开机时，也会在桌面上自动打开便笺。不再需要时可单击右上角的"关闭笔记"按钮删除便笺。

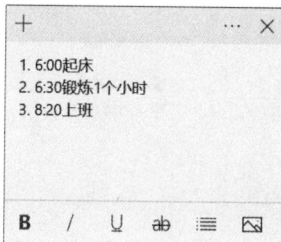

图 1-21　桌面便笺

8. 系统维护工具

Windows 提供了许多系统维护工具，利用这些工具可以方便地管理系统资源、监视系统的运行状况，以及对系统进行优化和诊断等。

（1）磁盘备份

为避免意外事故（如磁盘损坏、病毒感染、突然断电等）造成数据丢失或损坏，用户需定期对磁盘数据进行备份，需要时用于数据还原。在 Windows 10 中，用户利用磁盘备份向导可以方便快捷地完成磁盘备份工作，具体的操作过程如下。

在"开始"菜单中，单击"设置"按钮打开"设置"窗口；在此窗口中单击"更新和安全"项目，进入详细设置界面；在此界面上单击左侧的"备份"，打开图 1-22 所示的"设置-备份"窗口；接着单击窗口右侧的"转到'备份和还原'(Windows7)"链接，打开图 1-23 所示的"备份和还原(Windows7)"窗口；单击"备份"栏中的"立即备份"链接，打开"设置备份"窗口，在此选择"保存备份的位置"，建议将备份文件保存到外部存储设备中，选择要备份文件的存储器，单击"下一步"按钮；进入"你希望备份哪些内容"界面，选择"让 Windows 选择(推荐)"或"让我选择"，在此默认选择（"让 Windows 选择(推荐)"），单击"下一步"按钮，如果选择了"让我选择"，则既可以选择备份整个磁盘，也可以选择对某个文件夹进行备份；最后单击"保存设置并运行备份"按钮，返回"备份和还原(Windows 7)"窗口，进行备份操作。

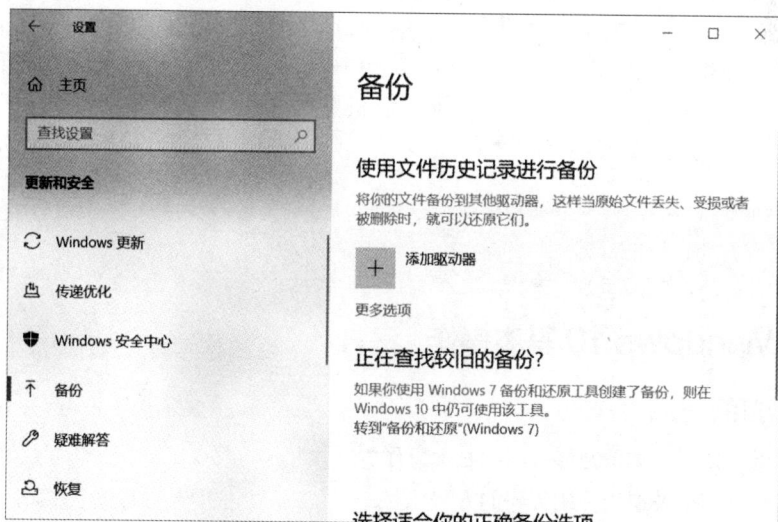

图 1-22　"设置-备份"窗口

< 13 >

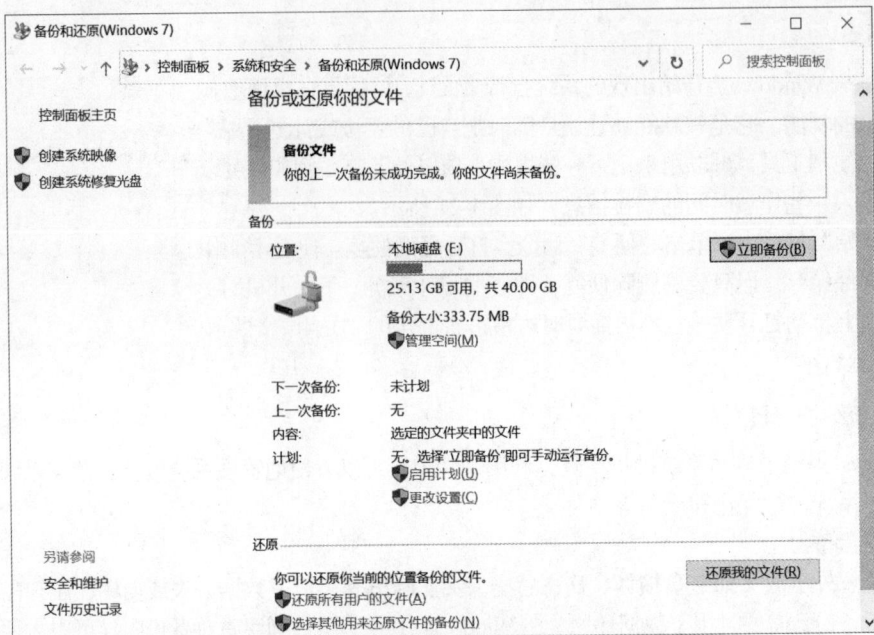

图 1-23 "备份和还原（Windows 7）"窗口

在进行还原操作时，只能对已存在的备份文件进行还原。

（2）磁盘清理

用户在使用计算机过程中，会进行大量的读写、下载、安装、删除等操作，这些操作会产生许多临时文件、网页缓存，以及回收站中待永久删除的文件等，这些没用的文件不仅占用磁盘空间，还会影响计算机运行速度。用"磁盘清理"程序（"开始"菜单→Windows 管理工具→磁盘清理）定期进行磁盘清理可释放磁盘空间。

（3）碎片整理和优化驱动器

使用新磁盘存储文件时，文件基本上是连续存放的。但是，在频繁地对磁盘上的文件进行写入和删除操作后，磁盘上的文件就可能存放在不连续的空间中，这种情况称为文件的碎片化。在碎片化严重的情况下，对磁盘上的文件进行读写操作，磁头移动的时间会增加，读取速度明显下降。

使用"碎片整理和优化驱动器"程序（"开始"菜单→Windows 管理工具→碎片整理和优化驱动器）能有效地整理磁盘上的碎片，优化驱动器以帮助计算机更高效地运行。定期运行该程序可减少磁盘碎片，提高系统对磁盘的读写效率。

实验

实验 1-1　Windows 10 基本操作

一、实验目的

1. 掌握桌面、窗口、菜单及任务栏的基本操作方法。
2. 掌握启动、切换及退出应用程序的方法。
3. 掌握任务管理器的使用方法。

< 14 >

二、实验内容和步骤

1. 桌面的基本操作

（1）桌面图标的操作

① 图标的排列方式

在桌面上单击鼠标右键，弹出快捷菜单，当鼠标指针移动到"排列方式"菜单项上时，出现级联菜单，内有"名称""大小""项目类型""修改日期"选项，分别单击以上各选项，观察桌面上图标排列的变化。

② 在桌面上添加系统图标

默认情况下 Windows 10 桌面上只有"回收站"系统图标。用户可以根据需要将其他系统图标添加到桌面上，其操作步骤如下：右键单击桌面上的空白处，在弹出的快捷菜单中单击"个性化"（见图 1-24），打开图 1-25 所示的"设置-个性化"窗口，在此窗口中单击"主题"，然后在右侧窗格中单击"桌面图标设置"链接（图中用虚线框框住），打开图 1-26 所示的"桌面图标设置"对话框；在该对话框中根据需要选中或取消选中"桌面图标"下的复选框，这里选中"计算机"和"回收站"复选框，单击"确定"按钮，则桌面上显示图 1-1 所示的系统图标。

图 1-24　桌面快捷菜单

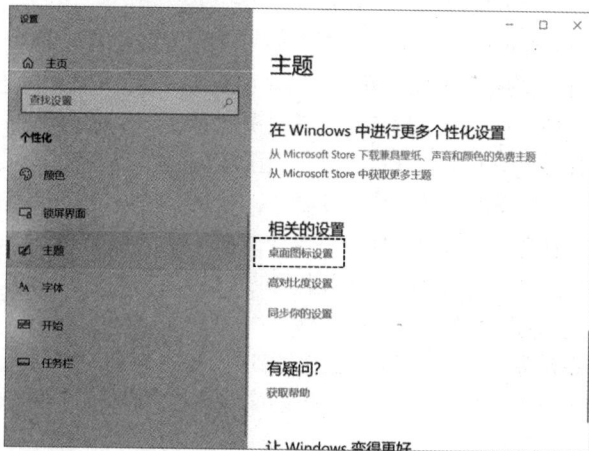

图 1-25　"设置-个性化"窗口

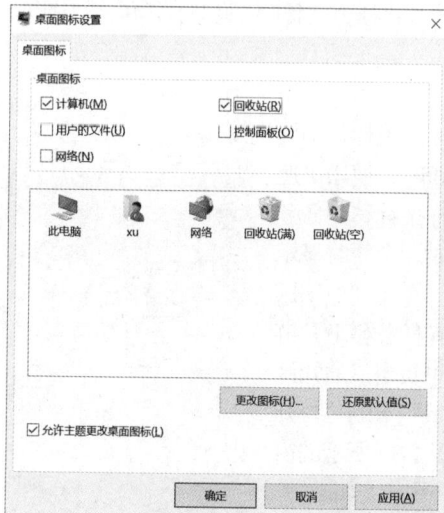

图 1-26　"桌面图标设置"对话框

< 15 >

③ 图标的移动、复制和删除

- 拖动"此电脑"图标到桌面上一个新的位置，实现图标的移动。
- 在拖动图标的同时按住 Ctrl 键，实现图标的复制。
- 选定要删除的图标，按 Delete 键，实现图标的删除。

（2）通过"开始"菜单启动应用程序

通过"开始"菜单启动应用程序，例如，启动 Windows 10 提供的"记事本"应用程序，操作步骤如下。

① 单击"开始"按钮，打开"开始"菜单，在"开始"菜单中找到"Windows 附件"文件夹。

② 在"Windows 附件"文件夹中单击"记事本"命令，即可打开"记事本"应用程序。

③ 单击任务栏上的输入法按钮，切换输入法，输入一篇文章。

用类似的方法练习通过"开始"菜单启动"画图""计算器"等应用程序。

（3）任务栏的设置

在任务栏空白区域单击鼠标右键，在弹出的快捷菜单中单击"任务栏设置"，即可打开"设置-任务栏"窗口，如图 1-27 所示。也可在图 1-25 所示的"设置-个性化"窗口中单击"任务栏"来打开此窗口。

① 自动隐藏任务栏设置

在"任务栏"下，打开"在桌面模式下自动隐藏任务栏"开关，观察一下，当鼠标指针不在任务栏位置时，任务栏自动隐藏，当鼠标指针移到任务栏位置时，任务栏自动出现。隐藏任务栏后可以为其他窗口腾出更多的空间。

② 任务栏的快速启动区域设置

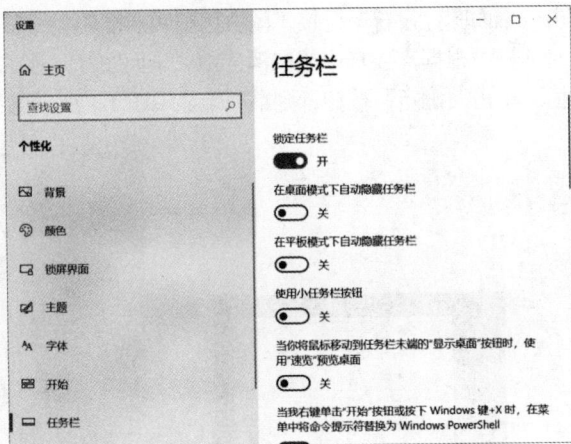

图 1-27 "设置-任务栏"窗口一

若需要将桌面上某快捷方式放置到任务栏的快速启动区域，有以下两种方法。

方法一：直接按住鼠标左键拖动该快捷方式至任务栏的快速启动区域，当鼠标指针下显示"固定到任务栏"时松手。

方法二：用鼠标右键单击该快捷方式，在弹出的快捷菜单中选择"固定到任务栏"。

要将任务栏快速启动区域的某快捷方式移除，只需右键单击该图标，在弹出的快捷菜单中选择"从任务栏取消固定"。

③ 通知区域设置

在"任务栏"下打开"当你将鼠标移动到任务栏末端的'显示桌面'按钮时，使用'速览'预览桌面"开关，则当鼠标指针移到任务栏右端的"显示桌面"按钮上时，会暂时显示桌面。在图 1-28 所示的窗口中，单击"通知区域"下的"选择哪些图标显示在任务栏上"链接，打开图 1-29 所示的窗口，可自定义通知区域显示的图标；单击"通知区域"下的"打开或关闭系统图标"链接，打开图 1-30 所示的窗口，设置需要打开或关闭的系统图标，如时钟、音量、网络等。

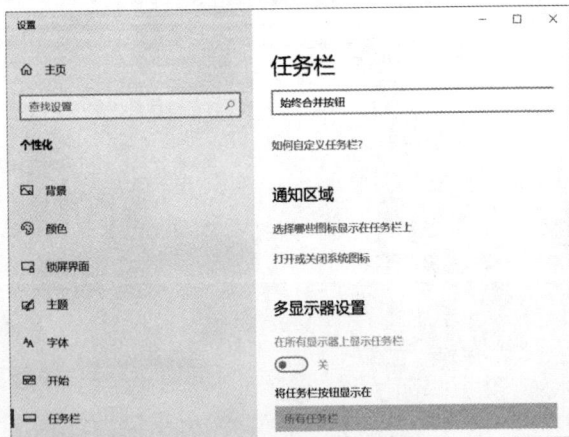

图 1-28 "设置-任务栏"窗口二

< 16 >

图 1-29 自定义通知区域显示的图标

图 1-30 设置系统图标打开或关闭

（4）"开始"菜单的设置

在图 1-25 中，单击"个性化"下的"开始"，则打开图 1-31 所示的"设置-开始"窗口，在该窗口中，用户可设置是否在"开始"菜单上显示更多磁贴、是否在"开始"菜单中显示应用列表、是否显示最近添加的应用、是否显示最常用的应用等。若单击"选择哪些文件夹显示在'开始'菜单上"链接，则会打开图 1-32 所示的窗口，可以在此处进行设置。

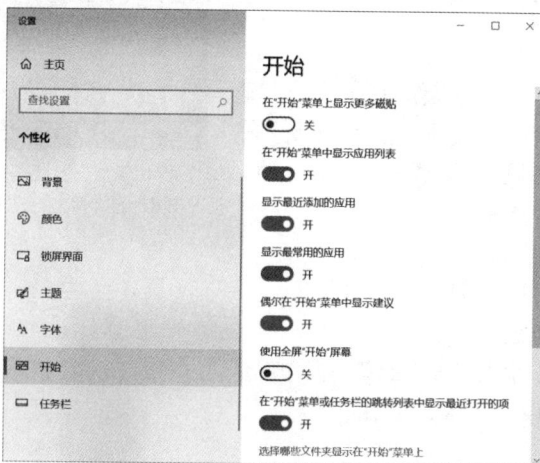

图 1-31 "设置-开始"窗口

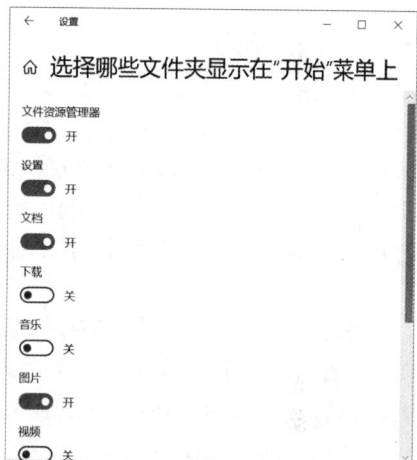

图 1-32 设置"开始"菜单上文件夹的显示

2. 窗口的基本操作

（1）窗口的最大化、最小化、还原

单击窗口标题栏右端的"最大化"按钮，可使打开的窗口最大化，充满整个屏幕；单击"最小化"按钮，可使窗口缩小成任务栏上的任务按钮；窗口最大化后，"最大化"按钮变为"向下还原"按钮，单击"向下还原"按钮，窗口还原成原始大小。

单击窗口左上角的"窗口控制菜单"按钮或右键单击标题栏，在打开的窗口控制菜单中也能完成以上操作。

（2）窗口的缩放和移动

窗口的缩放：当窗口为原始大小时，将鼠标指向窗口的边框或四角，当鼠标指针变为双向箭头时，按住鼠标左键拖动，可缩放窗口至所需大小。

窗口的移动：当窗口为原始大小时，将鼠标指向标题栏，按住鼠标左键拖动窗口到适当位置即可。

< 17 >

（3）窗口的切换

打开多个窗口，练习以下几种切换活动窗口的方法。

方法一：用鼠标单击任务栏上的任务按钮。

方法二：用鼠标单击所需窗口上的任何位置。

方法三：重复按 Alt+Esc 组合键，可把所有打开的窗口按顺序切换成活动窗口。

方法四：按住 Alt 键的同时反复按 Tab 键，直到方框移动到所需窗口的预览图，松开按键即可。

方法五：单击任务栏上的"任务视图"按钮，进入任务视图模式，在打开的多个窗口之间进行快速切换。

（4）窗口的排列

当打开多个窗口时，可利用 Windows 10 的自动窗口排列功能方便地实现多窗口显示。在任务栏的空白处单击鼠标右键，弹出图 1-33 所示的快捷菜单，分别单击快捷菜单中的"层叠窗口""堆叠显示窗口""并排显示窗口""显示桌面"，观察桌面上窗口的变化。

（5）窗口的关闭

打开几个窗口，练习以下几种关闭窗口的方法。

方法一：单击窗口右上角的"关闭"按钮。

方法二：在"文件"菜单中单击"关闭"或"退出"命令。

方法三：使用 Alt+F4 组合键。

3．菜单命令的使用

在 Windows 中，菜单是一种用结构化方式组织的操作命令的集合，通过菜单的层次化布局，复杂的系统功能才能有条不紊地被用户接受。在 Windows 10 中，菜单的显示采用了 Ribbon 界面风格，其形式有以下几种。

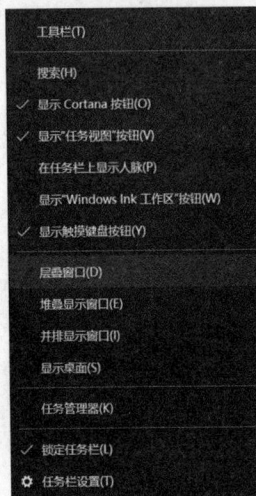

图 1-33　任务栏空白处
单击鼠标右键弹出的快捷菜单

窗口控制菜单：包含了对窗口本身的控制与操作。

功能区：包含了应用程序本身提供的各种操作命令。

"开始"菜单：包含了可使用的大部分程序和最近用过的文档。

右键快捷菜单：包含了对某一对象的操作命令。

在实际的菜单使用中，除了"开始"菜单，很大一部分的菜单操作都是通过右键快捷菜单完成的，即右键单击待操作的对象，在弹出的快捷菜单中选择需要执行的命令。

4．任务管理器的使用

（1）打开任务管理器

要打开任务管理器窗口，可以按 Ctrl+Alt+Delete 组合键，再单击"任务管理器"命令；或右键单击任务栏空白处，再单击"任务管理器"命令。"任务管理器"窗口如图 1-34 所示。

（2）终止应用程序和启动新程序

在"任务管理器"窗口中，选择"进程"选项卡，可浏览当前正在运行的应用程序和后台进程。

若要终止某个正在运行的程序（应用程序出现问题），只需在列表中选择要终止的应用程序，然后单击"结束任务"按钮即可。

在图 1-34 中，单击"文件"菜单中的"运行新任务"命令，则弹出"新建任务"对话框，输入要运行程序的位置和名称，单击"确定"按钮可启动新程序。

（3）结束进程

在"任务管理器"窗口中，选择"详细信息"选项卡，可浏览当前正在运行的进程名称、用户名以及占用 CPU 的时间和内存情况等信息，如图 1-35 所示。

< 18 >

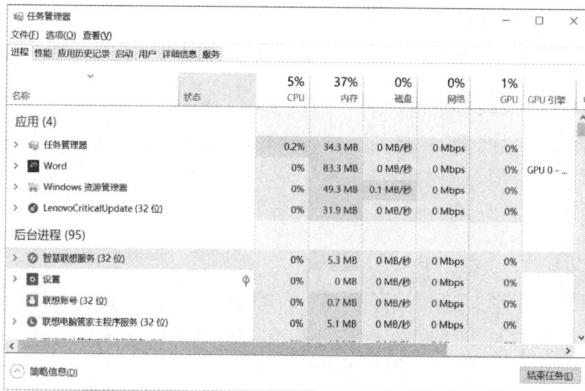

图 1-34　"任务管理器"窗口

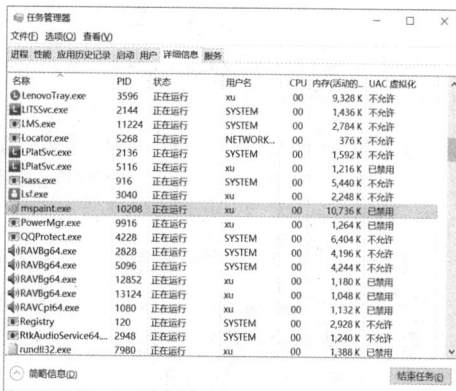

图 1-35　"详细信息"选项卡

选择要结束的进程，如"mspaint.exe"，单击"结束任务"按钮，系统将弹出"任务管理器"警告对话框，如图 1-36 所示。若确实要结束该进程，则单击"结束进程"按钮，否则单击"取消"按钮。

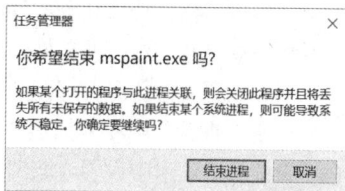

图 1-36　"任务管理器"警告对话框

三、实验作业

Windows 10 的基本操作练习。

【操作要求】

（1）分别按"自动排列图标"（在"查看"快捷菜单中）"名称""大小""项目类型""修改日期"排列桌面的图标。

（2）总结打开应用程序窗口有哪些方法，并分别练习一下。

（3）打开"此电脑""回收站""记事本""画图"等窗口，练习分别用键盘方式和鼠标方式在多个程序间进行切换，并对这些窗口进行"层叠""堆叠显示""并排显示"等操作，查看这些窗口的变化。

（4）分别按纵向或横向改变某窗口的大小，接着将其最大化，然后还原窗口，最后关闭该窗口。

（5）执行任务栏的"任务栏设置"命令，设置任务栏的"显示/隐藏"状态。

（6）采用 Windows 任务管理器来结束一个程序的运行。

（7）通过搜索框，查找有关"Windows 10 剪贴板"的操作说明。

实验 1-2　文件资源管理器的使用

一、实验目的

1. 掌握文件资源管理器的基本操作方法。
2. 掌握文件和文件夹的浏览、选择操作方法。
3. 掌握文件和文件夹的新建、复制、移动、删除操作方法。
4. 掌握文件和文件夹的查找操作方法。
5. 掌握快捷方式的建立、删除操作方法。

二、实验内容和步骤

1. 文件资源管理器的基本操作

（1）展开或隐藏文件夹

在导航窗格中单击某文件夹左边的 ▷ 或 ⌄，练习展开或隐藏文件夹。

< 19 >

（2）设置并改变文件或文件夹列表的显示方式

通过"文件资源管理器"窗口"查看"功能区"布局"组（见图1-37）中提供的命令，可以快速改变文件或文件夹列表的显示方式，有"超大图标""大图标""中图标""小图标""列表""详细信息""平铺""内容"等方式。每次选择其中一种，观察内容窗格中显示方式的变化。

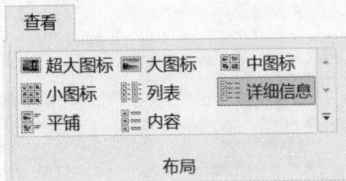

图1-37　查看-布局

（3）设置文件列表的排序方式和分组依据

在任意一种显示方式下，单击"查看"选项卡标签，在"当前视图"组中设置"排序方式"和"分组依据"，在内容窗格中根据文件的"名称""修改日期""类型""大小"等进行排序或分组，观察不同排序方式下文件列表的变化。

（4）文件内容的预览

在内容窗格中选择某个文件后，单击"查看"选项卡标签"窗格"组中的"预览窗格"按钮▥，打开预览窗格并显示所选文件的内容。

（5）设置文件资源管理器的文件夹选项

单击"查看"选项卡标签"显示/隐藏"组中的"选项"按钮▦，打开"文件夹选项"对话框，在"查看"选项卡中设置或取消设置：

① 隐藏受保护的操作系统文件；

② 隐藏已知文件类型的扩展名；

③ 显示隐藏的文件、文件夹和驱动器。

2．文件和文件夹操作

（1）文件或文件夹的选择

① 若要选择单个文件或文件夹，只需单击要选择的文件或文件夹。

② 若要选择多个连续的文件或文件夹，只需单击第一个文件或文件夹，再按住 Shift 键，同时单击要选择的最后一个文件或文件夹。

③ 若要选择多个不连续的文件或文件夹，只需按住 Ctrl 键，同时分别单击要选择的各个文件或文件夹。

④ 若要选择一个矩形区域内的文件或文件夹，可用鼠标左键拖出一个矩形框，框内和与框相交的文件或文件夹均被选中。

⑤ 若要选择全部文件或文件夹，单击"主页"选项卡标签"选择"组中的"全部选择"或"反向选择"按钮。

⑥ 若要取消对个别对象的选择，可在按住 Ctrl 键的同时单击要取消的对象；若要取消对全部对象的选择，单击对象以外的空白处即可。

（2）文件夹和文件的创建

① 在 D 盘根目录下建立图 1-38 所示的文件夹结构。

在"文件资源管理器"窗口导航窗格中选定新建文件夹的上一级文件夹。例如，要新建 sub1 文件夹，则在导航窗格中单击"本地磁盘(D:)"，再单击快速访问工具栏中的"新建文件夹"按钮或"主页"选项卡标签"新建"组中的"新建文件夹"按钮，或在内容窗格中空白处单击鼠标右键，在快捷菜单中选择"新建"级联菜单中的"文件夹"命令，这样就生成一个名为"新建文件夹"的文件夹并处于可修改状态，输入自定义的新文件夹名称"sub1"。

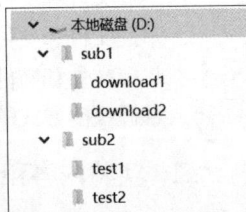

图1-38　文件夹结构

用类似的方法，继续建立文件夹 sub2、download1、download2、test1、test2。

< 20 >

② 在 D:\sub2\test1 下创建文本文件 t1.txt 和 t2.txt。

在导航窗格中单击 D 盘下 sub2 中的文件夹 test1，再单击"主页"选项卡标签"新建"组中"新建项目"下拉列表中的"文本文档"，或在内容窗格中空白处单击鼠标右键，在快捷菜单中选择"新建"级联菜单中的"文本文档"命令，这样就生成一个名为"新建文本文档.txt"的文件并处于可修改状态，输入自定义的新文件名称"t1.txt"。双击"t1.txt"，系统自动用"记事本"程序打开此文件，选择一种输入法，任意输入一些内容后保存。用同样的方法创建 t2.txt 文件。

（3）文件或文件夹的复制

把 D:\sub2\test1 下的文本文件 t1.txt 和 t2.txt 复制到 D:\sub2\test2 下。

先选定要复制的文件或文件夹，然后可以采用以下几种方法复制文件或文件夹。

方法一：使用功能区进行复制。单击"主页"选项卡标签"剪贴板"组中的"复制"按钮，打开目标盘或目标文件夹，再单击"剪贴板"组中的"粘贴"按钮，或者通过"主页"选项卡标签"组织"组中的"复制到"下拉按钮实现文件或文件夹的复制操作。

方法二：同一驱动器内的拖动复制。按住 Ctrl 键不放，同时用鼠标将选定的文件或文件夹拖曳到目标盘或目标文件夹中，实现复制操作。

方法三：不同驱动器间的拖动复制。用鼠标将选定的文件或文件夹拖曳到目标盘或目标文件夹中，实现复制操作，而不必使用 Ctrl 键。

方法四：通过鼠标右键拖放来实现复制。用鼠标右键拖动选定的文件或文件夹至目标文件夹，释放鼠标右键后，在弹出的快捷菜单中单击"复制到当前位置"命令即可。

方法五：使用快捷键实现复制。先按 Ctrl+C 组合键执行复制，然后打开目标盘或目标文件夹，再按 Ctrl+V 组合键执行粘贴，从而完成复制操作。

方法六：使用"发送到"命令将文件或文件夹复制到 U 盘等移动存储器。右键单击选定的文件或文件夹，在快捷菜单中单击"发送到"级联菜单中的移动存储器。

（4）文件或文件夹的移动

把 D:\sub2\test2 下的文本文件 t1.txt 和 t2.txt 移动到 D:\sub1\download1 下。

移动文件或文件夹的方法与复制操作类似，先选定需要移动的文件或文件夹，然后可以采用以下几种方法移动文件或文件夹。

方法一：使用功能区进行移动。单击"主页"选项卡标签"剪贴板"组中的"剪切"按钮，打开目标盘或目标文件夹，再单击"剪贴板"组中的"粘贴"按钮，或者通过"主页"选项卡标签"组织"组中的"移动到"下拉按钮实现文件或文件夹的移动操作。

方法二：不同驱动器间的拖动移动。按住 Shift 键不放，同时用鼠标将选定的文件或文件夹拖曳到目标盘或目标文件夹中，实现移动操作。

方法三：同一驱动器内的拖动移动。直接用鼠标拖曳文件或文件夹到目标盘或目标文件夹中，实现移动操作，而不必使用 Shift 键。

方法四：通过鼠标右键拖放来实现移动。用鼠标右键拖动选定的文件或文件夹至目标文件夹，释放鼠标右键后，在弹出的快捷菜单中单击"移动到当前位置"命令即可。

方法五：使用快捷键实现移动。先按 Ctrl+X 组合键执行剪切，然后打开目标盘或目标文件夹，再按 Ctrl+V 组合键执行粘贴，从而完成移动操作。

（5）文件或文件夹的重命名

将 D:\sub1\download1 下的文本文件 t1.txt 和 t2.txt 分别重命名为 d1.txt 和 d2.txt。

采用以下两种方法可以重命名选定的文件或文件夹。

方法一：选定文件或文件夹，单击"主页"选项卡标签"组织"组中的"重命名"按钮或在右键快捷菜单中单击"重命名"命令，键入新的名称。

< 21 >

方法二：两次单击需要重命名的文件或文件夹，键入新的名称。

（6）文件或文件夹的删除

将 D:\sub1\download2 删除。

采用以下几种方法可以删除选定的文件或文件夹。

方法一：首先选定要删除的文件或文件夹，然后单击"主页"选项卡标签"组织"组中的"删除"按钮（或按 Delete 键）。

方法二：直接用鼠标将选定的文件或文件夹拖曳到回收站中。

> 📖 **说明**
>
> 采用上述两种方法删除的文件或文件夹被转移到了回收站中，并没有从计算机中真正删除。

方法三：在将选定的文件或文件夹拖曳到回收站时按住 Shift 键，则文件或文件夹将从计算机中删除，而不保存到回收站中。

如果想恢复刚刚被删除的文件或文件夹，可单击快速访问工具栏中的"撤销"命令。如果要恢复以前被删除的文件，则应该使用回收站，在清空回收站之前，被删除的文件将一直保存在那里。但要注意，从 U 盘或移动硬盘中删除的文件和文件夹不能恢复。

（7）文件或文件夹的属性设置

Windows 10 文件和文件夹的属性可以设置成"只读""隐藏"和"存档"等。

在文件资源管理器中，将 D:\sub2\test1 下的文本文件 t1.txt 的属性设成"只读"和"隐藏"。设置步骤如下。

① 选择要修改属性的文件或文件夹。

② 单击"主页"选项卡标签"打开"组中的"属性"按钮，或右键单击该文件或文件夹，在弹出的快捷菜单中单击"属性"命令，打开"属性"对话框，如图 1-39 所示。

③ 在"属性"栏中选中"只读"和"隐藏"复选框，使之显示"√"标记。单击"高级"按钮，弹出"高级属性"对话框，可设置"可以存档文件"。一个文件或文件夹可以同时具备几种属性。

（8）搜索文件或文件夹

Windows 提供了多种搜索文件或文件夹的方法。

方法一：利用任务栏上的搜索框进行文件或文件夹的搜索。

方法二：在"文件资源管理器"窗口中的搜索栏进行文件或文件夹的搜索。

方法三：利用库进行搜索。

还可以在"搜索工具-搜索"选项卡标签的"优化"组中选择"修改日期""类型""大小"等进行搜索。

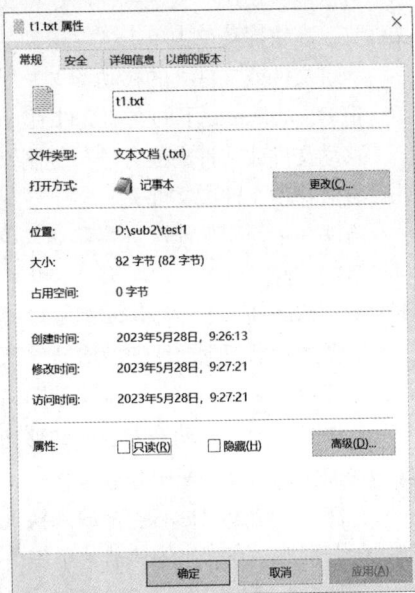

图 1-39 "属性"对话框

> 📖 **说明**
>
> "搜索工具-搜索"选项卡标签需要在搜索栏中输入内容后单击搜索栏才会出现。

搜索时，可以使用"？"和"*"等通配符，分别代表一个和多个任意字符。例如，在 D 盘下搜索所有文件名以 i 打头、扩展名为.jpg 的文件，其结果如图 1-40 所示。

< 22 >

3．使用库访问文件和文件夹

Windows 的库彻底改变了文件管理的方式，它可以有效地管理、组织位于不同文件夹中的文件，而不受文件实际存储位置的影响。库就如同网页收藏夹，只要单击库中的链接，就能快速打开添加到库中的文件夹，而不管它们原来深藏在本地计算机或网络中的哪个位置。

默认情况下，在 Windows 10 文件资源管理器中不显示库，若要显示库，则需要先启动库功能。在"文件资源管理器"窗口中，单击"查看"选项卡标签中"选项"按钮，打开"文件夹选项"对话框，然后在"查看"选项卡中的"高级设置"列表中勾选"显示库"复选框，如图 1-41 所示，单击"确定"按钮，这样库就显示到文件资源管理器中了。也可以在"查看"选项卡标签"窗格"组中单击"导航窗格"下拉按钮，然后单击下拉列表中的"显示库"命令，即可快速显示文件资源管理器中的库。

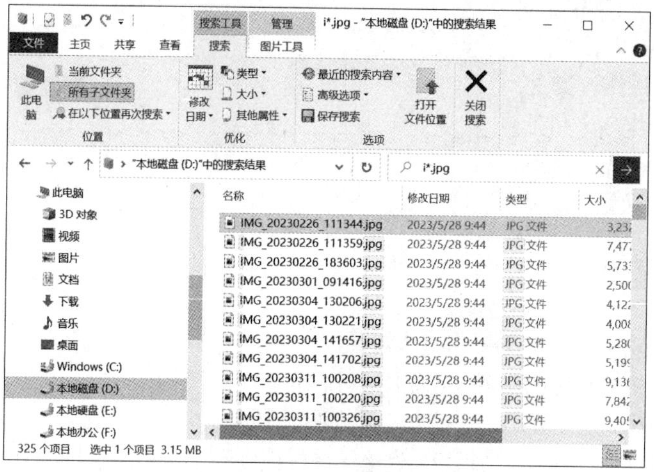

图 1-40　文件搜索示例

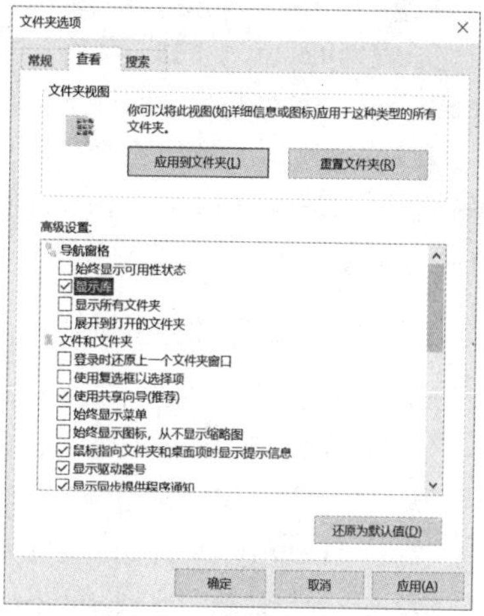

图 1-41　"文件夹选项-查看"对话框

（1）将文件夹包含到库中

在"文件资源管理器"窗口中，找到存有图片文件的某文件夹，右键单击该文件夹，在弹出的快捷菜单中单击"包含到库中"级联菜单中的"图片"命令，则可以将该文件夹加入已有的"图片"库。试着对计算机中多处的图片文件夹进行此操作，观察"文件资源管理器"窗口左窗格（导航窗格）中"库"的显示变化。

（2）从库中删除文件夹

不再需要通过库查看某文件夹时，可以将其从库中删除。要从库中删除某文件夹，只需在"文件资源管理器"窗口的左窗格（导航窗格）中找到其所在的库，右键单击该文件夹，在弹出的快捷菜单中单击"删除"命令即可。此操作并不会从原始位置删除该文件夹及其内容。

4．使用 OneDrive 云存储服务

OneDrive 提供的功能：自动备份相册；在线 Office；分享指定的文件、照片、整个文件夹等。OneDrive 采用高级加密标准和安全传输协议，以及公钥加密算法验证文件来保护个人数据的安全，因此用户不必担心 OneDrive 数据的安全问题。

可以通过下面的两种方法使用 OneDrive。

方法一：通过 OneDrive 桌面应用程序。Windows 10 默认集成了 Microsoft 账户和 OneDrive 服务，支持文件或文件夹的复制、粘贴、删除等操作，使用 Microsoft 账户登录计算机后，即可自动启用 OneDrive 服务。OneDrive 桌面应用程序使 OneDrive 中的文件或文件夹更快、更易使用。

方法二：通过 OneDrive 官方网站。打开 OneDrive 官方网站，使用 Microsoft 账号登录到 OneDrive，就可以使用 OneDrive 存储的文件了。

< 23 >

第一次使用 OneDrive 前需要对 OneDrive 进行设置。在"开始"菜单中单击"OneDrive"或在"文件资源管理器"窗口的导航窗格中单击"OneDrive"，打开图 1-42 所示的"OneDrive 文件夹位置"对话框，在此对话框中可以更改 OneDrive 文件夹的位置。单击"下一步"按钮，输入 Microsoft 账户和密码等信息，继续跟随操作向导完成后续的一些信息输入和选择操作，即可完成 OneDrive 的设置。设置完成后，任务栏右端的通知区域会出现云朵状的 OneDrive 图标 ，单击该图标会看到 OneDrive 的更新信息。

完成 OneDrive 的设置后，就可以对本地 OneDrive 中的文件或文件夹进行各种操作，如上传、移动、复制、删除、重命名等，操作方法和在本机硬盘上操作一样。对本地 OneDrive 操作后，OneDrive 云会自动同步这些改动，并在通知区域显示上传进度。

图 1-42 "OneDrive 文件夹位置"对话框

5. 快捷方式的创建与删除

（1）快捷方式的创建

① 在桌面上建立 Word 程序的快捷方式，简单的操作方法如下。

从"开始"菜单中找到"Word"，直接用鼠标拖曳到桌面上即可。

② 在 D:\sub1\download1 文件夹下建立画图程序的快捷方式，方法如下。

从"开始"菜单中找到"Windows 附件"下的"画图"，直接用鼠标拖曳到 D:\sub1\download1 文件夹中即可。

在桌面上或在某个文件夹中新建快捷方式也可以用下面的操作来实现。在桌面上或在文件夹中单击右键，在弹出的快捷菜单中单击"新建"级联菜单中的"快捷方式"命令，如图 1-43 所示，继续完成后续的操作，即可完成所选对象快捷方式的创建。

（2）删除快捷方式

右键单击需要删除的快捷方式，在弹出的快捷菜单中单击"删除"命令即可。

除了可以对快捷方式进行删除操作，还可以对快捷方式进行移动、复制、重命名等操作，其操作方法与文件或文件夹的操作方法类似。

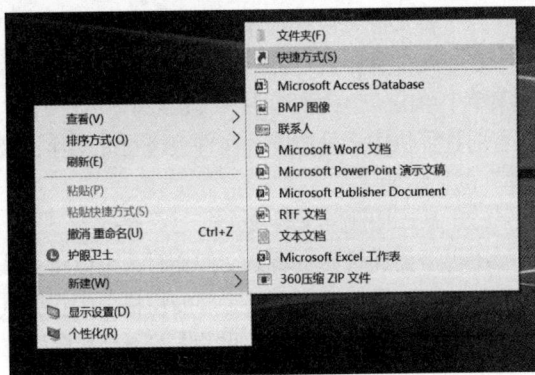

图 1-43 "新建"级联菜单

6. 剪贴板

（1）移动或复制信息

使用剪贴板移动或复制信息的过程如下。

① 选取要存放到剪贴板中的内容。

② 在窗口的功能区单击"剪切"（或按 Ctrl+X 组合键）或"复制"（或按 Ctrl+C 组合键）按钮，或右键单击选中的内容，在弹出的快捷菜单中单击"剪切"或"复制"命令，所选定的内容被剪切或复制到剪贴板上。

< 24 >

③ 在窗口的功能区单击"粘贴"（或按 Ctrl+V 组合键）按钮，或在右键快捷菜单中单击"粘贴"命令，剪贴板中的内容将被复制到指定位置。

> **注意**
>
> 执行"剪切"或"复制"命令后，剪贴板中的内容将被更新，即新的内容取代原来的内容。执行"粘贴"命令后，剪贴板中的内容仍然存在，这样就可以进行多次粘贴操作。计算机每次关机或重新启动时，剪贴板中的内容都将被清除。

（2）利用剪贴板抓取屏幕或窗口图像

① 抓取整屏图像

使用键盘上的 Print Screen(PrtSc)键可抓取当前屏幕的整屏图像到剪贴板，打开画图程序，在功能区单击"粘贴"按钮，则在"画图"窗口中得到整屏图像。

② 抓取当前活动窗口图像

打开"计算器"窗口，按 Alt+Print Screen(PrtSc)组合键抓取当前活动窗口的图像到剪贴板，打开画图程序，在功能区单击"粘贴"按钮，则在"画图"窗口中得到"计算器"窗口的图像。

7. 回收站操作

双击桌面上的"回收站"图标，打开"回收站"窗口，如图 1-44 所示。

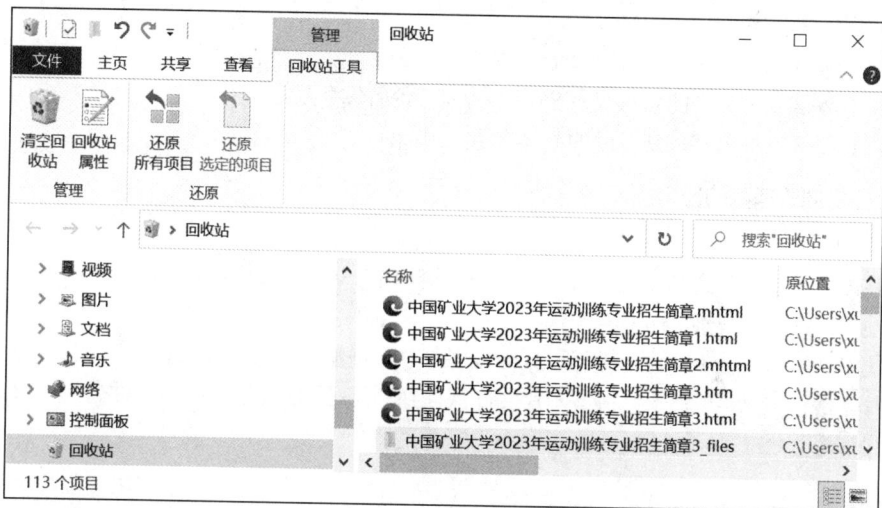

图 1-44 "回收站"窗口

（1）清空回收站

在窗口的"管理-回收站工具"功能区中，单击"清空回收站"按钮，便可将回收站中的文件全部永久删除（即真正删除），并释放存储空间。

（2）还原所有项目

在窗口的"管理-回收站工具"功能区中，单击"还原所有项目"按钮，便可将回收站中的文件全部移动到文件的原始位置。

（3）还原、剪切、删除

在"回收站"窗口中，右键单击要操作的文件，在弹出的快捷菜单中单击"还原"命令，便可实现将文件从回收站中还原到原始位置；单击"剪切"命令，可实现将文件先放到剪贴板上，然后通过操作粘贴到需要的位置；单击"删除"命令，可实现将选中的文件彻底删除。

< 25 >

三、实验作业

在 D 盘根目录下建立图 1-45 所示的文件夹结构。

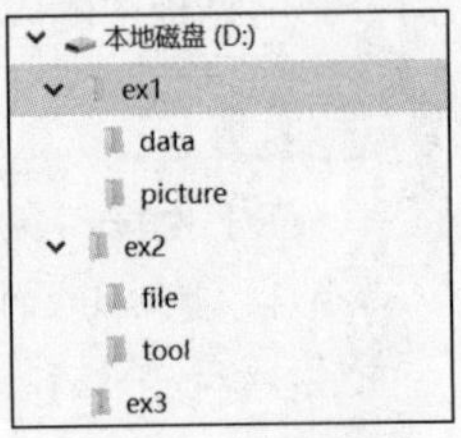

1. 文件资源管理器的使用练习一

【操作要求】

（1）打开"文件资源管理器"窗口，在导航窗格中选择 C 盘，将查看方式设为"大图标"或"列表"，观察内容窗格中文件夹或文件显示方式的变化。

（2）查找 C 盘中文件扩展名为.bmp 的文件，按名称排列文件，将第 1 个、第 3 个、第 5 个、第 7 个文件复制到 D:\ex1\picture 文件夹中。

（3）选择 D:\ex1\picture 文件夹中的一个文件，浏览其属性并改为"只读"。

（4）选择 D:\ex1\picture 文件夹中的一个文件，先将其删除，再将其恢复。

（5）将 C 盘 Windows 文件夹中首字母为 m 的所有文件复制到 D:\ex2\tool 文件夹中。

图 1-45　文件夹结构

2. 文件资源管理器的使用练习二

【操作要求】

（1）查找"记事本"应用程序 notepad.exe 在硬盘中的位置。

（2）在桌面上建立"记事本"应用程序的快捷方式，并通过该快捷方式启动记事本程序。输入一段文字，文件内容为自己最喜欢的名言，并将文档以"名人名言.txt"为文件名保存在 D:\ex1\data 文件夹中，关闭记事本程序。

（3）将 D:\ex1\data 文件夹复制到 D:\ex3 中。

（4）将 D:\ex3 文件夹中的 data 文件夹重命名为"备份数据"。

（5）将 D:\ex3 文件夹移动到自己的 U 盘根目录中。

3. 文件资源管理器的使用练习三

【操作要求】

（1）在内容窗格中找到 D:\ex1\data 文件夹，右键单击，在快捷菜单中选择"发送到"级联菜单中的桌面快捷方式命令，观察桌面上的变化。

（2）使用 Print Screen（PrtSc）键抓取桌面图像信息到剪贴板，打开画图程序，使用"粘贴"命令，得到该图片，执行"保存"命令，将该图片文件保存到 D:\ex2\file 文件夹中，文件名为"P1.bmp"，关闭画图程序。

实验 1-3　控制面板及系统设置

一、实验目的

1. 掌握 Windows 10 中外观和个性化桌面效果的设置方法。
2. 掌握软件和硬件的管理方法。
3. 了解账户的管理方法。
4. 了解 Windows 防火墙的设置方法。

二、实验内容和步骤

1. 打开"控制面板"窗口

Windows 10 中有多种启动控制面板的方法，便于用户在不同操作状态下使用。下面简单练习两种打开"控制面板"窗口的方法。

< 26 >

① 在"开始"菜单的"Windows 系统"文件夹下单击"控制面板"命令。

② 打开"文件资源管理器"窗口，双击导航窗格底部的"控制面板"。若在导航窗格中看不到"控制面板"，则需要在导航窗格的空白处单击右键打开快捷菜单，在快捷菜单中选择"显示所有文件夹"，这样就可以将"控制面板"显示到导航窗格。

若桌面上有"控制面板"系统图标，双击它即可。

2．外观和个性化桌面效果设置

单击"控制面板"窗口中的"外观和个性化"链接，打开图 1-46 所示的"外观和个性化"窗口。在此窗口中，用户可以对显示环境进行设置。

（1）主题设置

桌面主题主要是指不同风格的桌面背景、窗口、系统按钮，以及活动窗口和自定义颜色、字体等的组合体。用户可根据自己喜好进行个性化设置。

在桌面空白处单击鼠标右键，在弹出的快捷菜单中选择"个性化"命令，或在图 1-46 所示的"外观和个性化"窗口中"任务栏和导航"下单击"导航属性"链接，打开"设置"窗口，在此窗口的左侧窗格中单击"主题"，则打开"设置-主题"窗口，如图 1-47 所示。在此窗口中单击某个主题图标即可更改主题设置，也可以单击"在 Microsoft Store 中获取更多主题"链接，获得更多桌面主题。

图 1-46　"外观和个性化"窗口

图 1-47　"设置-主题"窗口

< 27 >

（2）桌面背景设置

桌面背景是指 Windows 桌面上的墙纸。第一次启动操作系统时，用户在桌面上看到的是系统默认设置的墙纸。为了使桌面的外观更具有个性，可以在系统提供的多种方案中选择需要的桌面背景，也可以将自己的图片设置为桌面背景。

在图 1-47 所示的窗口左侧窗格中单击"背景"，打开图 1-48 所示的"设置-背景"窗口。

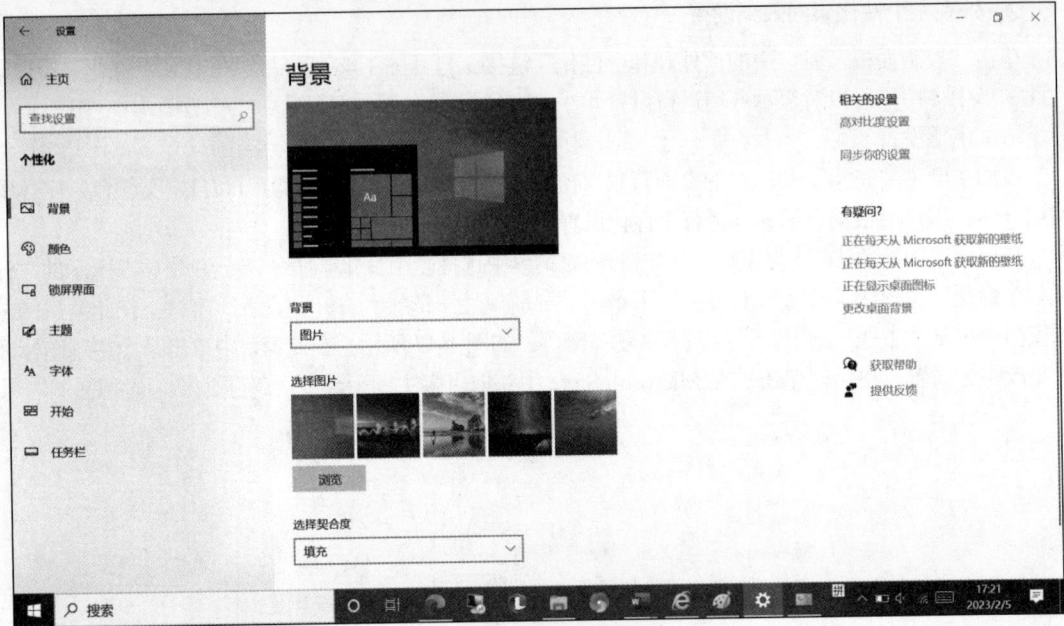

图 1-48 "设置-背景"窗口

在"背景"下拉列表中选择背景的类型，然后在下面选择一个自己喜欢的图片作为桌面背景。也可单击"浏览"按钮，在打开的对话框中选择图片文件取代现有的桌面背景。

用户还可以通过"选择契合度"调整背景图片的显示方式。

（3）屏幕保护程序设置

屏幕保护是指用户在一段指定的时间内没有操作计算机时，系统自动启动的一种程序，此时工作内容被暂时隐藏，屏幕上显示一些有趣的画面。要退出屏幕保护的画面，只需移动鼠标或按键盘上任意键，若没有设置密码，则屏幕会回到原来的显示状态。

在图 1-48 所示的窗口左侧窗格中单击"锁屏界面"，然后在该窗口右侧窗格中单击"屏幕保护程序设置"链接，打开"屏幕保护程序设置"对话框，如图 1-49 所示。

在"屏幕保护程序"下拉列表中选择一个屏幕保护程序，如"3D 文字"；"等待"数值框用来指定启动屏幕保护程序前 Windows 空闲的时间；"预览"按钮可用来全屏幕查看屏幕保护程序的效果。

若选中"在恢复时显示登录屏幕"复选框，则从屏幕保护程序回到原画面时，先弹出登录界面，并可能要求输入系统的登录密码，这样可保证未经许可的用户不能进入系统。

另外，对于有些屏幕保护程序，如"3D 文字"等，用户还可单击"设置"按钮，进入"3D 文字设置"对话框，设置文字的内容、字体、旋转类型、旋转速度等。

（4）显示器属性设置

右键单击桌面，在快捷菜单中单击"显示设置"，则打开"设置-显示"窗口，如图 1-50 所示，在该窗口中，通过"显示分辨率"下拉列表框可实现显示器分辨率的设置。

< 28 >

图 1-49　"屏幕保护程序设置"对话框

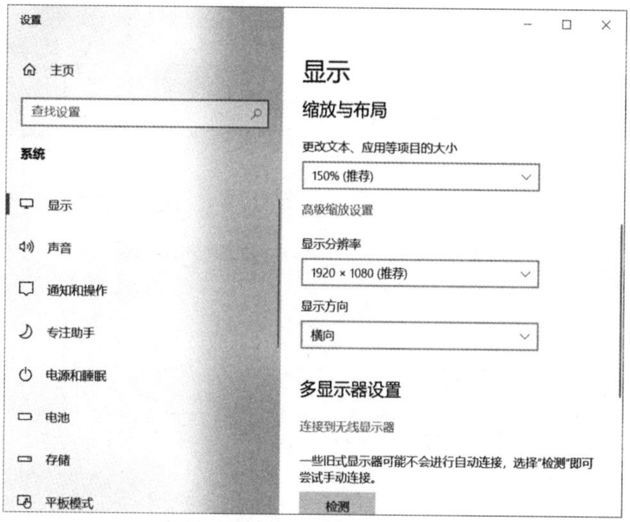

图 1-50　"设置-显示"窗口

在该窗口中可以进行调整分辨率、调整亮度和颜色、调整显示方向等操作。其中分辨率是显示器的一项重要指标，调整它的大小可以增大或减小屏幕上的像素点个数。分辨率通常用水平分辨率×垂直分辨率表示，常见的有 800×600、1024×768、1280×1024、1280×720、1280×768、1360×768、1366×768 等，单位为"像素"。

显示器可用的分辨率范围取决于计算机的显示硬件，分辨率越高，屏幕上的像素点越多，可显示的内容就越多，所显示的对象就越小。

在图 1-50 所示的窗口中，单击"显示分辨率"下拉列表框，在下拉列表中选择需要的分辨率，完成分辨率设置；在"显示方向"下拉列表中可设置显示器的显示方向；单击"更改文本、应用等项目的大小"下拉列表框，可设置屏幕上的文本大小及其他项目大小。

3. 软件和硬件管理

（1）程序管理

单击"控制面板"窗口中的"程序"，打开"程序"窗口，如图 1-51 所示。

该窗口中有"程序和功能"和"默认程序"两个选项。

① 程序和功能

- 卸载程序：在"程序和功能"选项中，可单击"卸载程序"链接，在列表中选择要卸载或更改的程序，然后单击"卸载/更改"按钮，完成相应的操作。
- 启用或关闭 Windows 功能：在安装 Windows 10 时，系统会自动安装一些基本的 Windows 功能，用户在使用过程中可根据自己的需要打开（如 Internet 信息服务）或关闭部分 Windows 功能。在"程序和功能"选项中，单击"启用或关闭 Windows 功能"链接，即可打开"Windows 功能"窗口，如图 1-52 所示。

在该窗口中，复选框处于"√"状态，表示该项功能已打开；若为空，则表示该项功能未打开；若为填充状态，则表示仅打开了部分功能。

📖 说明

关闭某个功能时系统不会将其卸载，该功能仍存储在硬盘上，需要时可直接打开。

< 29 >

图 1-51 "程序"窗口

图 1-52 "Windows 功能"窗口

② 默认程序

用户可以为打开一些特定类型的文件设置默认程序，如音频、视频、图像或网页文件等。例如，用户在计算机中安装了多个媒体播放工具，在打开一些媒体文件时发现它们在新的程序中打开，而不是自己习惯的程序，这时就可以通过"默认程序"窗口来设置。

（2）硬件管理

Windows 通过设备管理器对各种外部设备进行集中统一管理。单击"控制面板"窗口中"硬件和声音"链接，再单击"设备管理器"链接，则打开"设备管理器"窗口，如图 1-53 所示。

在设备管理器中，用户可以查看有关硬件如何安装和配置的信息，以及硬件如何与计算机交互的信息，还可以检查硬件状态，并更新相关硬件设备的驱动程序。

下面以添加打印机为例说明添加某硬件设备的方法步骤。

单击"控制面板"窗口中"硬件和声音"下的"查看设备和打印机"链接，打开"设备和打印机"窗口，如图 1-54 所示。

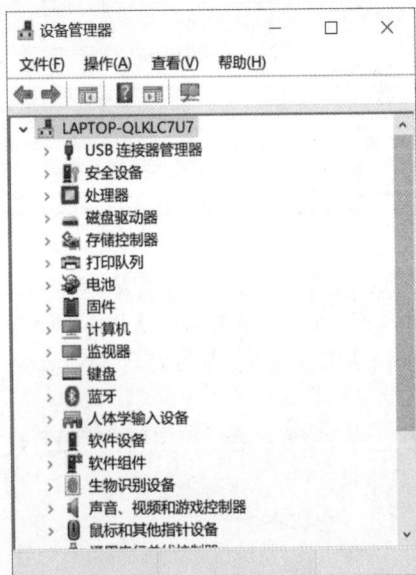

图 1-53 "设备管理器"窗口

图 1-54 "设备和打印机"窗口

< 30 >

单击工具栏中的"添加打印机"按钮，弹出"添加设备"对话框，在此对话框中默认会自动搜索已连接打印机，若长时间未找到，则选择"我所需的打印机未列出"，打开"添加打印机"对话框，选择"通过手动设置添加本地打印机或网络打印机"单选按钮，单击"下一步"，选择要安装的打印机端口，再单击"下一步"，选择打印机厂商、打印机的型号，确认打印机名称，单击"下一步"安装打印机驱动程序，即可完成打印机的安装。

4．用户账户管理

Windows 10 也允许多个用户共同使用同一台计算机，这就需要进行用户管理，包括创建新用户、为用户分配权限等。每一个用户都有自己的工作环境，可设置个性化桌面、"开始"菜单、我的文档等，也可以安装自己需要的应用程序。

Windows 10 中有两种账户类型供选择，分别是本地账户和 Microsoft 账户。本地账户分为标准用户和管理员用户。

标准用户：系统默认的常用本地账户，可以使用大多数软件，以及更改不影响其他用户或计算机的系统设置。

管理员：有计算机的完全访问权，可以做任何修改。只有管理员才有用户账户管理的权限。

（1）创建本地账户

创建一个新的账户，步骤如下。

① 在"控制面板"窗口中单击"用户账户"下的"更改账户类型"链接，打开"管理账户"窗口，然后在此窗口中单击"在电脑设置中添加新用户"链接，打开图 1-55 所示的"设置-账户"窗口。

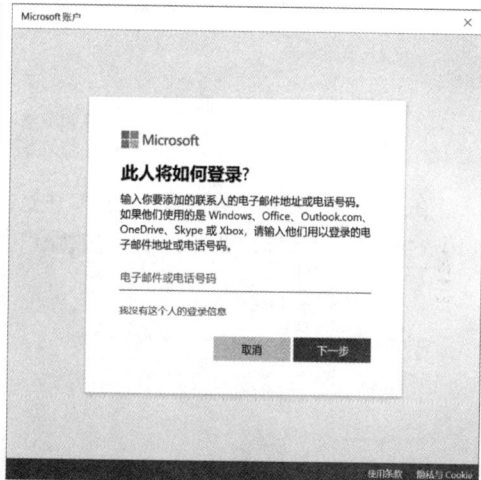

② 在图 1-55 所示的窗口中单击"将其他人添加到这台电脑"，弹出"此人将如何登录"对话框，如图 1-56 所示。

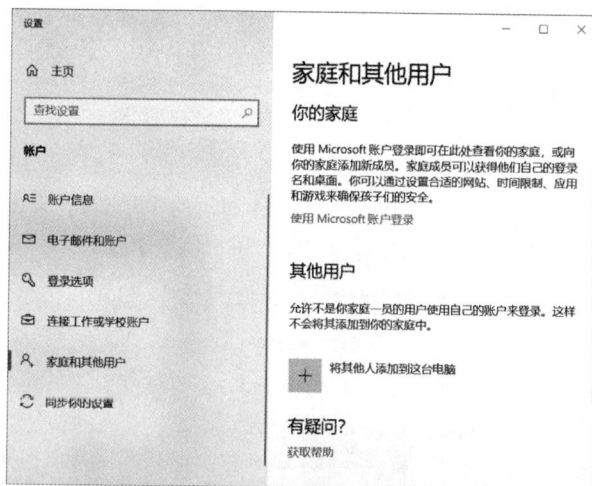

图 1-55　"设置-账户"窗口　　　　　图 1-56　"此人将如何登录"对话框

③ 在图 1-56 所示的文本框中输入要添加的联系人的电子邮件或电话号码。如果没有对方的电子邮件或电话号码，则可以单击"我没有这个人的登录信息"，进入"创建账户"对话框，如图 1-57 所示。

④ 单击图 1-57 中的"添加一个没有 Microsoft 账户的用户"，打开图 1-58 所示的"为这台电脑创建一个账户"对话框，输入用户名、密码等信息，单击"下一步"按钮，即完成本地账户的创建。如图 1-59 所示，添加了用户"xuym"。

< 31 >

图 1-57 "创建账户"对话框

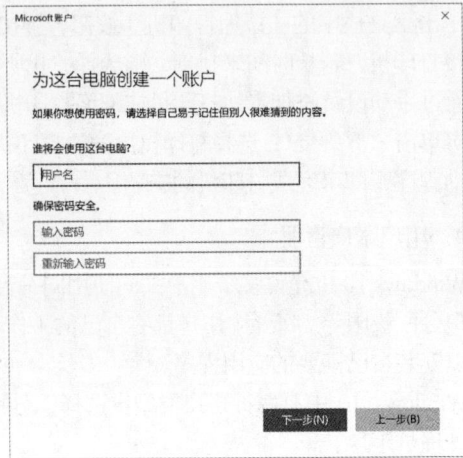

图 1-58 "为这台电脑创建一个账户"对话框

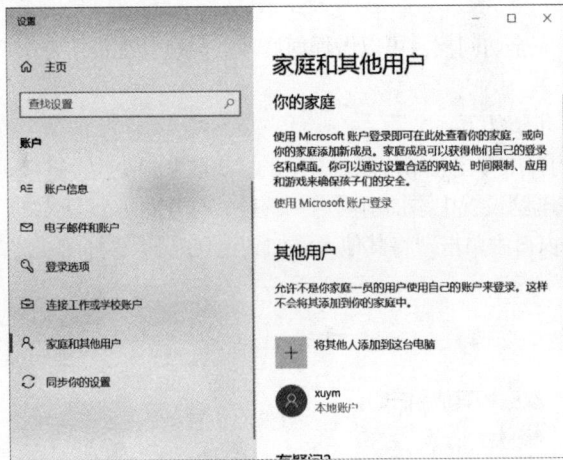

图 1-59 添加了用户"xuym"

在图 1-60 所示的"管理账户"窗口中选择一个用户后，还可以使用图 1-61 所示的"更改账户"窗口中的更改账户名称、更改密码、更改账户类型、删除账户等功能对所选账户进行信息更改。

图 1-60 "管理账户"窗口

图 1-61 "更改账户"窗口

添加完新用户后，单击"开始"按钮，在"开始"菜单中就能看到新添加的用户名，单击该用户名后输入设定的密码即可以新的用户身份登录系统。

（2）注册 Microsoft 账户

在 Windows 10 操作系统中，大量的内置应用都必须以 Microsoft 账户登录系统才能使用。通过

< 32 >

Microsoft 账户登录本地 Windows 10 操作系统后，可以对本地计算机进行管理，还可以在 PC、平板电脑、智能手机等设备之间共享资料及位置。

注册 Microsoft 账户可以使用 Microsoft 官方网站，也可以使用 Windows 10 中的 Microsoft 账户注册功能。

使用 Windows 10 创建账户更加方便，其具体操作如下。先使用本地账户登录 Windows 10，然后单击"开始"菜单中的"设置"按钮，打开"设置"窗口，单击窗口中的"账户"，进入"设置-账户信息"窗口（见图 1-62），在其中单击"改用 Microsoft 账户登录"链接，打开图 1-63 所示的"登录"对话框，在此对话框中单击"创建一个"链接，在后续的对话框中跟随创建向导输入或选择需要的信息，即可完成 Microsoft 账户的创建。

图 1-62　"设置-账户信息"窗口

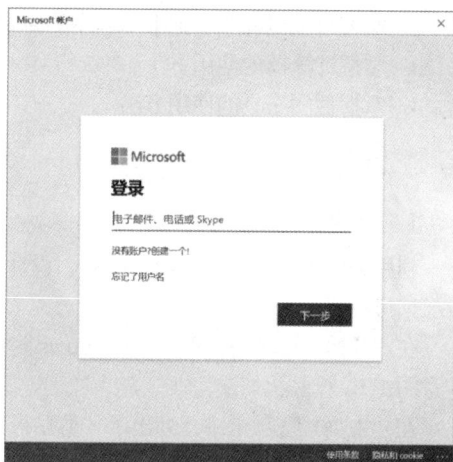

图 1-63　"登录"对话框

由于本地账户无法使用某些 Windows 10 操作系统提供的功能，而且无法同步操作系统设置，因此为了完整体验 Windows 10 的功能，就需要使用 Microsoft 账户登录。这样就可能需要在本地账户和 Microsoft 账户间进行切换，切换操作请读者自行练习。

5．Windows 防火墙设置

Windows 防火墙设置步骤如下。

① 在"控制面板"窗口中单击"系统和安全"，打开"系统和安全"窗口，再单击"Windows Defender 防火墙"，打开"Windows Defender 防火墙"窗口。

② 单击窗口左侧的"启用或关闭 Windows Defender 防火墙"链接，打开"自定义设置"窗口，在这里可打开或关闭防火墙。

③ 单击窗口左侧"允许应用或功能通过 Windows Defender 防火墙"链接，打开"允许的应用"窗口，在"允许的应用和功能"列表中，勾选信任的程序，单击"确定"按钮即可完成设置。

三、实验作业

启动控制面板，完成以下操作。

【操作要求】

（1）在 Windows 10 的主题列表中选择不同的主题，观察桌面、窗口等的变化。

（2）改变桌面背景为系统自带的任一示例图片，设置屏幕保护为"变幻线"，等待时间为 3 分钟。

（3）利用"时钟和区域"窗口中的"日期和时间""区域"选项，练习设置日期和时间，以及更改

< 33 >

日期、时间或数字格式。

（4）打开"鼠标属性"对话框，适当调整指针移动速度、指针轨迹、指针形状等，然后恢复初始设置。

（5）在计算机中添加一个新账户"学生"，账户类型为"标准用户"；为自己创建一个 Microsoft 账户；练习"学生"账户和 Microsoft 账户的切换操作。

实验1-4　常用附件程序和系统工具

一、实验目的

1. 掌握画图程序的使用方法。
2. 掌握写字板程序、记事本程序的使用方法。
3. 掌握计算器的使用方法。
4. 掌握截图工具的使用方法。

二、实验内容和步骤

1. 画图程序

利用画图程序可以绘制简单图形、设计精美而有创意的图片，也可以将文本或设计的图案添加到自己拍摄的照片上。

在"开始"菜单中，单击"Windows 附件"下的"画图"命令，可启动画图程序。"画图"窗口如本章图 1-16 所示。

在"主页"选项卡中，列出了"剪贴板""图像""工具""形状""粗细""颜色"等命令组，采用这些命令，用户可对图片进行编辑和绘制图形。练习以下基本操作。

① 在"形状"组单击要绘制的图形，如直线、曲线或椭圆。

② 在"颜色"组先单击"颜色 1"，然后单击要使用的颜色。

③ 移动鼠标指针到开始画图的位置，按住鼠标左键不放，拖动鼠标到所需位置，然后释放鼠标左键。

> 📖 **说明**
>
> ① 若要画正方形、圆形、水平线、垂直线、45° 斜线，可先选中相应图形，然后在按住 Shift 键的同时拖动鼠标指针进行绘制。
>
> ② 所画的图形可以是空心的，也可以是实心的，通过"工具"组的"用颜色填充"按钮 🪣 实现填充。其操作是先单击"用颜色填充"按钮，然后在图形上单击鼠标左键，用前景色填充，或单击鼠标右键，用背景色填充。"颜色"组中的"颜色 1"用来设置前景色，"颜色 2"用来设置背景色。"粗细"是指边框线的粗细。
>
> ③ 若要将文本添加到图片中作为简单的消息或标题，可在"工具"组单击"文本"按钮 A。在希望添加文本的绘图区域拖曳鼠标或单击，然后在"文本工具-文本"选项卡中可选择字体、大小和样式，在"颜色"组单击"颜色 1"，然后单击要使用的颜色（文本颜色），输入要添加的文本即可。
>
> ④ 使用"工具"组的"橡皮擦"按钮 ✐ 可擦除图片中的一部分内容，并用背景色填充。
>
> ⑤ 若要擦除大片区域，可单击"图像"组中的"选择"下拉按钮，在"选择形状"下选择"矩形选择"或"自由图形选择"，拖曳鼠标选取要擦除的区域，然后回到"选择"下拉列表，单击"选择选项"下的"删除"命令；若要清除整个图像，可单击"选择选项"下的"全选"命令，再单击"选择选项"下的"删除"命令。

2. 写字板程序和记事本程序

① 用写字板写一封自荐信，利用写字板的编辑、排版功能对文字进行简单的编辑和排版。

< 34 >

② 用剪贴板将画图程序生成的图片粘贴到写字板文档中。

③ 用记事本建立一个文本文档。

3. 计算器的使用

① 打开"计算器"窗口，利用"程序员"计算器实现数制的转换。方法如下。

进入"程序员"计算器，界面上有 4 个进制选项：十六进制（HEX）、十进制（DEC）、八进制（OCT）和二进制（BIN）。先单击某进制选项，然后输入数值，其他 3 种进制选项的右边同步显示转换后的对应数值。例如，单击"DEC"，输入"769"，转换结果如图 1-64 所示。

② 利用"日期计算"计算器，计算两个日期之差，或计算自某个特定日期开始增加或减少的天数。方法如下。

进入"日期计算"计算器，在下拉列表框中选择"日期之间的相隔时间"或"添加或减去天数"，若选择"日期之间的相隔时间"，再分别选择所要计算的两个日期，即可得到结果，如图 1-65 所示。

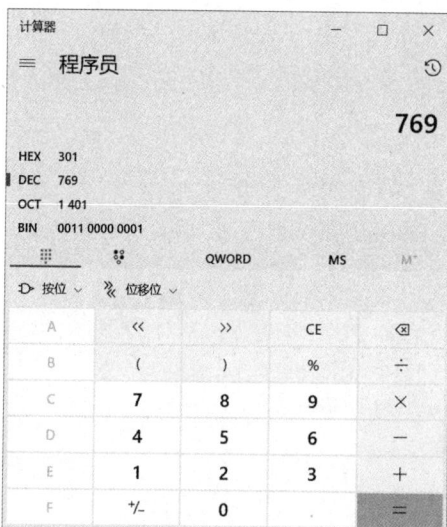

图 1-64　"程序员"计算器实现数制转换

图 1-65　"日期计算"计算器

4. 截图工具的使用

用截图工具捕获记事本编辑文本时的窗口图像，步骤如下。

① 打开"记事本"窗口，任意输入几句自己喜欢的格言。

② 在"开始"菜单中，单击"Windows 附件"下的"截图工具"命令，则打开"截图工具"窗口，如本章图 1-19 所示。单击"模式"下拉按钮，从下拉列表中选择"窗口截图"，然后单击"新建"按钮。

③ 将鼠标指针移至"记事本"窗口中（此时鼠标指针变成小手形状）单击左键，弹出图 1-66 所示的捕获"记事本"窗口后的"截图工具"窗口。

④ 单击"保存截图"按钮，在弹出的对话框中选择保存位置、输入文件名，即可保存截图。

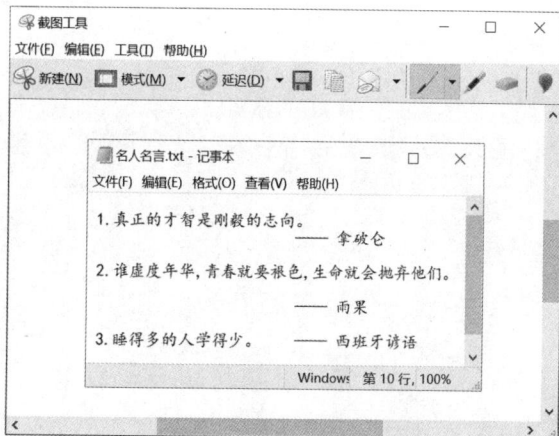

图 1-66　捕获"记事本"窗口后的"截图工具"窗口

< 35 >

读者也可试着在"截图工具"窗口中单击"模式"下拉按钮，从下拉列表中选择"任意格式截图"，此时鼠标指针变成剪刀形状，拖曳鼠标即可截取任意形状的图像。

三、实验作业

练习常用 Windows 附件程序的使用。

【操作要求】

（1）启动画图程序制作一张精美的图片，以"P2.bmp"为文件名保存在桌面上，并将此图设置为桌面背景。

（2）打开写字板程序，任意输入两段文字，并将第一段文字的字体设为楷体，字号设为 12，字体颜色设为绿色；将第二段文字的字体设为隶书、斜体和加粗，字号设为 14，字体颜色设为蓝色；段落首行缩进 2 个字符。

（3）打开计算器程序，将十进制数"345"转换成二进制数，并用截图工具捕获得到计算结果时"计算器"窗口的图像。

< 36 >

第 2 章　Word 2016

Word 2016 是 Microsoft Office 2016 中一个用于进行文字处理的软件，可以实现对文字、图形、图像等数据的编辑、排版、审阅、打印等功能。其特点是功能完善、界面友好、操作方便、易学易用，是目前用户进行文字处理的主流软件之一。

学习指导

一、Word 2016 的界面

启动 Word 2016 后，新建一个文档，即打开图 2-1 所示的界面，包括快速访问工具栏、标题栏、功能区、文档编辑区、状态栏等部分。

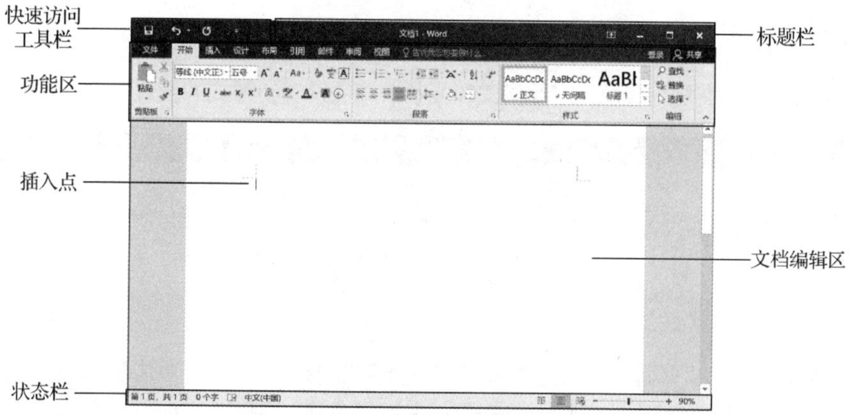

图 2-1　Word 2016 的界面

1. 快速访问工具栏

快速访问工具栏位于 Word 2016 界面的左上角，默认有"保存""撤销""恢复""自定义快速访问工具栏" 4 个常用按钮。"自定义快速访问工具栏"按钮显示为一个下拉按钮，单击此按钮可以打开"自定义快速访问工具栏"下拉列表，如图 2-2 所示，在这里可以将其他常用操作命令添加到快速访问工具栏中。

2. 标题栏

标题栏位于 Word 2016 界面的顶端，用于显示当前文档的名称和应用程序的名称，右侧的 4 个控制按钮可以实现功能区的显示和隐藏、窗口的最小化、窗口的最大化或还原、文档的关闭功能。

3．功能区

功能区由多个选项卡组成，每个选项卡包含多组相关命令。Word 2016 的大部分编辑操作都可通过功能区实现。功能区默认显示"文件""开始""插入""设计""布局""引用""邮件""审阅""视图"9 个标准选项卡。

（1）"文件"选项卡

"文件"选项卡实际上是"文件"菜单，包含对文档的一些基本操作，包括文档的新建、打开、保存、另存为、打印、关闭等，如图 2-3 所示。

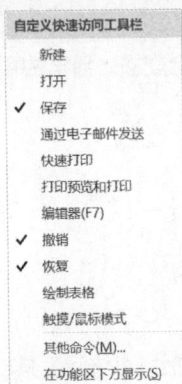

图 2-2 "自定义快速访问工具栏"下拉列表　　　　图 2-3 "文件"菜单

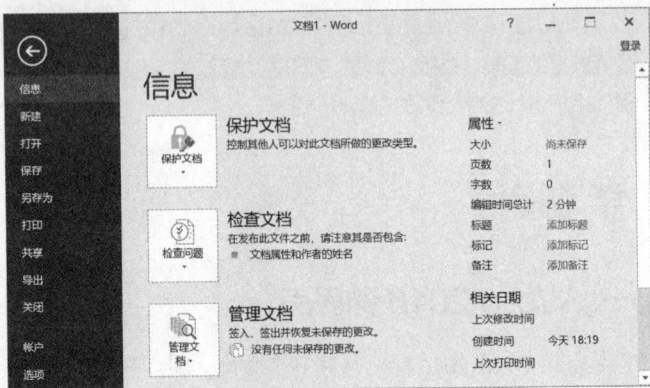

（2）"开始"选项卡

"开始"选项卡包含"剪贴板""字体""段落""样式""编辑" 5 个命令组，可以实现对文档内容的剪切、复制、移动、查找、替换，字体格式和段落格式的设置，样式的设置等操作，如图 2-4 所示。

图 2-4 "开始"选项卡

（3）"插入"选项卡

"插入"选项卡包含"页面""表格""插图""媒体""链接""批注""页眉和页脚""文本""符号"9 个命令组，可以实现向文档中插入封面、表格、图片、剪贴画、形状、SmartArt 图形、图表、文本框、艺术字、公式、符号、页眉、页脚、页码、批注等对象，以及设置链接和书签等，如图 2-5 所示。

图 2-5 "插入"选项卡

（4）"设计"选项卡

"设计"选项卡包含"文档格式"和"页面背景" 2 个命令组，可以实现为文档设置主题、水印、页面颜色、页面边框等，以及使用样式及设置文档的格式，如图 2-6 所示。

（5）"布局"选项卡

"布局"选项卡包含"页面设置""稿纸""段落""排列" 4 个命令组，可以实现为文档设置页边距、纸张方向、纸张大小、分栏等操作，还可以在文档中插入分节符、分页符等，如图 2-7 所示。

< 38 >

图2-6 "设计"选项卡

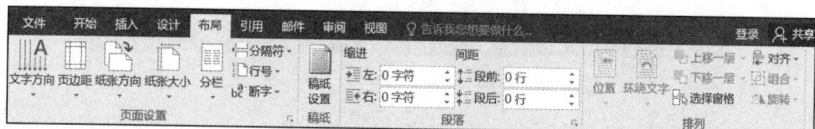

图2-7 "布局"选项卡

（6）"引用"选项卡

"引用"选项卡包含"目录""脚注""引文与书目""题注""索引""引文目录"6 个命令组，可以实现在文档中插入目录、脚注、尾注、题注等操作，如图 2-8 所示。

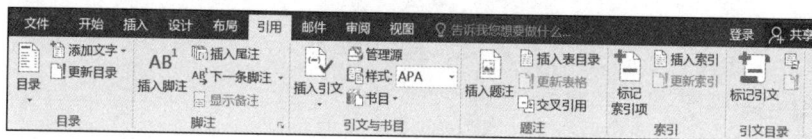

图2-8 "引用"选项卡

（7）"邮件"选项卡

"邮件"选项卡包含"创建""开始邮件合并""编写和插入域""预览结果""完成"5 个命令组，可以实现邮件合并操作，如图 2-9 所示。

图2-9 "邮件"选项卡

（8）"审阅"选项卡

"审阅"选项卡包含"校对""见解""语言""中文简繁转换""批注""修订""更改""比较""保护"9 个命令组，可以实现对文档进行拼写和语法检查、字数统计、简繁体的转换，以及向文档中添加批注和对文档进行修订等操作，如图 2-10 所示。

图2-10 "审阅"选项卡

（9）"视图"选项卡

"视图"选项卡包含"视图""显示""显示比例""窗口""宏"5 个命令组，可以查看文档的不同视图，在文档中显示或隐藏标尺、网格线、导航窗格等对象，调整文档的显示比例，以及录制宏，如图 2-11 所示。

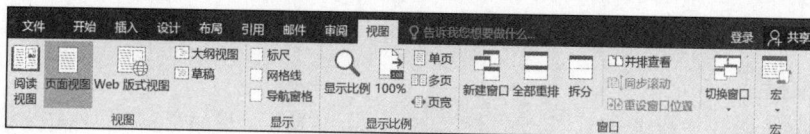

图2-11 "视图"选项卡

< 39 >

除了标准选项卡，Word 2016 还提供了上下文相关选项卡。上下文相关选项卡只会在编辑某些特定对象时出现，即根据当前操作的对象以及正在执行的操作，在功能区右侧出现一个或多个上下文选项卡，如图 2-12 所示。例如，当对表格对象进行编辑时，标题栏出现"表格工具"文字，其下有"设计"和"布局"两个选项卡，专门用于对当前表格进行编辑。

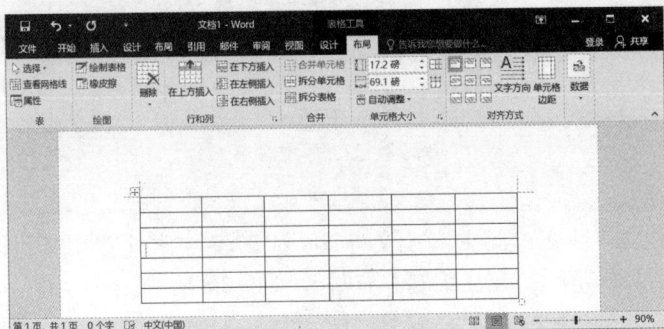

图 2-12　上下文选项卡

4．文档编辑区

文档编辑区位于 Word 2016 界面的中部，是输入文本、对文档内容进行编辑的区域。文档编辑区中光标闪烁的位置称为插入点，表示当前的输入位置。

5．状态栏

状态栏位于 Word 2016 界面的底部，用于显示当前文档的相关信息，如文档页数、当前页码、字数统计等，还可用于切换文档视图、调整显示比例等。

二、文档的基本操作

1．创建新文档

启动 Word 2016 后，在初始界面上单击"空白文档"，即可创建一个新文档。在编辑已有文档时，在"文件"选项卡下单击"新建"命令，再在右侧选择"空白文档"，也可以创建一个新文档。还可以在某个文件夹下单击鼠标右键，利用弹出的快捷菜单新建 Word 文档。

2．打开文档

要打开已有的 Word 文档，可以在 Word 2016 的"文件"选项卡下单击"打开"命令，再在右侧选择"浏览"，如图 2-13 所示，即可打开"打开"对话框，在"打开"对话框中选择要打开的 Word 文档。如果在图 2-13 中选择"最近"，则可以在右侧选择打开最近打开过的文档。还可以在某个文件夹下找到要打开的文档，直接双击打开。

3．保存文档

文档编辑后需要保存，单击快速访问工具栏中的保存按钮即可保存文档。也可以在"文件"选项卡下单击"保存"命令，或按 Ctrl+S 组合键保存文档。

新建的文档第一次保存时，会切换到"文件"选项卡的"另存为"界面，在该界面上单击"浏览"，打开"另存为"对话框，可为文档指定文件名和存储路径。

4．关闭文档

单击标题栏右侧的"关闭"按钮，或在"文件"选项卡下单击"关闭"命令，都可以关闭当前文档。如果对文档进行了编辑但未保存，则在关闭文档时会弹出图 2-14 所示的对话框，提示用户保存文档。

< 40 >

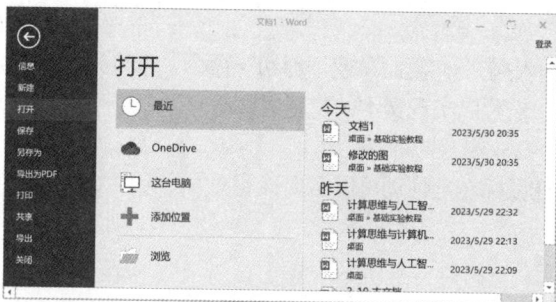

图 2-13　打开文档

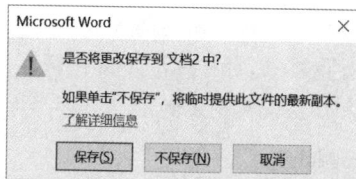

图 2-14　文档更改保存提示

三、文本的基本编辑

1．输入文本

Word 文档中光标所在的位置称为插入点，即输入文本或插入对象的地方。输入文本以后，插入点自动后移。当输入文本满一行时，Word 会自动换行。在 Word 文档中有文本的位置单击，或在空白的位置双击，都可以定位插入点。

2．选择文本

（1）使用文本选定区选择文本

将鼠标指针移动到文档编辑区左侧的空白区域（即文本选定区），单击选择一行；拖曳鼠标选择多行；双击选择一段；三击选择全文。

（2）在文档编辑区选择文本

① 选择连续的文本

将鼠标指向待选内容的起始位置，按住鼠标左键拖动到结束位置，再松开鼠标左键；或者先在待选内容起始位置单击，按住 Shift 键的同时在待选内容结束位置单击，即可选择一段连续的文本。

② 选定多行中的部分字块

将鼠标指向待选内容的起始位置，按住 Alt 键的同时拖曳鼠标，可以选定多行中的部分字块。

③ 选定一个整句

将鼠标指向待选句子的任一位置，按住 Ctrl 键的同时单击，可以选定一个整句。

④ 选定一个段落

将鼠标指向待选段落的任一位置，三击可以选定一段。

⑤ 选定全文

在"开始"选项卡的"编辑"组中单击"选择"下拉按钮，在下拉列表中单击"全选"；或使用 Ctrl+A 组合键，可以选定全文。

（3）取消选择

在文档编辑区任一位置单击，可以取消对文本的选定。

3．复制和移动文本

（1）使用功能区命令

先选定要复制或移动的文本，在"开始"选项卡的"剪贴板"组中单击"复制"或"剪切"按钮，再将光标定位到新的位置，单击"剪贴板"组中的"粘贴"按钮，可以实现文本的复制或移动。

（2）使用快捷键

先选定要复制或移动的文本，按 Ctrl+C 组合键进行复制，或按 Ctrl+X 组合键进行剪切，再将光标定位到新的位置，按 Ctrl+V 组合键进行粘贴，也可以实现文本的复制或移动。

< 41 >

（3）使用右键快捷菜单

选定文本后，单击鼠标右键，在快捷菜单中选择"复制"或"剪切"命令，再将光标定位到新的位置，在右键快捷菜单中选择"粘贴"命令，也可以实现文本的复制或移动。

（4）使用鼠标拖动

选定文本后，鼠标指向选定的区域，按住鼠标左键拖动可以实现移动文本；按住 Ctrl 键同时拖曳鼠标，可以实现复制文本。

4．删除文本

选定文本后，在"开始"选项卡的"剪贴板"组中单击"剪切"按钮，或者在右键快捷菜单中单击"剪切"命令，或者按键盘上的 Delete 键或 Backspace 键，都可以删除选定文本。若当前没有选定的文本，则按 Backspace 键可以删除插入点前的文本，按 Delete 键可以删除插入点后的文本。

5．查找和替换文本

（1）查找文本

在"开始"选项卡的"编辑"组中单击"查找"按钮，则在 Word 2016 界面左侧弹出"导航"窗格，在其中输入要查找的内容后按 Enter 键即可查找；也可以在"编辑"组中"查找"下拉列表中选择"高级查找…"，打开"查找和替换"对话框进行查找。

（2）替换文本

在"开始"选项卡的"编辑"组中单击"替换"按钮，打开图 2-15 所示的"查找和替换"对话框。在"替换"选项卡中分别输入要查找的内容和要替换的内容进行替换。单击"替换"选项卡左下角的"更多"按钮，可以进一步设置替换的格式。

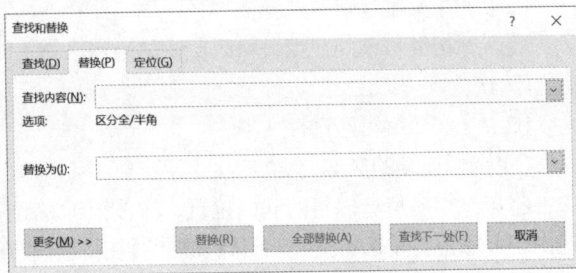

图 2-15　"查找和替换"对话框

四、Word 2016 的视图

视图用于设置文档的查看方式。Word 2016 提供了 5 种文档视图，即页面视图、阅读视图、Web 版式视图、大纲视图和草稿视图。选择合适的视图，可以更加方便地浏览、编辑文档。通过"视图"选项卡中的"视图"组，或者状态栏右侧的视图切换按钮，可以实现不同视图之间的切换。

（1）页面视图

页面视图是 Word 2016 默认的视图，其显示效果与文档最终的打印效果完全一致，文档中的页眉、页脚、页边距、图片等各种元素均显示在实际的位置上。在该视图模式下，可以实现对文档的绝大部分操作。

（2）阅读视图

阅读视图以方便用户阅读的方式显示文档，使用户可以最大程度地利用屏幕空间来阅读或批注文档。在该视图模式下，对文档的大部分编辑操作都不能进行。在上方的"视图"下拉列表中选择"编辑文档"，可以退出阅读视图。

（3）Web 版式视图

Web 版式视图以网页的形式显示文档，文档的编辑窗口更大，在宽度上占据整个文档编辑区，并自动调整每行字数以适应该宽度。在该视图模式下文档不再分页，也不能显示页眉和页脚，但可以输入内容和进行基本的编辑操作。

（4）大纲视图

大纲视图以层次结构列出文档中的标题和正文内容，可以将所有标题分级显示。双击标题左侧的

< 42 >

"+"标记可以展开或折叠当前标题下的内容。在该视图模式下，功能区显示"大纲显示"选项卡，可以对显示的内容进行设置，单击"大纲显示"选项卡中的"关闭大纲视图"按钮，可以退出大纲视图。

（5）草稿视图

草稿视图以草稿的形式显示文档。在该视图模式下仅显示标题和正文内容，不显示页边距、页眉、页脚和图片等元素，页与页之间用虚线分隔。

实验

实验 2-1　图文混排

一、实验目的

1. 熟悉 Word 2016 的编辑环境。
2. 掌握字体格式和段落格式的设置方法。
3. 掌握页面设置的方法。
4. 掌握插入和编辑图片、形状、艺术字等对象的方法。

二、实验内容和步骤

1. 录取通知书

【实验内容】

（1）设置纸张方向、纸张大小、页边距。

（2）设置字体格式和段落格式。

（3）设置页面背景。

实验结果如图 2-16 所示。

【实验步骤】

（1）新建 Word 文档"2-1 录取通知书.docx"，在"布局"选项卡的"页面设置"组中单击右下角的箭头按钮，打开"页面设置"对话框。在"纸张"选项卡中设置"纸张大小"为"自定义大小"，"宽度"为 600 磅，"高度"为 400 磅，如图 2-17 所示，单击"确定"按钮。

图 2-16　录取通知书

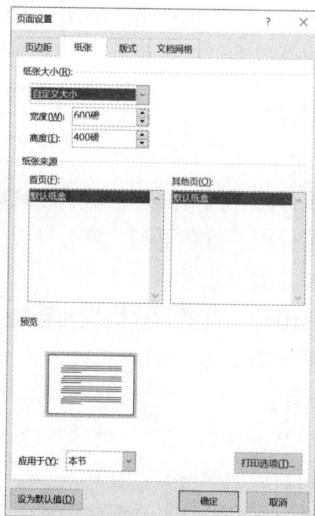

图 2-17　"页面设置"对话框

< 43 >

📖 **说明**

　　若默认的单位不是"磅"，可以在"文件"选项卡下单击"选项"命令，打开"Word 选项"对话框，在左侧列表中选择"高级"，在右侧找到"显示"选项，将下面的"度量单位"设置为"磅"，如图 2-18 所示。

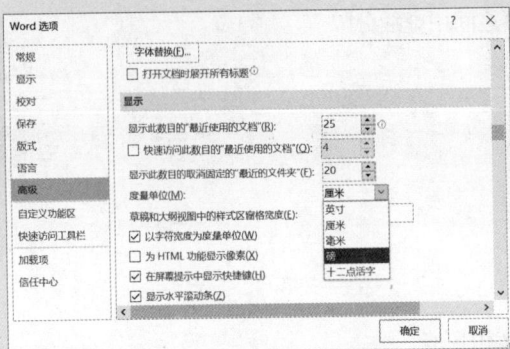

图 2-18 "Word 选项"对话框

　　（2）在"布局"选项卡的"页面设置"组中设置"页边距"为"适中"。

　　（3）按照图 2-16 所示输入文字内容。下画线的输入方式：在"开始"选项卡的"字体"组中单击"下画线"按钮**U**，使其处于选中状态，将光标置于文档中要输入下画线的位置，按空格键输入。

　　（4）选中文字"录取通知书"，在"开始"选项卡的"字体"组中设置"录取通知书"的字体格式为华文行楷、小初（字号）、加粗；再选中其他文字，设置字体格式为楷体、二号。

　　（5）将光标置于"录取通知书"行，在"开始"选项卡的"段落"组中设置该段落的对齐方式为"居中"。再将光标置于其他段落，设置其他段落的对齐方式："＿＿＿同学"为左对齐；"你已……注册。"为两端对齐；最后两行为右对齐。

　　（6）在"设计"选项卡的"页面背景"组中单击"页面边框"按钮，打开"边框和底纹"对话框，在"页面边框"选项卡中选择一种艺术型边框。

　　（7）在"设计"选项卡的"页面背景"组中单击"水印"下拉按钮，在下拉列表中选择"自定义水印…"，打开"水印"对话框。如图 2-19 所示，在"水印"对话框中选中"图片水印"单选按钮，再单击下方的"选择图片…"按钮，选择实验 2-1 素材库中的图片"校徽.jpg"作为图片水印，单击"确定"按钮。

　　（8）保存设置。

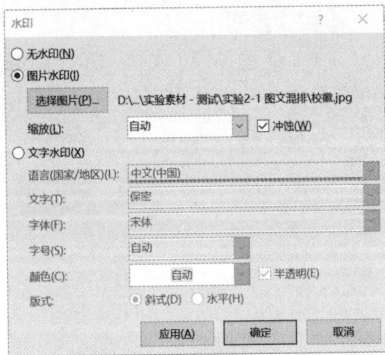

图 2-19 设置图片水印

2. 荷塘月色

【实验内容】

　　（1）设置行距、段落间距、缩进方式等段落格式。

　　（2）设置分栏、首字下沉。

　　（3）添加并编辑艺术字。

　　（4）插入图片、设置图片格式和环绕方式。

　　实验结果如图 2-20 所示。

【实验步骤】

　　（1）新建 Word 文档"2-2 荷塘月色.docx"，将实验 2-1 素材库中文件"荷塘月色.txt"中的文字内容全部复制到新建的 Word 文档中。

　　（2）在 Word 文档中选中所有文字内容，设置字体格式为楷体、小四。

< 44 >

（3）选中所有文字，在"开始"选项卡的"段落"组中单击右下角的箭头按钮，打开"段落"对话框，设置缩进方式为首行缩进、2 字符，行距为多倍行距、1.25，段落间距为段前 0.5 行、段后 0.5 行，如图 2-21 所示，单击"确定"按钮。

图 2-20　荷塘月色

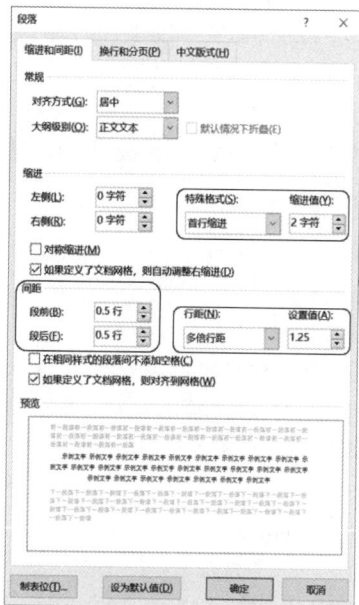

图 2-21　"段落"对话框

（4）在文字上方插入艺术字"荷塘月色"。在"插入"选项卡的"文本"组中单击"艺术字"下拉按钮，选择第 2 行第 2 列的艺术字样式。在艺术字输入框中输入文字"荷塘月色"，在"开始"选项卡的"字体"组中设置艺术字的字体格式为隶书、72 号、绿色，适当调整艺术字的大小和位置，并在第 1 段文字之前插入若干空白行，将正文下移，适当调整正文与艺术字之间的距离。

（5）将光标置于正文第 1 段内部，在"插入"选项卡的"文本"组中单击"首字下沉"下拉按钮，在下拉列表中选择"首字下沉选项…"，打开"首字下沉"对话框。设置"位置"为"下沉"，"下沉行数"为"2"，如图 2-22 所示，单击"确定"按钮。

（6）选中正文第 2 段内容，在"布局"选项卡的"页面设置"组中单击"分栏"下拉列表，在下拉列表中选择"更多分栏…"，打开"分栏"对话框。将第 2 段分为两栏，并选中"分隔线"复选框，如图 2-23 所示，单击"确定"按钮。

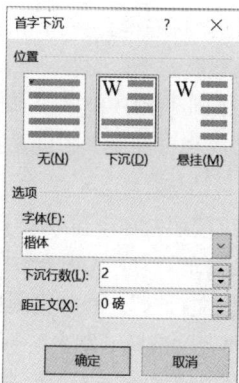

图 2-22　"首字下沉"对话框

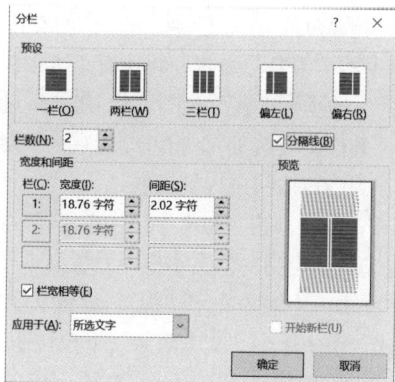

图 2-23　"分栏"对话框

< 45 >

（7）将光标置于第 1 段内部，在"插入"选项卡的"插图"组中单击"图片"按钮，打开"插入图片"对话框。选择实验 2-1 素材库中的图片"荷塘月色 1.jpg"插入文档。在"图片工具-格式"选项卡的"图片样式"组中选择图片样式"柔化边缘椭圆"，在"图片工具-格式"选项卡的"排列"组中单击"环绕文字"下拉按钮，在下拉列表中选择环绕方式为"紧密形环绕"，鼠标拖曳图片四周的控制点，按照图 2-20 所示适当调整图片的大小和位置。

（8）在第 3 段中插入实验 2-1 素材库中的图片"荷塘月色 2.jpg"，调整图片的大小和位置，设置图片的环绕方式为"衬于文字下方"，将其作为正文第 3 段的背景图片。在"图片工具-格式"选项卡的"调整"组中单击"颜色"下拉按钮，在下拉列表中选择"重新着色"中的"冲蚀"。

（9）保存设置。

3．福字

【实验内容】

（1）插入和编辑矩形、文本框。

（2）设置形状样式和文本效果。

（3）组合图形、旋转图形。

实验结果如图 2-24 所示。

图 2-24　福字

【实验步骤】

（1）新建 Word 文档"2-3　福字.docx"。

（2）在"插入"选项卡的"插图"组中单击"形状"下拉按钮，在下拉列表中选择"矩形"，按住 Shift 键的同时按住鼠标左键拖动鼠标，绘制一个正方形。在"绘图工具-格式"选项卡的"形状样式"组中，设置"形状填充"为红色，"形状轮廓"为"无轮廓"。

（3）用同样的方法，在红色正方形左上角插入一个小正方形。设置"形状填充"为"无填充颜色"，"形状轮廓"为黄色、4.5 磅；"形状效果"为"棱台-圆"，适当调整其大小和位置。

（4）复制 3 个黄色小正方形，分别移动到红色正方形的其他 3 个角上的合适位置。

（5）插入一个大正方形，选中任意一个小正方形，在"开始"选项卡的"剪贴板"组中单击"格式刷"按钮，再在大正方形上单击，使大正方形的形状样式与黄色小正方形一致。适当调整大正方形的大小和位置。

📖 说明

也可以复制黄色小正方形后将其放大。

（6）按住 Ctrl 键依次单击上述形状，选中所有正方形，单击鼠标右键，在弹出的快捷菜单中单击"组合"级联菜单中的"组合"命令，将所有正方形组合为一个图形。

（7）选中组合后的图形，在"绘图工具-格式"选项卡的"排列"组中单击"旋转"下拉按钮，在下拉列表中单击"其他旋转选项"，打开"布局"对话框，在"大小"选项卡中设置旋转 45°。也可直接拖动图形上方的旋转按钮进行旋转。

（8）在"插入"选项卡的"文本"组中单击"文本框"下拉按钮，在下拉列表中单击"绘制文本框"，在文档中拖曳鼠标绘制一个文本框。设置文本框的"形状填充"为"无填充颜色"，"形状轮廓"为"无轮廓"。在文本框中输入文字"福"，设置文字字体为"华文行楷"；在"绘图工具-格式"选项卡的"艺术字样式"组中单击"文本效果"下拉按钮，在下拉列表中选择"发光"→"发光选项"，则在文档右侧弹出"设置形状格式"窗格，在该窗格中设置文字发光为黄色、5 磅，将文本框向右旋转180°。适当调整字体大小与文本框的位置。

< 46 >

（9）保存设置。

三、实验作业

1．“互联网+”时代

【实验内容】

（1）设置页边距、字体格式、段落缩进、段落间距。

（2）设置段落边框和底纹、分栏、首字下沉。

（3）设置形状样式、项目符号、文字水印。

（4）查找与替换，设置替换后字体格式。

实验结果如图 2-25 所示。

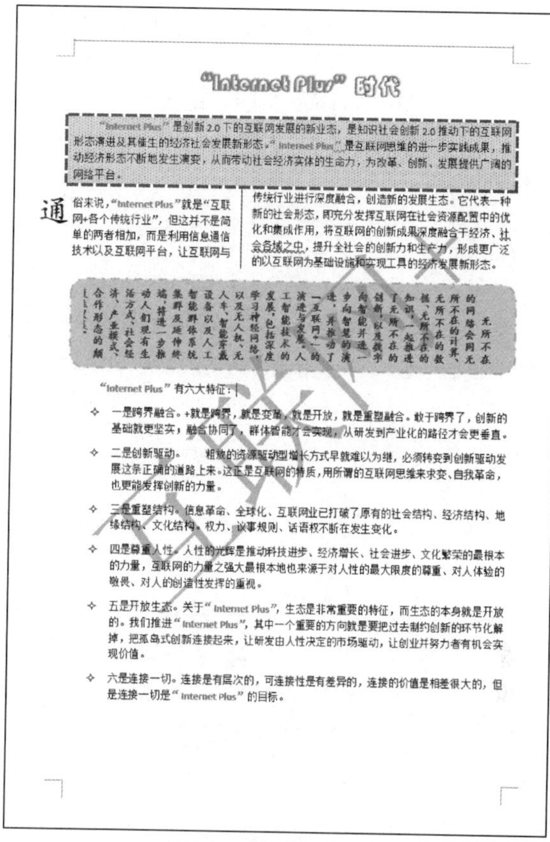

“Internet Plus”时代

“Internet Plus”是创新 2.0 下的互联网发展的新业态，是知识社会创新 2.0 推动下的互联网形态演进及其催生的经济社会发展新形态。“Internet Plus”是互联网思维的进一步实践成果，推动经济形态不断地发生演变，从而带动社会经济实体的生命力，为改革、创新、发展提供广阔的网络平台。

通俗来说，“Internet Plus”就是“互联网+各个传统行业”，但这并不是简单的两者相加，而是利用信息通信技术以及互联网平台，让互联网与传统行业进行深度融合，创造新的发展生态。它代表一种新的社会形态，即充分发挥互联网在社会资源配置中的优化和集成作用，将互联网的创新成果深度融合于经济、社会各域之中，提升全社会的创新力和生产力，形成更广泛的以互联网为基础设施和实现工具的经济发展新形态。

无所不在的网络会同无所不在的计算、无所不在的数据、无所不在的知识，一起推进了无所不在的创新，以及数字向智能并进一步向智慧的演进，并推动了“互联网+”的演进与发展。人工智能技术的发展，包括深度学习神经网络，以及无人机、无人车、智能穿戴设备以及人工智能群体系统集群及延伸终端，将进一步推动人们现有生活方式、社会经济、产业模式、合作形态的颠……

“Internet Plus”有六大特征：

- 一是跨界融合。+就是跨界，就是变革，就是开放，就是重塑融合。敢于跨界了，创新的基础就更坚实；融合协同了，群体智能才会实现，从研发到产业化的路径才会更垂直。
- 二是创新驱动。 粗放的资源驱动型增长方式早就难以为继，必须转变到创新驱动发展这条正确的道路上来。这正是互联网的特质，用所谓的互联网思维来求变、自我革命，也更能发挥创新的力量。
- 三是重塑结构。信息革命、全球化、互联网业已打破了原有的社会结构、经济结构、地缘结构、文化结构。权力、议事规则、话语权不断在发生变化。
- 四是尊重人性。人性的光辉是推动科技进步、经济增长、社会进步、文化繁荣的最根本的力量，互联网的力量之强大最根本地也来源于对人性的最大限度的尊重、对人体验的敬畏、对人的创造性发挥的重视。
- 五是开放生态。关于“Internet Plus”，生态是非常重要的特征，而生态的本身就是开放的。我们推进“Internet Plus”，其中一个重要的方向就是要把过去制约创新的环节化解掉，把孤岛式创新连接起来，让研发由人性决定的市场驱动，让创业并努力者有机会实现价值。
- 六是连接一切。连接是有层次的，可连接性是有差异的，连接的价值是相差很大的，但是连接一切是“Internet Plus”的目标。

互联网+

图 2-25 “互联网+”时代

【操作要求】

（1）打开实验 2-1 素材库中的 Word 文档“2-4 互联网+.docx”。

（2）设置页边距为上下左右各 2.5 厘米，左侧装订线 0.5 厘米。

（3）设置标题的字体格式为华文彩云、二号、红色；文本效果为外部阴影“右上斜偏移”，对齐方式为居中。

（4）设置正文所有段落首行缩进 2 字符，段落间距为段前 0.5 行。

（5）设置正文第 1 段边框为蓝色、虚线、3.0 磅，底纹为黄色填充、10%红色图案。

提示

选中正文第 1 段，在“开始”选项卡的“段落”组中单击“边框”下拉按钮，在下拉列表中单击“边框和底纹”，打开“边框和底纹”对话框进行设置。

（6）设置正文第 2 段首字下沉为悬挂下沉 2 行、楷体、距正文 3 磅。

（7）设置正文第 2 段偏左分栏：左侧 15 字符、间距 2 字符，栏间加分隔线。

（8）插入一个圆角矩形，设置形状轮廓为橙色、点划线；形状填充为浅蓝、透明度 70%。

提示

透明度的设置方法：在“绘图工具-格式”选项卡的“形状样式”组中单击“形状填充”下拉按钮，在下拉列表中选择“其他填充颜色...”，打开“颜色”对话框进行设置。

（9）设置圆角矩形的环绕方式为“嵌入型”，将其嵌入第 3 段之前；将第 3 段的文字移动到圆角矩形内部，并设置文字方向为垂直；对齐方式为两端对齐；字体格式为楷体、加粗、紫色。适当调整圆角矩形的大小。

提示

在“绘图工具-格式”选项卡的“文本”组中设置文字方向。

（10）为正文第 5 段到第 10 段（六大特征）设置项目符号，任意选择一种符号样式。

💡 提示

在"开始"选项卡的"段落"组中进行设置。

（11）为文档添加文字水印"互联网+"，水印颜色为红色、半透明；水印版式为斜式。

（12）将文档中所有"互联网+"替换为"Internet Plus"（包括双引号），替换后字体格式为绿色、加粗。

💡 提示

在"开始"选项卡的"编辑"组中单击"替换"按钮，打开"查找和替换"对话框。输入查找和替换的内容。再单击对话框左下角的"更多"按钮展开对话框，如图 2-26 所示。将光标置于"替换为"文本框中，在对话框的左下角设置替换后的字体格式。

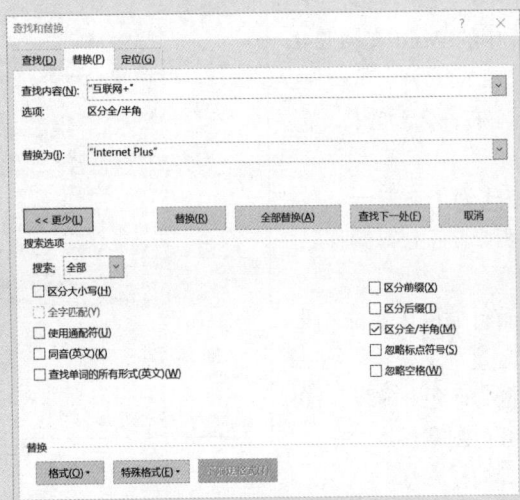

图 2-26 "查找和替换"对话框

（13）设置文档修改密码"1111"。

💡 提示

在"文件"选项卡下单击"另存为"命令，在右侧单击"浏览"，打开"另存为"对话框。在"另存为"对话框中单击"工具"下拉按钮，在下拉列表中单击"常规选项"，打开"常规选项"对话框进行设置。

（14）保存文档，关闭文档后重新打开，查看修改密码的设置效果。

2. 电子板报

【实验内容】

自选主题，利用 Word 的图文混排功能设计一份电子板报。

【操作要求】

（1）主题明确，内容具体、完整。

（2）报头、刊号、出版人、出版日期、版块等元素齐全。

（3）图文并茂（合理使用文字、图片、艺术字、文本框等）。

（4）版面布局整洁、美观。

< 48 >

（5）色彩搭配合理、文字大小合适。

（6）要求在一页纸内排版，内容较多时可以自定义纸张大小。

（7）保存文档名称为"2-5 电子板报.docx"。

📖 说明

　　从网上复制的文字素材有时会带有一些特殊的格式，粘贴到 Word 文档中时，可以在"开始"选项卡的"剪贴板"组中单击"粘贴"下拉按钮，在其下拉列表中选择粘贴选项为🗐A（只保留文本）。

实验 2-2　表格编辑和邮件合并

一、实验目的

1. 掌握表格的基本编辑操作方法。
2. 掌握邮件合并的方法。
3. 了解在邮件合并时插入图片域的方法。
4. 了解使用邮件合并制作标签的方法。

二、实验内容和步骤

1. 录取通知书

【实验内容】

（1）编辑表格。

（2）使用邮件合并。

【实验步骤】

（1）将实验 2-1 中创建的文档"2-1 录取通知书.docx"复制一份，重命名为"2-6 主文档.docx"。

（2）按照图 2-27 所示修改"2-6 主文档.docx"中部分内容。

（3）新建 Word 文档"2-6 数据源.docx"，按照图 2-28 所示，在该文档中创建并编辑表格：在"插入"选项卡的"表格"组中单击"表格"下拉按钮，在下拉列表中单击"插入表格"，打开"插入表格"对话框，设置表格尺寸为 3 列 6 行，并向表格中输入数据。保存并关闭文档。

（4）打开文件"2-6 主文档.docx"，在"邮件"选项卡的"开始邮件合并"组中单击"选择收件人"下拉按钮，

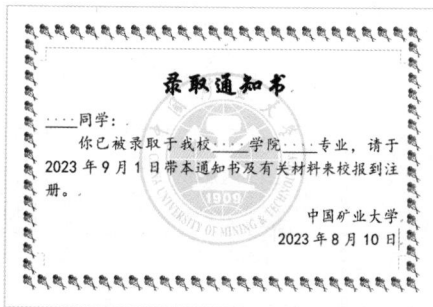

图 2-27　主文档

在下拉列表中选择"使用现有列表..."，打开"选取数据源"对话框，选择"2-6 数据源.docx"作为邮件合并的数据源。

（5）在"邮件"选项卡的"编写和插入域"组中单击"插入合并域"下拉按钮，在下拉列表中选择各个域，分别插入主文档中的合适位置，结果如图 2-29 所示。

（6）在"邮件"选项卡的"预览结果"组中单击"预览结果"按钮，预览邮件合并的结果。

（7）在"邮件"选项卡的"完成"组中单击"完成并合并"下拉按钮，在下拉列表中选择"编辑单个文档..."，打开"合并到新文档"对话框，将全部记录合并到新文档。将合并后的新文档保存为"2-6 录取通知书.docx"。

（8）保存"2-6 主文档.docx"的设置。

< 49 >

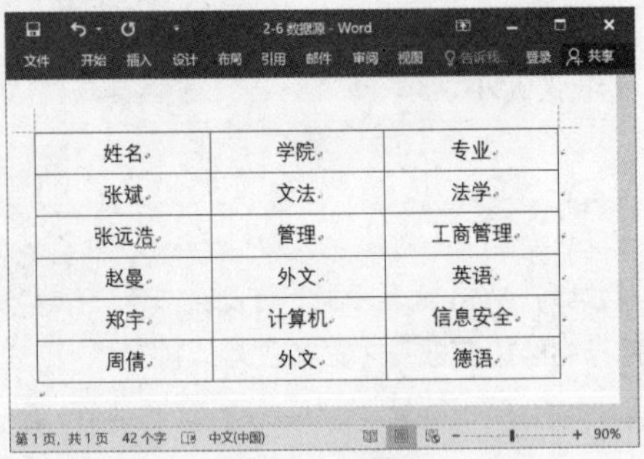

图 2-28　数据源

图 2-29　插入合并域

2．课程表

【实验内容】

（1）插入表格，设置行高和列宽，设置对齐方式。

（2）合并单元格，绘制斜线表头。

实验结果如图 2-30 所示，实际输入的课程以自己的课表为准。

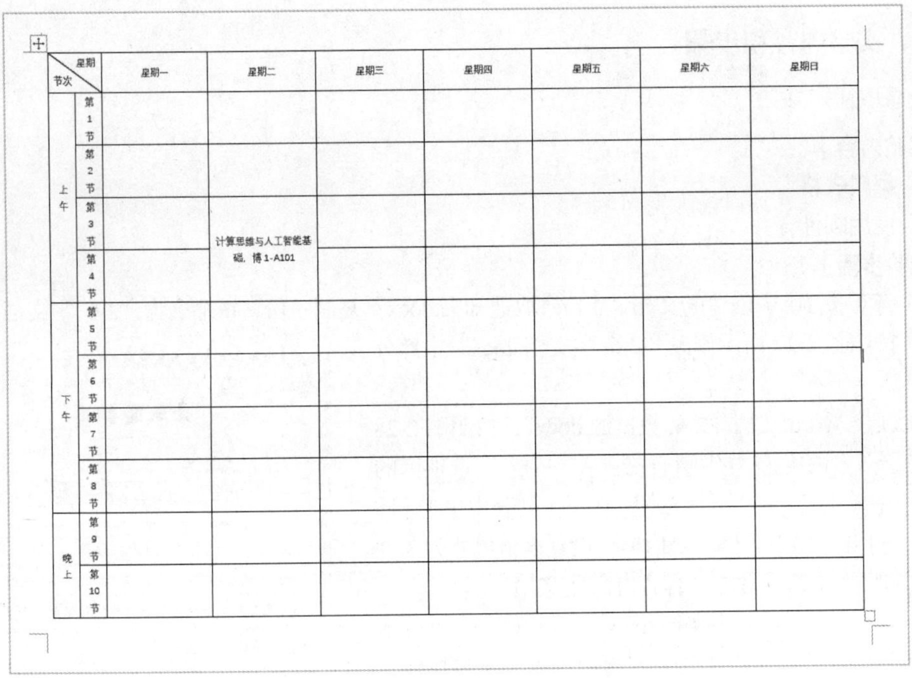

图 2-30　课程表

【实验步骤】

（1）新建 Word 文档"2-7 课程表.docx"并打开。

（2）在"布局"选项卡的"页面设置"组中设置"纸张方向"为"横向"，页边距为"窄"。

（3）在"插入"选项卡的"表格"组中单击"表格"下拉按钮，在下拉列表中选择"插入表格..."，在弹出的"插入表格"对话框中设置表格尺寸为 9 列、11 行，单击"确定"按钮。

（4）鼠标指针移动到表格第 1 列上方，当鼠标指针呈向下箭头形状（↓）时拖曳鼠标选中第 1 列和第 2 列，在"表格工具-布局"选项卡的"单元格大小"组中设置所选列的宽度为 25 磅。

（5）拖动表格右边框线至页面右侧边缘处，则最后一列宽度增加。选中第 3 列到第 9 列，在"表格工具-布局"选项卡的"单元格大小"组中单击"分布列"按钮，使所选列宽度平均分配。

< 50 >

（6）单击表格左上角的 ⊞ 选中整个表格，在"表格工具-布局"选项卡的"单元格大小"组中设置单元格高度为 42 磅，在"对齐方式"组中单击"水平居中"按钮（表格中的文字在单元格内居中），在"开始"选项卡的"字体"组中设置字号为"小五"，在"段落"组中单击"居中"按钮（表格在页面中水平居中）。

（7）按照图 2-30 所示合并单元格（选中要合并的单元格后，在"表格工具-布局"选项卡的"合并"组中单击"合并单元格"按钮）并输入文字。请根据自己的课表输入上课信息（课程名称、上课地点等）。

（8）合并第 1 行的前两个单元格，向上拖动第 1 行的下边框线适当调整第一行的高度。

（9）在"表格工具-布局"选项卡的"绘图"组中单击"绘制表格"按钮，鼠标指针变为铅笔形状，在表格左上角的单元格中绘制一条斜线。

（10）在"插入"选项卡的"文本"组中单击"文本框"下拉按钮，在下拉列表中单击"绘制文本框"，在斜线表头位置拖曳鼠标绘制文本框，输入"星期"，设置文本框的形状轮廓为"无轮廓"。

（11）右键单击文本框，在快捷菜单中单击"设置形状格式…"，打开"设置形状格式"窗格。在"文本选项"下的"布局属性"中，设置上下左右边距均为 0 磅，如图 2-31 所示。适当调整文本框的大小和位置。

（12）复制"星期"文本框，将其中文字修改为"节次"，并移动到斜线表头左下角的合适位置。

（13）保存设置。

3．学生成绩表

【实验内容】

（1）向表格中添加行和列。

（2）在表格中使用公式计算。

（3）设置表格的边框线和底纹。

实验结果如图 2-32 所示。

图 2-31　设置文本框内部边距

【实验步骤】

（1）打开实验 2-2 素材库中的 Word 文档"2-8 学生成绩单.docx"。

（2）光标置于表格最后一列，在"表格工具-布局"选项卡的"行和列"组中单击"在右侧插入"按钮，在表格右侧插入一个空白列，在该列第一个单元格中输入"总分"。

（3）光标置于第一个学生对应的总分单元格，在"表格工具-布局"选项卡的"数据"组中单击"*fx* 公式"按钮，打开"公式"对话框，在文本框中输入公式"=SUM(LEFT)"，如图 2-33 所示，单击"确定"按钮，计算出第一个学生的总分。

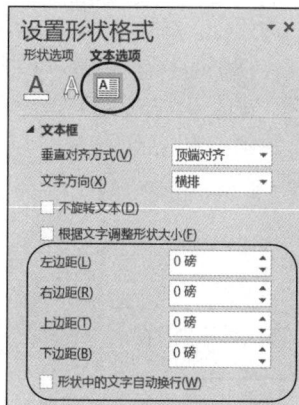

图 2-32　学生成绩单

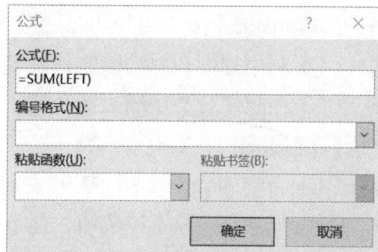

图 2-33　输入公式

< 51 >

> 📖 **说明**
>
> 公式 "=SUM(LEFT)" 表示对本行左侧单元格中的所有数值型数据求和。也可以使用公式 "=SUM(B2:D2)",其中 B2 表示列号为 B、行号为 2 的单元格,即第 2 列第 2 行的单元格,B2:D2 则表示从单元格 B2 到单元格 D2 的单元格区域。

(4)光标置于"总分"列的其他单元格,用同样的方法依次计算出其他学生的总分。

(5)光标置于表格最后一行,在"表格工具-布局"选项卡的"行和列"组中单击"在下方插入"按钮,在表格下方插入一个空白行,在该行第一个单元格中输入"平均分"。

(6)光标置于最后一行第 2 个单元格,打开"公式"对话框,重新输入公式"=AVERAGE(ABOVE)",计算出第一门课程的平均分。用同样的方法计算出其他课程及总分的平均分。

(7)选中整个表格,在"表格工具-设计"选项卡的"边框"组中,单击右下角的箭头按钮,打开"边框和底纹"对话框。如图 2-34 所示,在"边框"选项卡中,先在左侧单击"方框",再设置线条颜色为蓝色,宽度为 1.5 磅,单击"确定"按钮,为表格设置外边框线。

(8)选中整个表格,再次打开"边框和底纹"对话框,在左侧单击"自定义",设置线条颜色为黑色,宽度为 0.75 磅,再选中右侧"预览"区中的两种内部边框线,如图 2-35 所示,单击"确定"按钮,为表格设置内部边框线。

图 2-34 设置外边框线

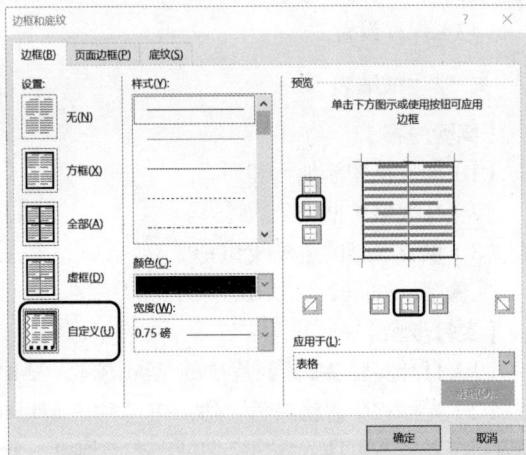

图 2-35 设置内部边框线

(9)选中表格第一行,打开"边框和底纹"对话框,将选中区域的下边框线设置为红色双实线。

(10)选中表格最后一行,打开"边框和底纹"对话框,在"底纹"选项卡中设置填充颜色为黄色。

(11)保存文档。

4.准考证

【实验内容】

(1)利用邮件合并功能制作标签。

(2)在邮件合并中插入图片域。

【实验步骤】

(1)新建 Word 文档"2-9 主文档.docx"并打开,在"邮件"选项卡的"开始邮件合并"组中单击"开始邮件合并"下拉按钮,在下拉列表中选择"标签...",打开"标签选项"对话框。单击该对话框中的"新建标签..."按钮,打开"标签详情"对话框。

< 52 >

（2）在"标签详情"对话框中，设置"标签名称"为"我的标签"，"上边距"为40磅，"侧边距"为15磅，"标签高度"为180磅，"标签宽度"为270磅，"纵向跨度"为200磅，"横向跨度"为280磅，"标签列数"为2，"标签行数"为4，"页面大小"选择A4，如图2-36所示。单击"确定"按钮，返回"标签选项"对话框。

（3）在"标签选项"对话框中，选择刚定义的标签"我的标签"，单击"确定"按钮，弹出"邮件合并"对话框，再单击"确定"按钮。

（4）在文档页面左上角的标签中输入文字并编辑表格，如图2-37所示。设置"计算机等级考试"格式为隶书、四号、水平居中，"准考证"格式为黑体、小四、水平居中，表格内字体格式为宋体、五号。设置表格的每行高度为20磅，表格中文字的对齐方式为"中部两端对齐"。

图2-36　自定义标签

（5）准备数据源。本例使用实验2-2素材库中编辑好的Excel文档"2-9 数据源.xlsx"作为数据源，如图2-38所示。图中"照片"列的内容为图片文件名，且图片与数据源文档、主文档存储在同一文件夹下。

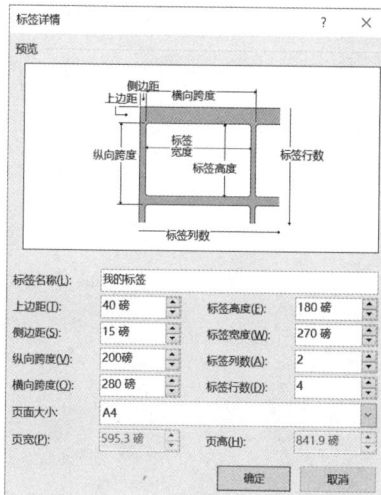

图2-37　设计准考证

图2-38　数据源

（6）在"2-9 主文档.docx"中进行邮件合并，在"邮件"选项卡的"开始邮件合并"组中单击"选择收件人"下拉按钮，在下拉列表中单击"使用现有列表…"，打开"选取数据源"对话框，选择数据源为"2-9 数据源.xlsx"中的工作表"Sheet1"。

（7）按照图2-39所示向表格中插入合并域。光标置于要插入合并域的单元格内部，在"邮件"选项卡的"编写和插入域"组中单击"插入合并域"下拉按钮，在下拉列表中选择需要插入的内容。

（8）光标置于表格右上角放置照片的单元格内部，在"插入"选项卡的"文本"组中单击"文档部件"下拉按钮，在下拉列表中选择"域…"，打开"域"对话框，选择域名为"IncludePicture"，在"文件名或URL"文本框中输入"照片"，如图2-40所示，单击"确定"按钮。

图2-39　插入合并域

📖 说明

　　如果图片文件和主文档及数据源文档不在同一文件夹下，则在图2-40的"文件名或URL"文本框中需要给出图片文件的完整路径。

< 53 >

图 2-40 "域"对话框

（9）插入域以后，照片单元格显示如图 2-41 所示。单击照片单元格内的对象，按 Shift+F9 组合键（切换域代码），则单元格内显示域代码，如图 2-42 所示。

（10）选中图 2-42 中的文字"照片"（不包括外面的双引号），在"邮件"选项卡的"编写和插入域"组中单击"插入合并域"下拉按钮，在下拉列表中选择"照片"插入文档，再次按 Shift+F9 组合键，单元格内显示的域代码如图 2-43 所示。

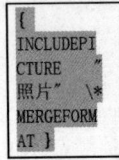

图 2-41 插入域　　图 2-42 显示域代码　　图 2-43 插入照片域

> **说明**
>
> 默认情况下，"切换域代码"按钮不在功能区中，但可以通过自定义功能区把该按钮添加进来。方法如下：在"文件"选项卡下单击"选项"命令，打开"Word 选项"对话框。如图 2-44 所示，在该对话框左侧选择"自定义功能区"，在右侧的"从下列位置选择命令"下拉列表框中选择"所有命令"，再在右侧的"邮件"下新建一个组，将"切换域代码"命令添加到该新建的组中。添加完成后，就可以在功能区的"邮件"选项卡下使用该命令的按钮。

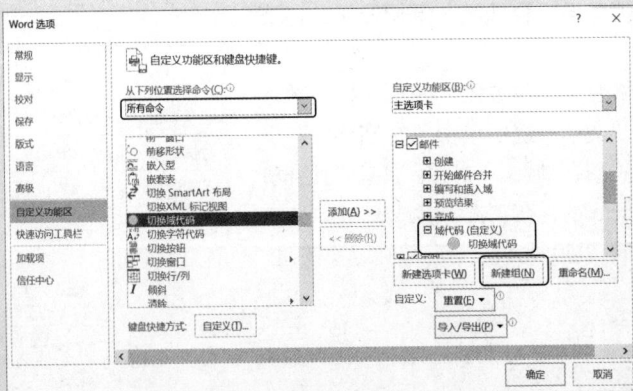

图 2-44 自定义功能区

< 54 >

（11）在"邮件"选项卡的"编写和插入域"组中单击"更新标签"按钮，更新页面中的所有标签。

（12）在"邮件"选项卡的"预览结果"组中单击"预览结果"按钮，预览邮件合并的结果，此时照片不能正确显示。

（13）在"邮件"选项卡的"完成"组中单击"完成并合并"下拉按钮，在下拉列表中选择"编辑单个文档..."，打开"合并到新文档"对话框，将全部记录合并到新文档"标签 1"中。

（14）在新文档中按 Ctrl+A 组合键，选中全部文档内容，再按 F9 键，将文档中所有内容更新，更新后文档中的照片能正确显示，如图 2-45 所示。

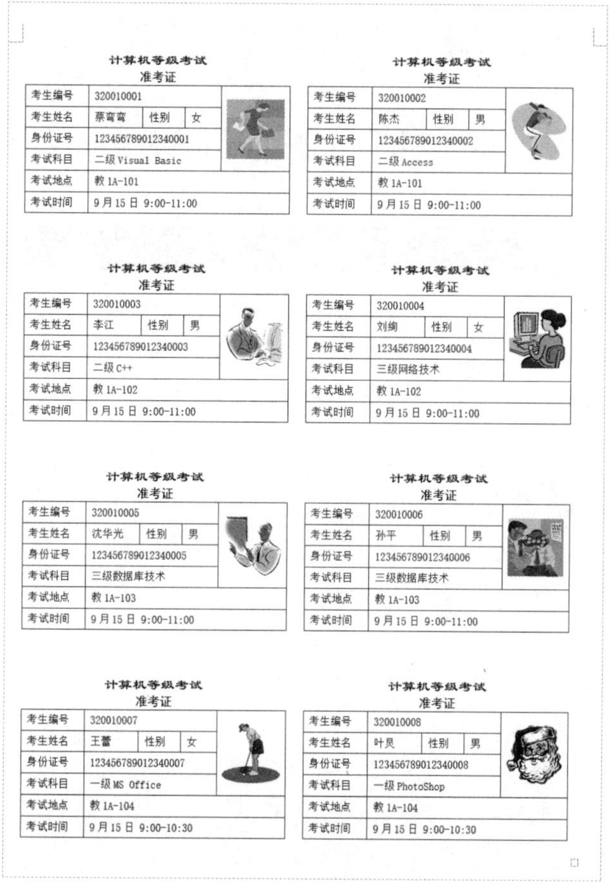

图 2-45　邮件合并后的文档

📖 说明

若按 F9 键后还不能正确显示图片或图片大小不合适，可以先保存文档，再将文档关闭后重新打开，然后进行更新操作。

（15）将合并后的新文档"标签 1"保存为"2-9 准考证.docx"，并保存"2-9 主文档.docx"的设置。

三、实验作业

1. 成绩通知单

【操作要求】

（1）新建文档"2-10 主文档.docx"，按照图 2-46 所示输入内容，并进行适当的格式编辑。

< 55 >

（2）本题使用实验 2-2 素材库中的 word 文档 "2-10 数据源.docx" 作为数据源文档内容，如图 2-47 所示。

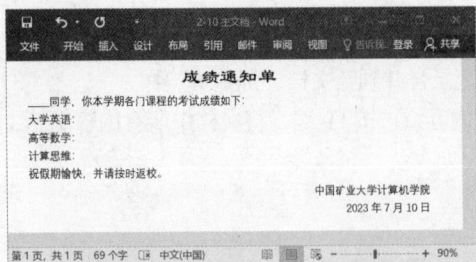

图 2-46　成绩通知单

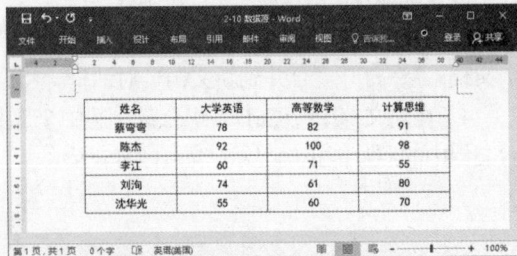

图 2-47　学生成绩表

（3）使用邮件合并功能批量生成成绩通知单，邮件合并结果如图 2-48 所示，合并后的文档保存为 "2-10 成绩通知单.docx"。

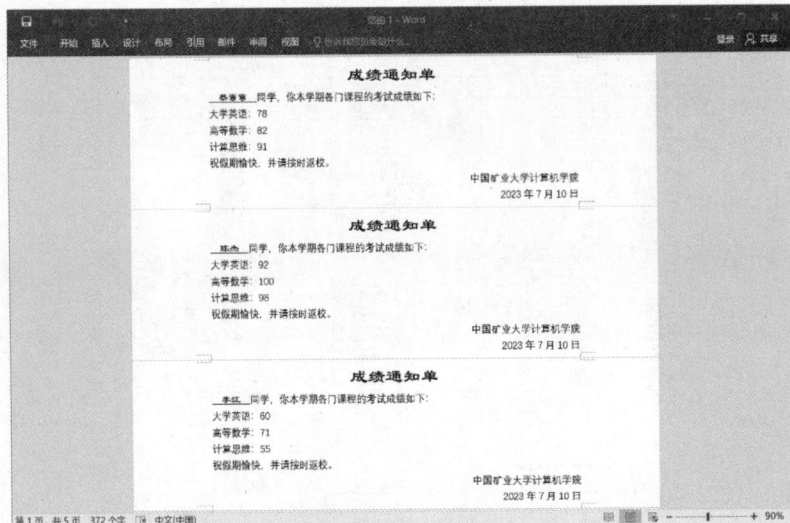

图 2-48　合并结果

2．新年贺卡

【操作要求】

（1）设计一份新年贺卡，图片、文字、版式等自己设定，保存文件名为 "2-11 主文档.docx"。

（2）利用邮件合并功能，批量生成新年贺卡，收件人为班级每个同学。邮件合并后的文档名称为 "2-11 新年贺卡.docx"。

（3）数据源中要有"性别"列，插入合并域时，使用规则根据"性别"设置称呼为"<先生>"或"<女士>"。

实验 2-3　长文档的编辑

一、实验目的

1. 掌握标题样式的设置方法。
2. 掌握插入页码和生成目录的方法。
3. 掌握文档分节和设置页眉页脚的方法。

< 56 >

二、实验内容和步骤

1．长文档

【实验内容】

（1）设置标题样式。

（2）插入页码，生成目录。

（3）为文档分节，设置页眉。

【实验步骤】

（1）打开实验 2-3 素材库中的文件"2-12 长文档.docx"。

（2）设置标题样式。

① 选中标题文字"第 4 章 模块和 VBA 程序设计"，在"开始"选项卡的"样式"组中选择"标题 1"样式。

② 同样的方法将各节标题"4.1……""4.2……"等均设置为"标题 2"样式，将第三级标题"4.1.1……""4.1.2……"等均设置为"标题 3"样式。

📖 说明

设置好标题样式后，在"视图"选项卡的"显示"组中选中"导航窗格"复选框，可以显示导航窗格，查看文档的各级标题。

（3）设置页码。

在"插入"选项卡的"页眉和页脚"组中单击"页码"下拉按钮，在下拉列表中选择"页面底端"→"普通数字 2"，则在每一页底端居中显示页码。双击正文区域，回到正文编辑状态。

（4）生成目录。

① 光标置于第 1 页的开始位置，在"布局"选项卡的"页面设置"组中单击"分隔符"下拉按钮，在下拉列表中选择"下一页分节符"，则在文档最前面出现一个空白页，用于生成目录。

② 在空白页中第一行输入"目 录"，设置样式为"正文"，对齐方式为"居中"，字体格式为宋体、二号、加粗。

③ 光标置于"目 录"下一行，在"引用"选项卡的"目录"组中单击"目录"下拉按钮，在下拉列表中选择"自定义目录..."，打开"目录"对话框，保持对话框中设置不变，单击"确定"按钮，则生成目录，此时正文部分是从第 2 页开始的。

④ 光标置于第 2 页中，在"插入"选项卡的"页眉和页脚"组中单击"页码"下拉按钮，在下拉列表中选择"设置页码格式..."，打开"页码格式"对话框。设置"页码编号"为"起始页码：1"，如图 2-49 所示，单击"确定"按钮，则正文部分页码从 1 开始编号。

⑤ 在"引用"选项卡的"目录"组中单击"更新目录"按钮，在打开的"更新目录"对话框中选择"只更新页码"，单击"确定"按钮。

（5）为文档分节。

① 光标置于 4.1 节的结束位置，在"布局"选项卡的"页面设置"组中单击"分隔符"下拉按钮，在下拉列表中选择"下一页分节符"，则在 4.1 节和 4.2 节之间插入一个分节符。

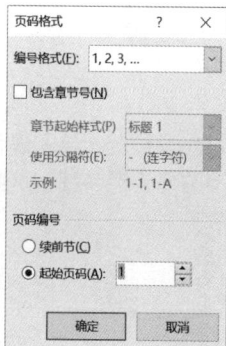

图 2-49 "页码格式"对话框

📖 说明

在"开始"选项卡的"段落"组中单击 ⤸（显示/隐藏编辑标记），可以显示或隐藏分节符等格式标记。

< 57 >

② 用同样的方法分别在 4.2 节和 4.3 节、4.3 节和 4.4 节之间插入 "下一页分节符"。

📖 **说明**

分节后, 若各节的页码编号不连续, 可以在图 2-49 所示的 "页码格式" 对话框中设置页码编号为 "续前节"。

（6）设置页眉。

① 光标置于 "目录" 页内, 在 "插入" 选项卡的 "页眉和页脚" 组中单击 "页眉" 下拉按钮, 在下拉列表中选择内置页眉 "空白", 则切换到页眉编辑状态, 输入第 1 节的页眉 "目录"。

② 在 "页眉和页脚工具-设计" 选项卡的 "导航" 组中单击 "下一节" 按钮, 切换到第 2 节的页眉处。

③ 单击 "导航" 组中的 "链接到前一条页眉" 按钮, 使其未选中。在第 2 节的页眉处输入 "4.1 模块概述"。

④ 用同样的方法分别设置第 3 节~第 5 节的页眉为 "4.2 VBA 程序设计基础""4.3 VBA 的流程控制结构""4.4 数组"。

📖 **说明**

双击正文区域可以切换到正文编辑状态; 双击页眉或页脚区域, 可以切换到页眉页脚编辑状态。

（7）保存设置。

三、实验作业

产品使用说明书。

【操作要求】

（1）从网上下载某个产品的使用说明书, 并对其进行排版。

（2）设置各级标题样式, 要求至少三级标题。

（3）插入奇偶页不同的页码。奇数页码位于页面底端右侧, 偶数页页码位于页面底端左侧。

（4）生成目录, 目录独占一页。

（5）将文档分节, 为每节分别设置页眉, 且奇偶页不同。

（6）保存文档, 文件名为 "2-13 产品使用说明书.docx"。

< 58 >

第 3 章

Excel 2016

Excel 2016 是 Microsoft Office 2016 中一个专门用于对表格数据进行处理的软件，可以实现对表格中的数据进行编辑、排版、管理、统计、分析，并能使用图表等对象更加直观形象地表示数据。Excel 2016 操作简单、功能强大，是日常办公、金融、财务、审计等领域常用的软件。

学习指导

一、Excel 2016 的界面

Excel 2016 的界面风格与 Word 2016 相似，包括快速访问工具栏、标题栏、功能区、编辑栏、工作表区、状态栏等部分，界面如图 3-1 所示。下面主要介绍其中不同于 Word 2016 的几个部分。

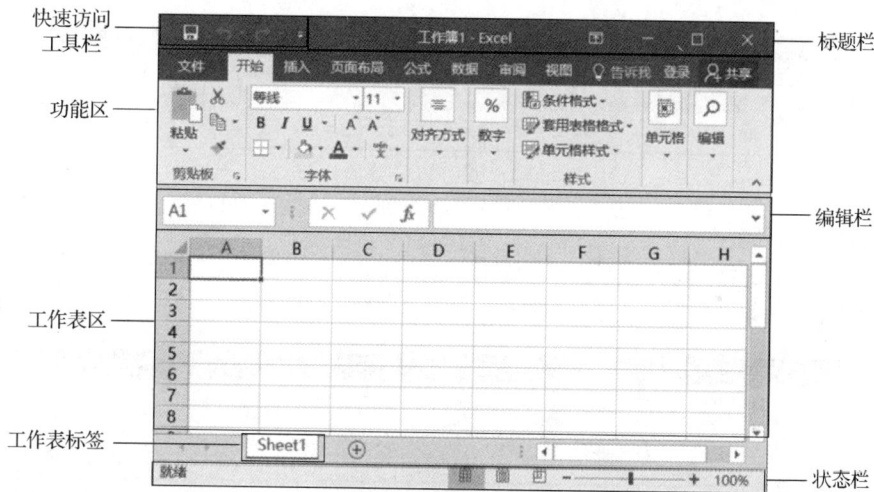

图 3-1　Excel 2016 的界面

1. 功能区

Excel 2016 的功能区包括"文件""开始""插入""页面布局""公式""数据""审阅""视图"8 个选项卡。

（1）"文件"选项卡

"文件"选项卡实际上是"文件"菜单，包括新建、打开、保存、另存为、打印、关闭等对 Excel 文档的基本操作，与 Word 2016 相似。

（2）"开始"选项卡

"开始"选项卡包含"剪贴板""字体""对齐方式""数字""样式""单元格""编辑"7

个命令组，可以实现对单元格内容的字体格式和数字格式的设置、单元格的编辑和格式设置，以及剪切、复制、粘贴、查找和替换等操作，如图 3-2 所示。

图 3-2 "开始"选项卡

（3）"插入"选项卡

"插入"选项卡包含"表格""插图""图表""迷你图""筛选器""链接""文本""符号" 8 个命令组，可以实现向工作表中插入表格、图片、图形、图表、文本框、页眉和页脚、特殊符号等对象，如图 3-3 所示。

图 3-3 "插入"选项卡

（4）"页面布局"选项卡

"页面布局"选项卡包含"主题""页面设置""调整为合适大小""工作表选项""排列" 5 个命令组，可以实现为工作表设置主题，以及页边距、纸张方向、纸张大小、打印区域、背景等页面设置，如图 3-4 所示。

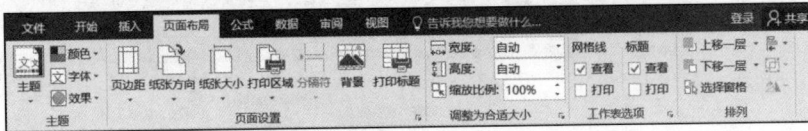

图 3-4 "页面布局"选项卡

（5）"公式"选项卡

"公式"选项卡包含"函数库""定义的名称""公式审核""计算" 4 个命令组，可以实现向公式中插入各种类型的函数，并能对公式进行管理，如图 3-5 所示。

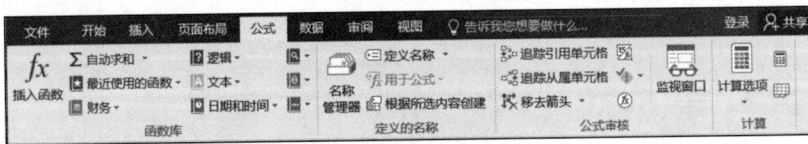

图 3-5 "公式"选项卡

（6）"数据"选项卡

"数据"选项卡包含"获取外部数据""获取和转换""连接""排序和筛选""数据工具""预测""分级显示" 7 个命令组，可以实现向 Excel 表格中导入外部数据、设置单元格中数据的有效性规则，以及对工作表中的数据进行排序、筛选和分类汇总等操作，如图 3-6 所示。

图 3-6 "数据"选项卡

< 60 >

（7）"审阅"选项卡

"审阅"选项卡包含"校对""见解""语言""批注""更改"5 个命令组，可以实现对工作表内容进行拼写检查、为单元格创建批注、对工作表和工作簿设置保护等操作，如图 3-7 所示。

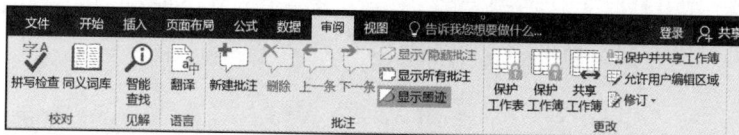

图 3-7 "审阅"选项卡

（8）"视图"选项卡

"视图"选项卡包含"工作簿视图""显示""显示比例""窗口""宏"5 个命令组，可以实现视图的切换，网格线、编辑栏、标题等的显示或隐藏，显示比例的调整，窗口的冻结和重排，创建宏等操作，如图 3-8 所示。

图 3-8 "视图"选项卡

2．编辑栏

编辑栏位于功能区的下方，用户可以在其中输入、编辑和查看单元格中的数据。其构成如图 3-9 所示。

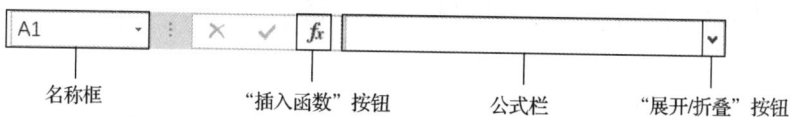

图 3-9 编辑栏

（1）名称框：显示当前正在编辑的单元格的名称，也可以在其中输入单元格名称来选定单元格或单元格区域。

（2）"插入函数"按钮：单击该按钮弹出"插入函数"对话框，用于向单元格中插入函数，可以实现特定的数据处理。

（3）公式栏：显示当前单元格的内容，也可以在其中输入和编辑当前单元格的内容；若当前单元格中使用了公式，则在公式栏中显示公式，而在单元格中显示公式的值。

（4）"展开/折叠"按钮：当单元格中内容较多或有多行时，单击该按钮可以将公式栏展开，显示全部内容。

3．工作表区

工作表区是对 Excel 电子表格进行编辑的主要区域，每一个工作表都有一个独立的工作表区，且有唯一的名称，即工作表标签。在工作表标签上单击可以实现不同工作表之间的切换，右键单击可以实现工作表的插入、删除、重命名、移动、复制等操作。

二、电子表格的基本概念

1．工作簿

工作簿是指用来保存表格数据的 Excel 文件，Excel 2016 工作簿文件的扩展名为.xlsx。

< 61 >

2．工作表

工作表是由行和列构成的二维表格，是工作簿中一个相对独立的数据编辑区域。每个工作簿可以包含若干个工作表。默认情况下，一个新建的工作簿包含一个名为"Sheet1"的工作表。用户可以在工作表标签处通过右键快捷菜单添加或者删除工作表。

3．行和列

在 Excel 2016 中，每个工作表包含 1048576 行、16384 列。默认情况下，行号用数字表示（1～1048576），列号用字母表示（A～XFD）。

4．单元格

行和列的交点是一个单元格，可以在单元格中输入文本、数值、公式等内容。Excel 的各种数据都是输入某个单元格中的。每个单元格都有唯一的名称，由所在列的列号和所在行的行号组成，如 A1（列号为 A，行号为 1）。

用户当前正在编辑的单元格称为当前单元格，也称为活动单元格。

三、Excel 2016 的视图

Excel 2016 的常用视图主要有 3 种：普通视图、分页预览视图、页面布局视图。

1．普通视图

普通视图是 Excel 2016 默认的视图，也是编辑电子表格最常用的视图，如图 3-10 所示。在普通视图中能查看工作表的所有信息，也可对工作表及其中的数据进行各种编辑处理。

2．分页预览视图

分页预览视图分页显示工作表，如图 3-11 所示，但仅显示有内容的部分（即打印区域），其他区域显示为灰色。在分页预览视图中也可进行数据编辑，打印页之间以蓝色线条（分页符）分隔，用鼠标拖曳分页符可以调整每页内容的多少。

图 3-10　普通视图

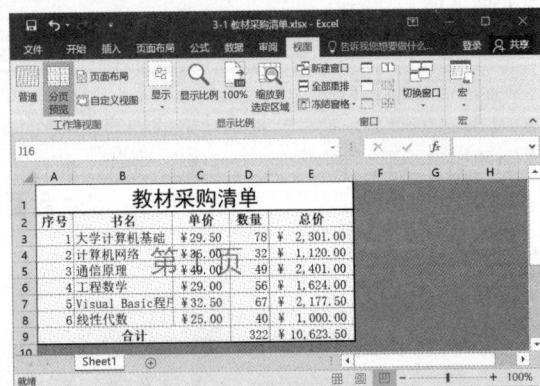

图 3-11　分页预览视图

3．页面布局视图

页面布局视图也是分页显示工作表，每一页都可以显示页边距、页眉和页脚，如图 3-12 所示。在页面布局视图中可以编辑数据，添加页眉页脚等，更方便用户进行页面设置及预览工作表的打印效果。

< 62 >

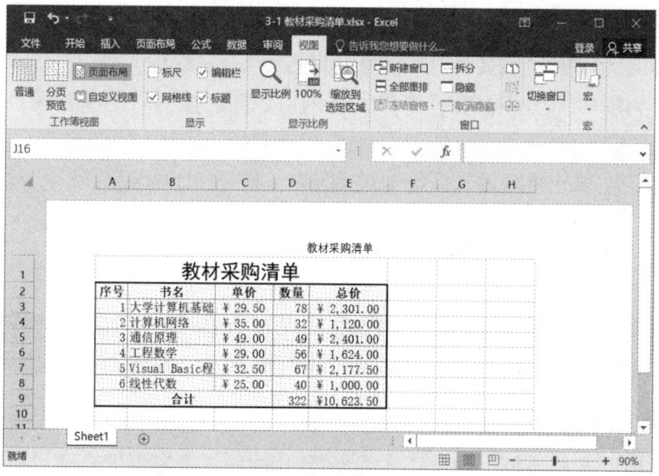

图 3-12　页面布局视图

四、数据的输入

Excel 允许用户向单元格中输入文本、数值、日期和时间等各种类型的数据，并能根据用户输入的内容自动判断数据类型。

1．文本型数据

文本型数据包括字母、汉字、各种符号及非计算性的数字，默认的对齐方式是左对齐。

当输入的字符超过单元格的宽度时，若右侧单元格中没有内容，则当前单元格的内容向右延伸显示；若右侧单元格中有内容，则当前单元格中超过宽度的内容会被覆盖。可以通过调整列宽来显示单元格中所有内容，也可以使用 Alt+Enter 组合键在单元格内换行。

不需要进行计算的数字，如学号、电话号码、邮政编码等，可以按文本型数据处理，即数字字符。输入数字字符时要在数字前面加一个英文的单引号，例如，要输入学号"09010001"，应在单元格内输入"'09010001"。

2．数值型数据

数值型数据是可以计算的数字，可以是数字 0～9、正负号、小数点、货币符号、百分号、千位分隔符、字母 E（e）等的合法组合。例如，-12.34、15%、123,456.12、1.23E-4 等都是合法的数值型数据。数值型数据默认的对齐方式是右对齐。

Excel 的一个单元格中默认显示 11 位数字，若输入的数值型数据超过 11 位，则使用科学记数法显示该数据。例如，输入"1234567890123"，按 Enter 键后单元格内显示"1.23457E+12"，但在编辑栏的公式栏中显示的是输入的数据。Excel 2016 最多能保留 15 位有效数字，若输入的数值型数据超过 15 位，第 15 位之后的数字将自动转换为 0。

输入分数时，要在分数前加一个 0 和一个空格。例如，要输入"3/4"，则可以在单元格中输入"0 3/4"，直接输入的"3/4"会被当成日期型数据。

输入货币型数据时，可以先输入数字，再在"开始"选项卡的"数字"组中选择一种货币符号，或者在单元格的右键快捷菜单中选择"设置单元格格式…"，在打开的"设置单元格格式"对话框的"数字"选项卡中，进一步选择数据类型和设置数字格式。

3．日期型和时间型数据

日期型和时间型数据默认的对齐方式是右对齐。

< 63 >

日期的输入格式通常为"年/月/日"或者"年-月-日"，默认的显示格式是"年/月/日"。在"设置单元格格式"对话框的"数字"选项卡中可以重新设置日期型数据的显示格式。

小时、分、秒之间用":"分隔。在一个单元格内可以同时输入日期和时间，日期和时间之间用空格分隔。

Ctrl+；组合键用于在单元格内输入系统当前日期，Ctrl+Shift+；组合键用于输入系统当前时间。

五、自动填充

先选中某个单元格或单元格区域，然后用鼠标拖曳右下角的填充柄，可以快速填充一行、一列或者一个区域内的单元格数据。单元格内的数据类型和内容不同，填充效果也是不一样的。

1. 填充相同的数据序列

当单元格中是数值型数据或纯字符（不包含数字）时，直接拖曳填充柄可以得到与之相同的数据序列。

2. 填充按规律变化的数据序列

当单元格中是日期型数据或数字字符时，拖曳填充柄可以得到依次递增的数据序列；若单元格中是包含数字的文本型数据，拖曳填充柄时，数字部分也会依次递增。

当单元格中是数值型数据时，按住 Ctrl 键同时拖曳填充柄，也可以得到依次递增的数据序列；在前几个单元格中输入若干有规律的数据，再选中这几个单元格，拖曳填充柄得到按规律变化的数据序列。

在"开始"选项卡的"编辑"组中单击"填充"下拉按钮，在下拉列表中选择"序列..."，打开图 3-13 所示的"序列"对话框。在该对话框中可以设置填充等差序列和等比序列等。

图 3-13 "序列"对话框

六、单元格的引用

单元格的引用包括相对引用、绝对引用和混合引用 3 种类型。

1. 相对引用

相对引用是指引用单元格时，用列号（字母）加行号（数字）的形式表示单元格的名称，如 A1。相对引用是最常用的引用类型。

在公式中使用相对引用时，公式中单元格的名称会随公式的位置发生变化。如图 3-14 所示，先在单元格区域 A1:B2 中输入 4 个数据，再在单元格 C1 中输入公式"=A1+B1"。当把公式向下复制到单元格 C2 时，公式变化为"=A2+B2"；当把公式向右复制到单元格 D1 时，公式变化为"=B1+C1"。

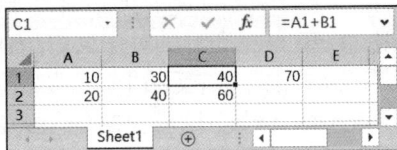

图 3-14 相对引用

2. 绝对引用

绝对引用是指引用单元格时，在列号和行号前面各加一个"$"符号，如$A$1。在公式中使用绝对引用时，不管公式的位置如何变化，公式中单元格的名称始终不变。

3. 混合引用

混合引用是指在行和列的引用中，一个使用相对引用，一个使用绝对引用，如$A1、A$1。公式中使用混合引用时，相对引用的部分随公式的位置发生变化，绝对引用的部分不随公式的位置发生变化。

使用 F4 键可以快速在各种引用类型之间切换。

< 64 >

如果引用的单元格在当前工作簿的其他工作表中，则需要在单元格引用之前加上工作表的名称，格式为"工作表名称!单元格地址"。

例如，"=SUM(Sheet2!A1:B2)"表示对工作表 Sheet2 的单元格区域 A1:B2 中的值进行求和。

如果引用的单元格在另一个工作簿中，还需在工作表名称之前加上工作簿文件的名称，格式为"[工作簿文件名]工作表名称!单元格地址"。

例如，"=SUM([工作簿 1]Sheet2!A1:B2)"。

七、常用函数

（1）求和函数

SUM(number1[,number2[,…]])

（2）平均值函数

AVERAGE(number1[,number2[,…]])

（3）最大值函数

MAX(number1[,number2[,…]])

（4）最小值函数

MIN(number1[,number2[,…]])

以上 4 个函数的参数均为数值型，且每个函数至少有一个参数。参数可以是常数、单元格、单元格区域、表达式或另一个函数的结果。例如，AVERAGE(D2:G2)，SUM(A1:D3,E5,30)。

（5）计数函数

COUNT(value1[,value2[,…]])

该函数统计指定区域中包含数值的单元格个数，只对包含数值型数据的单元格进行计数。

（6）计数函数

COUNTA(value1[,value2[,…]])

该函数统计指定区域中非空单元格的个数，对包含任何类型数据的单元格进行计数。

（7）垂直查询函数

VLOOKUP(lookup_value,table_array,col_index_num[, range_lookup])

该函数在指定的单元格区域中搜索第一列的值，将找到的值所在行上任一指定单元格的值作为函数的运算结果。参数的含义如下。

lookup_value：指定要查找的值。

table_array：指定要查找的单元格区域，在该区域的第一列中查找由参数 lookup_value 指定的值。

col_index_num：指定将查找的单元格区域中第几列数据作为函数的运算结果。

range_lookup：该参数是一个逻辑值，为 False 时，表示精确匹配查找；为 True 或省略时，表示近似匹配查找。

实验

实验 3-1　公式与函数

一、实验目的

1. 掌握电子表格的基本编辑方法。

< 65 >

2. 掌握边框和背景填充的设置方法。

3. 掌握条件格式的设置方法。

4. 掌握公式和常用函数的使用方法。

二、实验内容和步骤

1. 教材采购清单

【实验内容】

（1）创建电子表格并输入数据。

（2）合并单元格，设置字体格式、数字格式。

（3）使用公式和函数计算。

（4）设置边框和背景填充。

实验结果如图 3-15 所示。

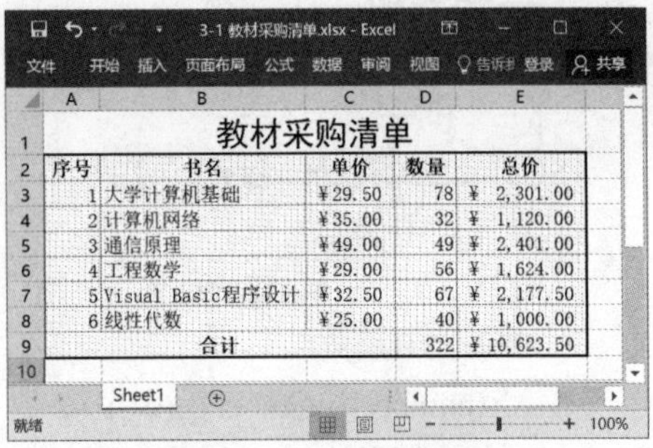

图 3-15　教材采购清单

【实验步骤】

（1）新建 Excel 文档"3-1 教材采购清单.xlsx"，按照图 3-15 所示，在工作表 Sheet1 的单元格区域 A2:D8 中输入数据，并适当调整各列宽度。

📖 **说明**

输入第一列序号时，可以先在单元格 A3 中输入"1"，然后按住 Ctrl 键向下拖曳 A3 的填充柄得到一列递增的数据，若不按住 Ctrl 键，则会直接用 A3 的数据进行填充；输入单价时，可以先输入数字，然后选中这些数字，在"开始"选项卡的"数字"组中单击"会计数字格式"下拉按钮 ⚏ ▾，在下拉列表中选择一种货币符号。

❗ **注意**

通过单元格填充柄填充数据的操作，数值型数据和其他类型数据是不一样的。对于数值型数据，按住 Ctrl 键向上或向下拖曳填充柄，得到一列递减或递增的数据。对于文本型数据或日期型、时间型数据，则不需要按住 Ctrl 键，直接向上或向下拖曳填充柄，即可得到一列递减或递增的数据。这些操作上的区别需要在学习过程中逐渐掌握。

（2）选中单元格区域 A1:E1，在"开始"选项卡的"对齐方式"组中单击"合并后居中"按钮，在合并后的单元格中输入"教材采购清单"；合并单元格区域 A9:C9，输入"合计"。

（3）设置标题"教材采购清单"的字体格式为黑体、20 号，其他字体格式为宋体、12 号，各列标题和"合计"的字体格式为加粗、居中。

（4）在单元格 E3 中输入公式"=C3*D3"，向下拖曳填充柄至单元格 E8，计算出各教材的总价。

📖 **说明**

公式中单元格名称可以通过单击相应单元格获得。

（5）在单元格 D9 中输入公式"=SUM(D3:D8)"，向右拖曳填充柄至单元格 E9；为单元格区域 E3:E9 设置货币符号。

📖 **说明**

公式中单元格区域 D3:D8 可通过拖曳鼠标选中相应单元格区域获得。

（6）选中单元格区域 A2:E9，在"开始"选项卡的"单元格"组中单击"格式"下拉按钮，在下拉列表中选择"设置单元格格式…"，打开"设置单元格格式"对话框。在"边框"选项卡中设置外边框为蓝色粗实线、内部边框为红色细虚线，如图 3-16 所示。在"填充"选项卡中设置"图案颜色"为浅绿，"图案样式"为"6.25%灰色"，单击"确定"按钮。

> 📖 **说明**
>
> 设置边框时，先在左侧选择线条的样式和颜色，再在右侧的"预置"或"边框"下选择一种边框。

（7）选中单元格区域 A9:E9，在"设置单元格格式"对话框中设置上边框为绿色细虚线。

（8）保存设置。

2．学生成绩单

【实验内容】

（1）设置条件格式。

（2）使用函数 SUM、AVERAGE、MIN 和 MAX 计算总分、平均分、最低分和最高分。

（3）使用函数 RANK.EQ 计算排名、函数 IF 计算总评。

（4）设置打印区域。

实验结果如图 3-17 所示。

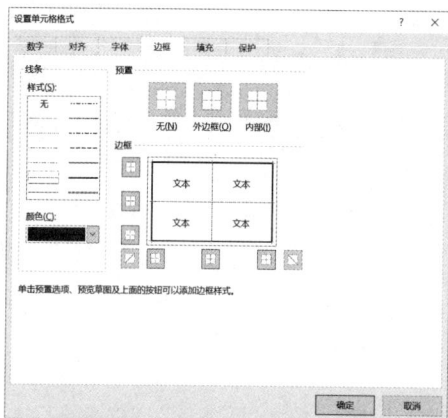

图 3-16　"设置单元格格式"对话框

图 3-17　学生成绩单

【实验步骤】

（1）打开实验 3-1 素材库中的文件"3-2 学生成绩单.xlsx"，输入学号列内容。先在单元格 A2 中输入"'001"，选中单元格 A2，鼠标指向单元格右下角的填充柄，等鼠标指针变成实线型"+"时，按住鼠标左键向下拖动，实现自动填充。单引号必须在英文状态下输入。

（2）设置第一行的各个列标题水平居中，单元格区域 C2:J8 中的数据水平居中。

（3）设置条件格式。选中单元格区域 C2:G8，在"开始"选项卡的"样式"组中单击"条件格式"下拉按钮，在下拉列表中选择"突出显示单元格规则"→"小于…"，在弹出的"小于"对话框中输入"60"，在右侧的"设置为"下拉列表框中选择"自定义格式…"，如图 3-18 所示。在打开的"设置单元格格式"对话框中设置字体为加粗倾斜、红色、加删除线。

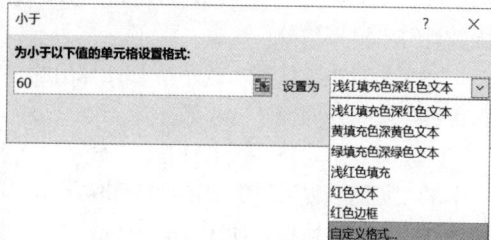

图 3-18　设置条件格式

（4）计算总分。单击单元格 H2，再单击编辑栏上的"插入函数"按钮，在打开的"插入函数"对话框中选择"常用函数"中的"SUM"，单击"确定"

< 67 >

按钮。在打开的"函数参数"对话框中输入求和的区域"C2:G2"，单击"确定"按钮，计算出第一个学生的总分，向下拖曳填充柄，计算出所有学生的总分。

（5）计算排名。在单元格 I2 中插入函数 RANK.EQ，在弹出的"函数参数"对话框中设置第一个参数 Number 为"H2"，第二个参数 Ref 为"$H$2:$H$8"，如图 3-19 所示。单击"确定"按钮，计算出第一个学生的排名，向下拖曳填充柄，计算出其他学生的排名。

📖 **说明**

排名函数 RANK.EQ(Number, Ref[, Order])用于计算一个数值（由参数 Number 指定）在一个数值列表（由参数 Ref 指定，一般需要用绝对引用）中的排名。参数 Order 为 0 或省略时按降序计算排名，为 1 时按升序计算排名。

（6）计算总评。选中单元格 J2，单击编辑栏上的"插入函数"按钮，打开"插入函数"对话框，在对话框的"选择函数"列表中双击"IF"，然后在弹出的"函数参数"对话框中设置第一个参数 Logical_test 为"H2>=450"，第二个参数 Value_if_true 为""优秀""，第三个参数 Value_if_false 为"""""，如图 3-20 所示。单击"确定"按钮，计算出第一个学生的总评，向下拖曳填充柄计算出其他学生的总评。

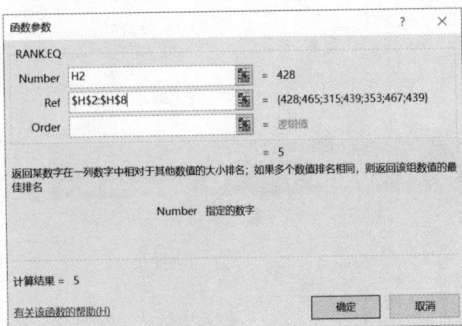

图 3-19　设置 RANK.EQ 函数的参数　　　图 3-20　设置 IF 函数的参数

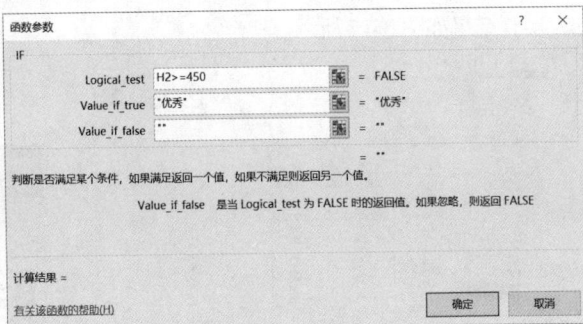

📖 **说明**

逻辑判断函数 IF(Logical_test, Value_if_true, Value_if_false)的功能：判断第一个参数 Logical_test 的值，若为真，则返回第二个参数 Value_if_true 的值；若为假，则返回第三个参数 Value_if_false 的值。在实际应用中可以在一个 IF 函数内嵌套另一个 IF 函数，以实现更为复杂的逻辑判断，即第二个参数或第三个参数本身也可以是一个 IF 函数。

（7）统计各科情况。在单元格区域 B12:B14 中分别输入"最高分""最低分""平均分"。在单元格 C12 中插入函数 MAX，拖曳鼠标选中单元格区域 C2:C8 作为函数的参数，计算出第一门课程的最高分，向右拖曳填充柄，得到其他课程的最高分；同样的方法，使用 MIN 函数计算各科最低分、AVERAGE 函数计算各科平均分。

（8）设置小数位数。选中所有计算出的平均分，在"开始"选项卡的"数字"组中单击"减少小数位数"按钮，保留 1 位小数。

（9）合并单元格区域 B11:G11，输入"各科情况"。选中各科情况部分的内容，在"页面布局"选项卡的"页面设置"组中单击"打印区域"下拉按钮，在下拉列表中选择"设置打印区域"，则所选内容四周出现细线边框，如图 3-17 所示。打印时可以仅打印该区域内的内容，在"文件"选项卡下单击"打印"命令可以预览打印效果。

（10）保存设置。

< 68 >

3．年休假

【实验内容】

使用公式和函数。

【实验步骤】

（1）打开实验 3-1 素材库中的文件"3-3 年休假.xlsx"，表中数据如图 3-21 所示。

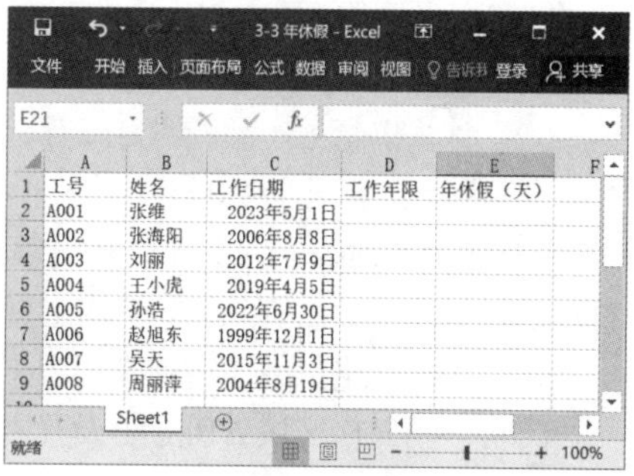

（2）利用 YEAR 函数、TODAY 函数和工作日期列计算工作年限。在单元格 D2 中输入公式"=YEAR(TODAY())-YEAR(C2)"，计算出第一个职工的工作年限，向下拖曳填充柄得到其他职工的工作年限。

图 3-21　年休假

> 📖 说明
>
> YEAR 函数返回一个日期型数据的年份，TODAY 函数返回当前日期，工作年限为当前年份减去参加工作的年份。

（3）利用 IF 函数和工作年限列计算年休假的天数。年休假的计算方法：工作不满 10 年的 5 天，满 10 年不满 20 年的 10 天，满 20 年的 15 天。

在单元格 E2 中输入公式"=IF(D2<10,5,IF(D2<20,10,15))"，计算出第一个职工的年休假天数，向下拖曳填充柄得到其他职工的年休假天数。

（4）保存设置。

三、实验作业

1．汽车销量

【实验内容】

（1）使用公式和函数。

（2）使用不同的引用类型。

（3）设置小数位数。

【操作要求】

（1）打开实验 3-1 素材库中的文件"3-4 汽车销量.xlsx"，表中数据如图 3-22 所示。

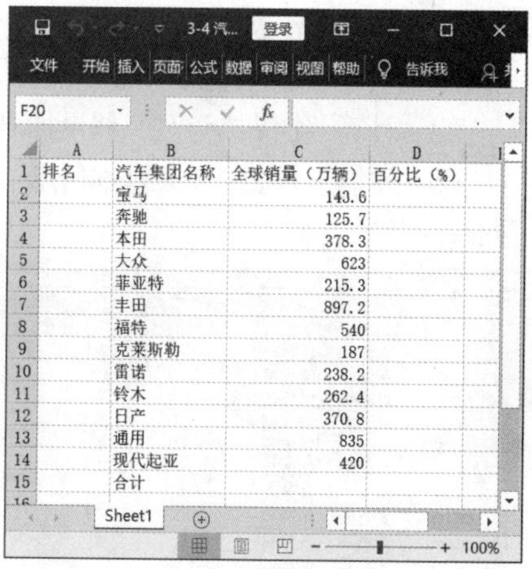

（2）根据"全球销量"列，使用 RANK.EQ 函数计算排名。

（3）在单元格 C15 中使用函数计算全球总销量。

（4）使用公式计算各种汽车销量占总销量的百分比，保留两位小数。要求在单元格 D2 中计算出第一个百分比，其余自动填充。

（5）保存设置。

图 3-22　汽车销量

2．产品库存表

【实验内容】

（1）使用公式和函数。

（2）套用表格格式，设置边框线。

< 69 >

【操作要求】

（1）打开实验 3-1 素材库中的文件“3-5 产品库存表.xlsx”，表中数据如图 3-23 所示。

（2）计算出每种产品的本月库存，计算方法：本月库存=上月库存+进货数量-出货数量。

（3）在单元格区域 A11:E11 中计算出产品种类数、上月库存总量、进货总量、出货总量和平均出货量。

（4）为单元格区域 A1:E8 套用表格格式“表样式浅色 2”。

（5）为单元格区域 A10:E11 设置内外边框线。

（6）保存设置。

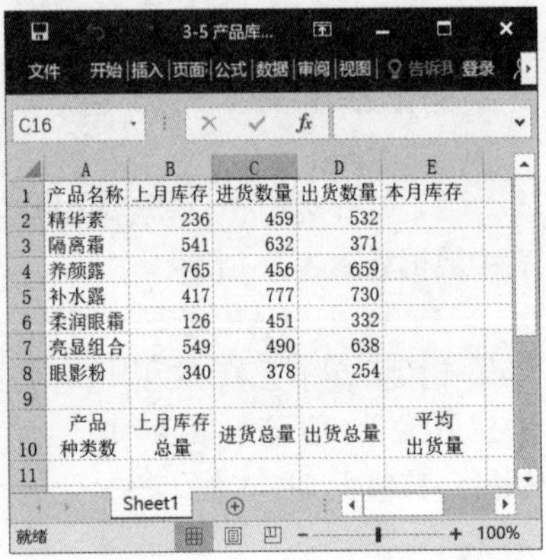

产品名称	上月库存	进货数量	出货数量	本月库存
精华素	236	459	532	
隔离霜	541	632	371	
养颜露	765	456	659	
补水露	417	777	730	
柔润眼霜	126	451	332	
亮显组合	549	490	638	
眼影粉	340	378	254	
产品种类数	上月库存总量	进货总量	出货总量	平均出货量

图 3-23　产品库存表

3．工资管理系统

【实验内容】

（1）工作表的重命名、复制等基本操作。

（2）综合利用公式和各种常用函数。

【操作要求】

（1）新建 Excel 文档“3-6 工资管理系统.xlsx”，将工作表“Sheet1”重命名为“职工基本信息”，按照图 3-24 所示输入数据。

（2）新建工作表，并将其重命名为“基本工资”，按照图 3-25 所示输入数据。

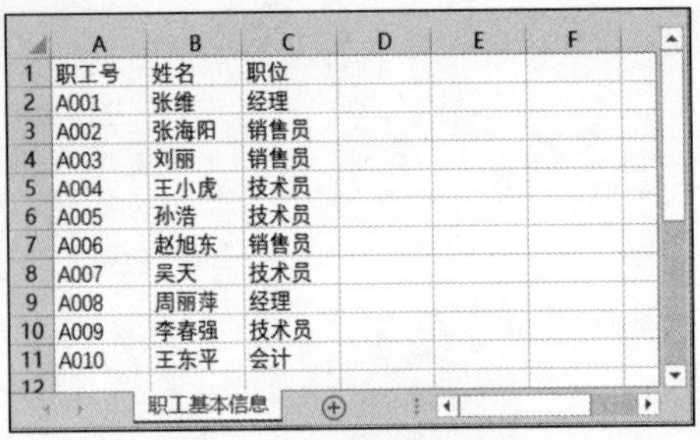

职工号	姓名	职位
A001	张维	经理
A002	张海阳	销售员
A003	刘丽	销售员
A004	王小虎	技术员
A005	孙浩	技术员
A006	赵旭东	销售员
A007	吴天	技术员
A008	周丽萍	经理
A009	李春强	技术员
A010	王东平	会计

图 3-24　职工基本信息表

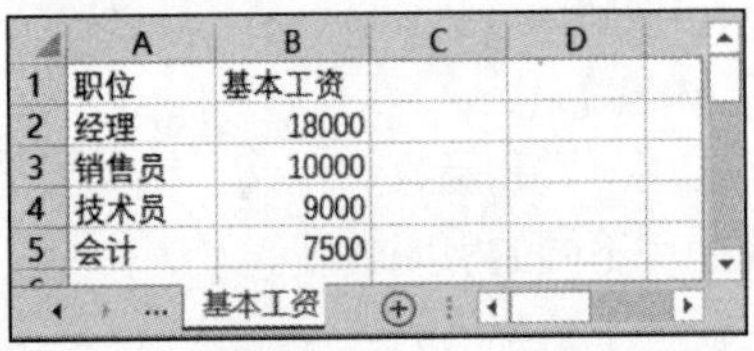

职位	基本工资
经理	18000
销售员	10000
技术员	9000
会计	7500

图 3-25　基本工资表

（3）新建工作表，并将其重命名为“加班费”，从工作表“职工基本信息”中复制所有数据到工作表“加班费”中，再添加“加班时间（小时）”和“加班费”两列，如图 3-26 所示。

（4）计算“加班费”列，假设加班费为每小时 80 元。

（5）复制工作表“职工基本信息”，放到工作簿的最后，重命名为“考勤”，按照图 3-27 所示添加数据。

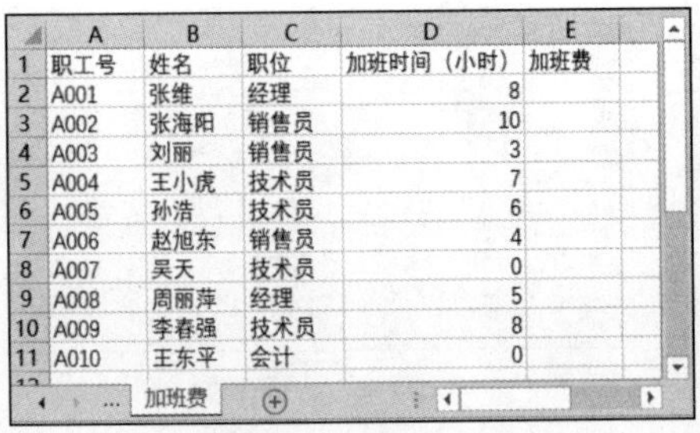

职工号	姓名	职位	加班时间（小时）	加班费
A001	张维	经理	8	
A002	张海阳	销售员	10	
A003	刘丽	销售员	3	
A004	王小虎	技术员	7	
A005	孙浩	技术员	6	
A006	赵旭东	销售员	4	
A007	吴天	技术员	0	
A008	周丽萍	经理	5	
A009	李春强	技术员	8	
A010	王东平	会计	0	

图 3-26　加班费表

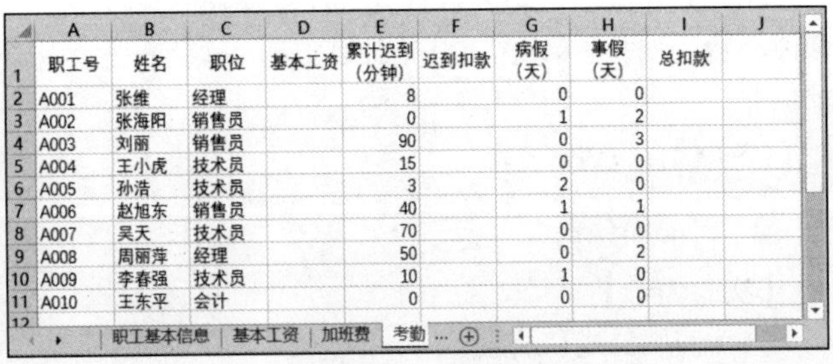

职工号	姓名	职位	基本工资	累计迟到（分钟）	迟到扣款	病假（天）	事假（天）	总扣款
A001	张维	经理		8		0	0	
A002	张海阳	销售员		0		1	2	
A003	刘丽	销售员		90		0	3	
A004	王小虎	技术员		15		0	0	
A005	孙浩	技术员		3		2	0	
A006	赵旭东	销售员		40		1	1	
A007	吴天	技术员		70		0	0	
A008	周丽萍	经理		50		0	2	
A009	李春强	技术员		10		1	0	
A010	王东平	会计		0		0	0	

图 3-27　考勤表

（6）使用公式计算“基本工资”列，要求使用 VLOOKUP 函数在工作表“基本工资”中查找各职位对应的基本工资。只在单元格 D2 中输入公式，其余自动填充。

提示

在单元格 D2 中输入公式 “=VLOOKUP(C2,基本工资!$A$2:$B$5,2,FALSE)”。

（7）计算“迟到扣款”列和“总扣款”列。

迟到扣款的计算方法：累计迟到小于 30 分钟不扣款；30 分钟以上且小于 60 分钟，扣基本工资的 1%；60 分钟以上扣基本工资的 3%。

总扣款的计算方法：总扣款=迟到扣款+病假扣款+事假扣款。病假每天扣款 100 元，事假每天扣款 200 元。

（8）在工作簿最后新建工作表，并将其重命名为“工资”，将考勤表中的前 4 列数据（职工号、姓名、职位和基本工资）全部复制到工资表中，再按照图 3-28 所示向工资表中添加数据。

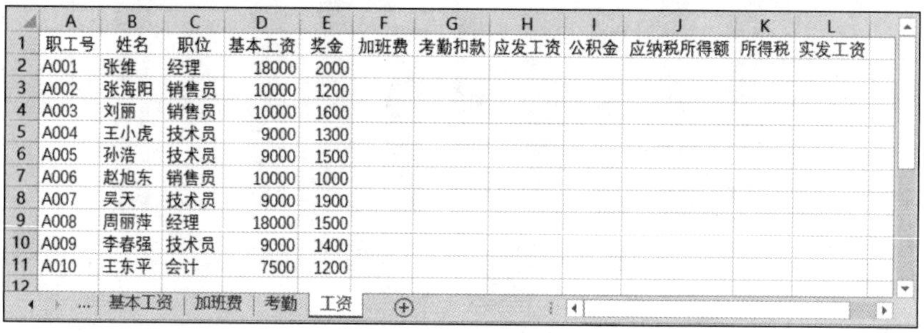

	A	B	C	D	E	F	G	H	I	J	K	L
1	职工号	姓名	职位	基本工资	奖金	加班费	考勤扣款	应发工资	公积金	应纳税所得额	所得税	实发工资
2	A001	张维	经理	18000	2000							
3	A002	张海阳	销售员	10000	1200							
4	A003	刘丽	销售员	10000	1600							
5	A004	王小虎	技术员	9000	1300							
6	A005	孙浩	技术员	9000	1500							
7	A006	赵旭东	销售员	10000	1000							
8	A007	吴天	技术员	9000	1900							
9	A008	周丽萍	经理	18000	1500							
10	A009	李春强	技术员	9000	1400							
11	A010	王东平	会计	7500	1200							
12												

图 3-28 工资表

（9）计算“加班费”列和“考勤扣款”列，要求使用 VLOOKUP 函数分别在加班费表和考勤表中查找数据。

（10）计算“应发工资”列，计算方法：应发工资=基本工资+奖金+加班费−考勤扣款。

（11）计算“公积金”列，假设应缴纳公积金为基本工资的 12%。

（12）计算“应纳税所得额”列，设个人所得税免征额为 5000 元，则本例中应纳税所得额=(应发工资−公积金)−5000。

（13）计算“所得税”列。设个人所得税的税率如表 3-1 所示，则本例中所得税=应纳税所得额×适用税率−速算扣除数。

表 3-1 个人所得税税率

级数	应纳税所得额	税率/%	速算扣除数/元
1	不超过 3000 元的部分	3	0
2	3000 元至 12000 元的部分	10	210
3	12000 元以上的部分	20	1410

（14）计算“实发工资”列，计算方法：实发工资=应发工资−公积金−所得税。

（15）保存设置。

实验 3-2 图表和数据透视表

一、实验目的

1. 掌握图表的创建和编辑操作方法。

2. 掌握数据透视表的创建方法。

3. 了解迷你图和数据透视图的创建方法。

二、实验内容和步骤

1. 员工工资表——图表

【实验内容】

根据已有数据生成图表并编辑。实验结果如图 3-29 所示。

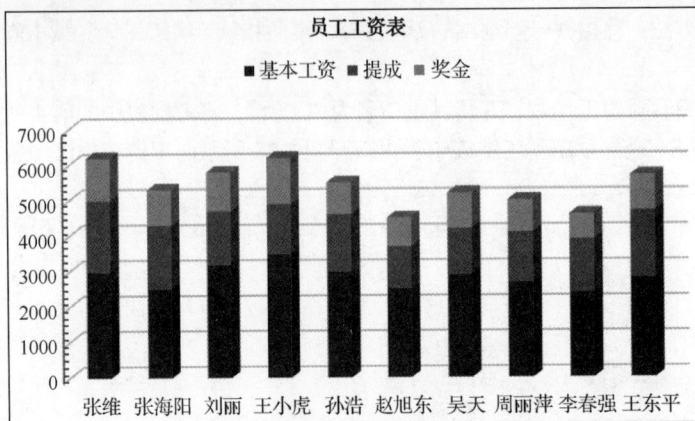

图 3-29　图表

【实验步骤】

（1）打开实验 3-2 素材库中的文件 "3-7 员工工资表.xlsx"。

（2）同时选中 "姓名" "基本工资" "提成" "奖金" 4 列，如图 3-30 所示。在 "插入" 选项卡的 "图表" 组中单击 "插入柱形图或条形图" 下拉按钮，在下拉列表中选择图表类型为 "三维堆积柱形图"，将插入的图表移动到工作表中合适位置。

（3）将图表上方的 "图表标题" 改为 "员工工资表"。

（4）在 "图表工具-设计" 选项卡的 "图表布局" 组中单击 "添加图表元素" 下拉按钮，在下拉列表中选择 "图例" → "顶部"。

（5）在 "图表工具-格式" 选项卡的 "当前所选内容" 组中选择图表元素 "垂直（值）轴"，再单击 "设置所选内容格式" 按钮，打开 "设置坐标轴格式" 窗格，添加 "内部" 次要刻度线，如图 3-31 所示。

图 3-30　员工工资表

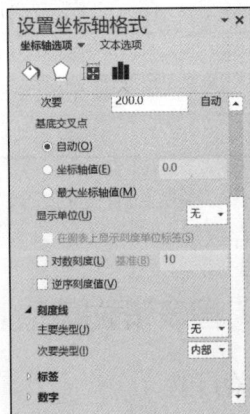

图 3-31　设置坐标轴格式

< 72 >

（6）参照图 3-29 调整图表大小。

（7）在表格中将最后一个员工的奖金数据改为"1000"，观察图表的变化。

（8）保存设置。

2．员工工资表——数据透视表

【实验内容】

根据已有数据创建数据透视表。实验结果如图 3-32 所示。

图 3-32　数据透视表

【实验步骤】

（1）打开实验 3-2 素材库中的文件"3-8 员工工资表.xlsx"。

（2）光标置于数据区域内任一单元格中，在"插入"选项卡的"表格"组中单击"数据透视表"，打开"创建数据透视表"对话框，通过设置将数据透视表放置于现有工作表的单元格 B15 中，如图 3-33 所示，单击"确定"按钮。

（3）在窗口右侧的"数据透视表字段"窗格中，将"性别"字段拖动到"行"区域，"部门"字段拖动到"列"区域，"实发工资"字段拖动到"值"区域，如图 3-34 所示。

（4）在"数据透视表字段"窗格中单击"求和项:实发工资"，在弹出的列表中选择"值字段设置..."，打开"值字段设置"对话框，设置自定义名称为"平均工资"，汇总方式为"平均值"，如图 3-35 所示。

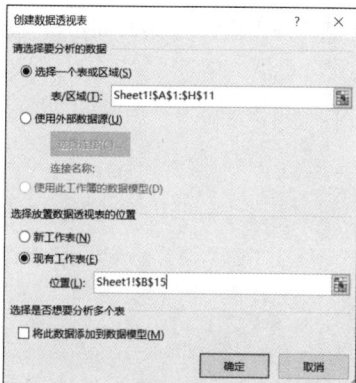

图 3-33　"创建数据透视表"对话框　　　图 3-34　设置数据透视表字段　　　图 3-35　"值字段设置"对话框

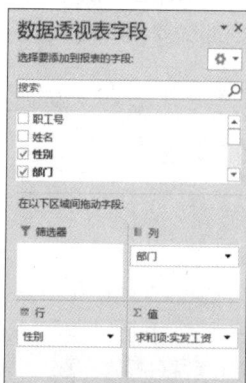

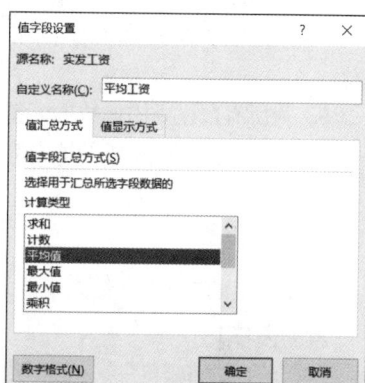

（5）单击"值字段设置"对话框左下角的"数字格式"按钮，在打开的"设置单元格格式"对话框中设置数字格式为"货币"型、保留两位小数，单击"确定"按钮。

（6）设置完成后，在"数据透视表工具-设计"选项卡的"布局"组中单击"报表布局"下拉按钮，在下拉列表中选择"以表格形式显示"，则行标签和列标签分别变为"性别"和"部门"。

（7）保存设置。

三、实验作业

1．小家电销售表——图表

【实验内容】

根据已有数据创建图表并对其进行编辑。实验结果如图 3-36 所示。

< 73 >

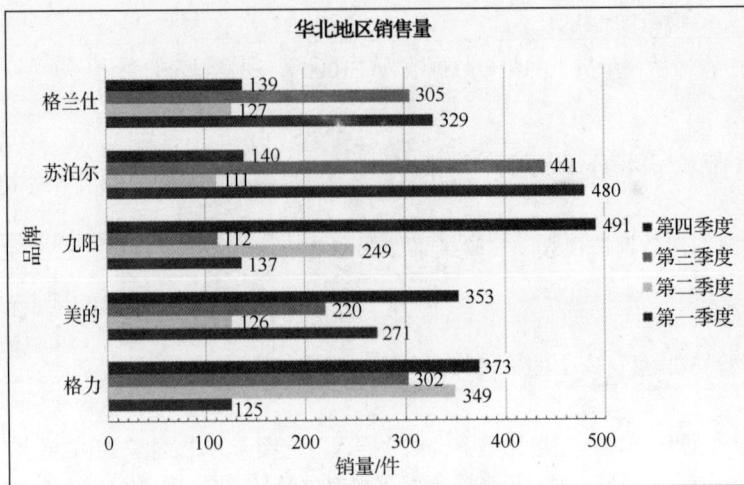

图 3-36　华北地区销售量图表

【操作要求】

（1）打开实验 3-2 素材库中的文件"3-9 小家电销售表.xlsx"。

（2）同时选中单元格区域 D2:H2 和 D7:H11，插入图表，图表类型为"二维条形图"中的"簇状条形图"，将图表移动到合适位置。

（3）在图表上方设置图表标题为"华北地区销售量"，设置其为第 1 行第 2 列的艺术字样式。

（4）按照图 3-36 所示为图表添加横坐标轴标题"销量/件"和纵坐标轴标题"品牌"。

（5）按照图 3-36 所示为水平轴添加内部次要刻度线，并将水平轴的最大值设为 500，适当调整图表大小。

（6）为所有数据条添加数据标签。

（7）将第二季度数据条的填充颜色改为黄色。

（8）把图例置于图表右侧。

（9）保存设置。

2．小家电销售表——综合

【实验内容】

根据已有数据创建图表、数据透视表和数据透视图等。

【操作要求】

（1）打开实验 3-2 素材库中的文件"3-10 小家电销售表.xlsx"。

（2）使用 SUM 函数计算"销售总量"列，为单元格 J2（"迷你图"）添加批注"各季度销量变化趋势。"，在单元格区域 J3:J14 中插入对应的折线迷你图，结果如图 3-37 所示。

图 3-37　小家电销售表

（3）以"销售员"列和"销售总量"列为数据源创建图 3-38 所示的图表工作表。

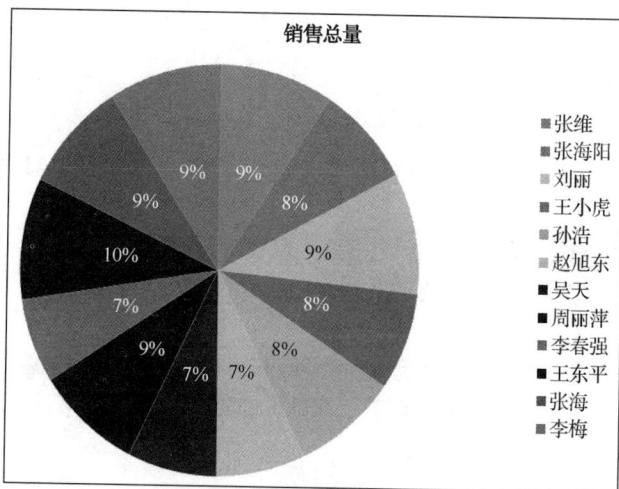

图 3-38 "销售总量"饼图

📖 说明

　　创建图表工作表的方法：选中数据源后，按 F11 键，在当前工作簿中创建一张新的工作表专门用于存放图表，将工作表重命名为"图表"，并更改图表类型为"饼图"。

（4）设置图表标题"销售总量"的字号为 28；在图表右侧添加图例，图例的字号为 18；在图表中添加百分比数据标签，标签位置为"居中"；设置数据标签的字体格式为 18 号、白色、加粗。

（5）创建图 3-39 所示的数据透视表，显示不同区域、不同品牌的总销售量。要求把数据透视表放置于当前工作簿中的新工作表中，将工作表重命名为"数据透视表"。

（6）创建图 3-40 所示的数据透视图，放置于当前工作簿中新建的工作表"数据透视图"中。

图 3-39 数据透视表

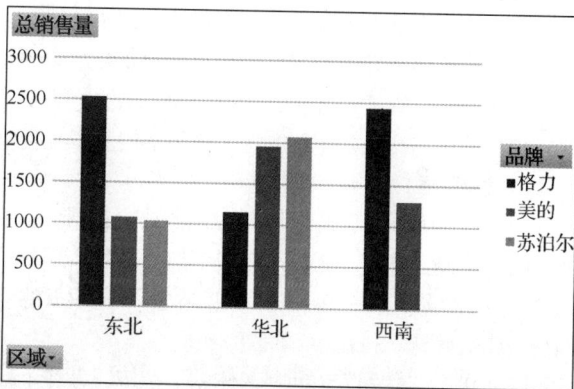

图 3-40 数据透视图

（7）保存设置。

实验 3-3　数据管理与分析

一、实验目的

1. 掌握对表中数据排序的方法。
2. 掌握各种筛选操作方法。

< 75 >

3. 掌握设置分类汇总的方法。

二、实验内容和步骤

1. 员工工资表——排序

【实验内容】

按照"部门"升序和"基本工资"降序排列表中记录。实验结果如图 3-41 所示。

【实验步骤】

（1）打开实验 3-3 素材库中的文件"3-11 员工工资表.xlsx"。

（2）单击数据区域内任一单元格，在"数据"选项卡的"排序和筛选"组中单击"排序"按钮，打开"排序"对话框。

（3）在"排序"对话框中设置主要关键字为"部门"、次序为"升序"；单击对话框左上角的"添加条件"按钮，设置次要关键字为"基本工资"，次序为"降序"。如图 3-42 所示，单击"确定"按钮。

图 3-41　排序结果

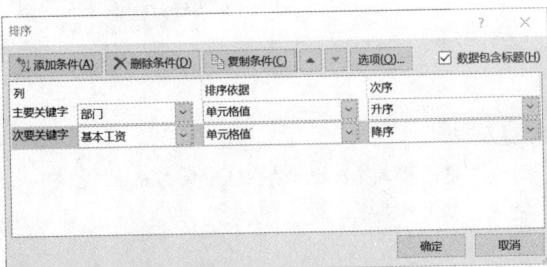

图 3-42　"排序"对话框

（4）查看排序结果，保存设置。

2. 员工工资表——筛选

【实验内容】

（1）筛选出基本工资数据在 3000 及以上的男职工。

（2）筛选出实发工资数据在 4500 到 5000 之间的职工。

（3）筛选出姓"刘"和姓"王"的职工。

（4）使用"高级筛选"筛选出销售部门基本工资低于 3000 的职工。

【实验步骤】

（1）打开实验 3-3 素材库中的文件"3-12 员工工资表.xlsx"。

（2）复制工作表"工资表"，将其重命名为"筛选 1"。单击"筛选 1"数据区域内任一单元格，在"数据"选项卡的"排序和筛选"组中单击"筛选"按钮。

（3）单击"性别"单元格右侧的下拉按钮，在下拉列表中仅选中"男"，筛选出所有男职工。

（4）在"基本工资"单元格的下拉列表中选择"数字筛选"→"大于或等于…"，在打开的"自定义自动筛选方式"对话框中设置基本工资大于或等于 3000，如图 3-43 所示。单击"确定"按钮，筛选结果如图 3-44 所示。

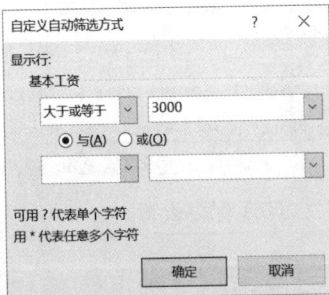

图 3-43　设置"基本工资"筛选条件

📖 说明

　　再次单击"数据"选项卡"排序和筛选"组的"筛选"按钮，可以取消筛选。

< 76 >

图 3-44 "筛选 1"结果

（5）复制"工资表"，将其重命名为"筛选 2"。单击"筛选 2"数据区域内任一单元格，在"数据"选项卡的"排序和筛选"组中单击"筛选"按钮。

（6）在"实发工资"单元格的下拉列表中选择"数字筛选"→"介于..."，在打开的"自定义自动筛选方式"对话框中设置实发工资大于或等于 4500 且小于或等于 5000，如图 3-45 所示。筛选结果如图 3-46 所示。

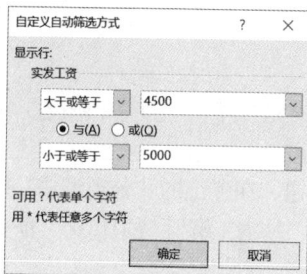

图 3-45 设置"实发工资"筛选条件

图 3-46 "筛选 2"结果

（7）复制"工资表"，将其重命名为"筛选 3"。单击"筛选 3"数据区域内任一单元格，在"数据"选项卡的"排序和筛选"组中单击"筛选"按钮。

（8）在"姓名"单元格的下拉列表中选择"文本筛选"→"开头是..."，在打开的"自定义自动筛选方式"对话框中设置姓名开头是"刘"或者"王"，如图 3-47 所示。单击"确定"按钮，筛选结果如图 3-48 所示。

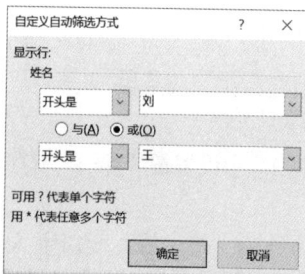

图 3-47 设置"姓名"筛选条件

图 3-48 "筛选 3"结果

（9）复制"工资表"，将其重命名为"筛选 4"。在"筛选 4"的单元格区域 B13:C14 中设置筛选条件，如图 3-49 所示。

（10）选择单元格区域 A1:H11，在"数据"选项卡的"排序和筛选"组中单击"高级"按钮，在打开的"高级筛选"对话框中设置列表区域和条件区域，如图 3-49 所示。单击"确定"按钮，筛选结果如图 3-50 所示。

图 3-49 高级筛选

< 77 >

图 3-50 "筛选 4"结果

（11）保存设置。

3．员工工资表——分类汇总

【实验内容】

（1）按性别计算基本工资的平均值。

（2）按部门计算基本工资、提成和奖金的最大值，以及实发工资的平均值。

【实验步骤】

（1）打开实验 3-3 素材库中的文件"3-13 员工工资表.xlsx"。

（2）复制工作表"工资表"，将其重命名为"分类汇总 1"。

（3）在"分类汇总 1"中单击"性别"列任一单元格，在"数据"选项卡的"排序和筛选"组中单击"升序"或"降序"按钮，按"性别"升序或降序排列表中记录。

（4）在"数据"选项卡的"分级显示"组中单击"分类汇总"按钮，在弹出的"分类汇总"对话框中设置分类字段为"性别"，汇总方式为"平均值"，选定汇总项为"基本工资"，如图 3-51 所示。单击"确定"按钮，分类汇总结果如图 3-52 所示。

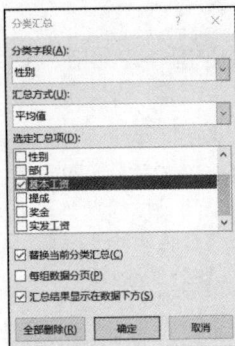

图 3-51 "分类汇总"对话框

图 3-52 "分类汇总 1"结果

（5）复制"工资表"，将其重命名为"分类汇总 2"。在"分类汇总 2"中设置按"部门"升序或降序排列表中记录。

（6）打开"分类汇总"对话框，设置分类字段为"部门"，汇总方式为"最大值"，选定汇总项为"基本工资""提成""奖金"，单击"确定"按钮。

（7）再次打开"分类汇总"对话框，设置分类字段为"部门"，汇总方式为"平均值"，选定汇总项为"实发工资"，单击"替换当前分类汇总"复选框取消选中。单击"确定"按钮，分类汇总结果如图 3-53 所示。

图 3-53 "分类汇总 2"结果

三、实验作业

1．小家电销售表——排序

【操作要求】

（1）打开实验 3-3 素材库中的文件"3-14 小家电销售表.xlsx"。

< 78 >

（2）按照“品牌”升序和“销售总量”降序排列表中记录，排序结果如图 3-54 所示。

编号	销售员	区域	品牌	第一季度	第二季度	第三季度	第四季度	销售总量
A003	刘丽	东北	格力	220	193	427	452	1292
A012	李梅	西南	格力	144	320	446	346	1256
A001	张维	东北	格力	115	486	318	322	1241
A011	张海	西南	格力	312	275	259	335	1181
A005	孙浩	华北	格力	125	349	302	373	1149
A010	王东平	西南	美的	186	410	312	392	1300
A002	张海阳	东北	美的	121	181	447	324	1073
A007	吴天	华北	美的	137	249	112	491	989
A006	赵旭东	华北	美的	271	126	220	353	970
A008	周丽萍	华北	苏泊尔	480	111	441	140	1172
A004	王小虎	东北	苏泊尔	318	115	230	374	1037
A009	李春强	华北	苏泊尔	329	127	305	139	900

图 3-54　排序结果

（3）保存设置。

2．小家电销售表——筛选

【操作要求】

（1）打开实验 3-3 素材库中的文件“3-15 小家电销售表.xlsx”。

（2）复制工作表“小家电销售”，重命名为“筛选 1”。在工作表“筛选 1”中筛选出华北地区销售总量数据大于 1000 的记录，筛选结果如图 3-55 所示。

编号	销售员	区域	品牌	第一季度	第二季度	第三季度	第四季度	销售总量
A005	孙浩	华北	格力	125	349	302	373	1149
A008	周丽萍	华北	苏泊尔	480	111	441	140	1172

图 3-55　“筛选 1”结果

（3）复制“小家电销售”表，重命名为“筛选 2”。在工作表“筛选 2”中筛选出第四季度销售量最高的 3 个记录，筛选结果如图 3-56 所示。

编号	销售员	区域	品牌	第一季度	第二季度	第三季度	第四季度	销售总量
A003	刘丽	东北	格力	220	193	427	452	1292
A007	吴天	华北	美的	137	249	112	491	989
A010	王东平	西南	美的	186	410	312	392	1300

图 3-56　“筛选 2”结果

（4）复制“小家电销售”表，重命名为“筛选 3”。在工作表“筛选 3”中筛选出销售员姓名中含有“东”字的记录，筛选结果如图 3-57 所示。

编号	销售员	区域	品牌	第一季度	第二季度	第三季度	第四季度	销售总量
A006	赵旭东	华北	美的	271	126	220	353	970
A010	王东平	西南	美的	186	410	312	392	1300

图 3-57　“筛选 3”结果

（5）复制“小家电销售”表，重命名为“筛选 4”。在工作表“筛选 4”中使用高级筛选筛选出第四季度销售量数据大于 400 或销售总量数据大于 1200 的记录，筛选结果如图 3-58 所示。

	A	B	C	D	E	F	G	H	I
1	小家电销售表								
2	编号	销售员	区域	品牌	第一季度	第二季度	第三季度	第四季度	销售总量
3	A001	张维	东北	格力	115	486	318	322	1241
5	A003	刘丽	东北	格力	220	193	427	452	1292
9	A007	吴天	华北	美的	137	249	112	491	989
12	A010	王东平	西南	美的	186	410	312	392	1300
14	A012	李梅	西南	格力	144	320	446	346	1256

图 3-58 “筛选 4”结果

提示

条件区域的设置如图 3-59 所示。

第四季度	销售总量
>400	
	>1200

图 3-59 “筛选 4”条件区域

（6）保存设置。

3．小家电销售表——分类汇总

【操作要求】

（1）打开实验 3-3 素材库中的文件“3-16 小家电销售表.xlsx”。

（2）复制“小家电销售”表，重命名为“分类汇总 1”。在工作表“分类汇总 1”中按区域汇总各季度的最大销售量。分类汇总结果如图 3-60 所示。

	A	B	C	D	E	F	G	H	I
1	小家电销售表								
2	编号	销售员	区域	品牌	第一季度	第二季度	第三季度	第四季度	销售总量
3	A001	张维	东北	格力	115	486	318	322	1241
4	A002	张海阳	东北	美的	121	181	447	324	1073
5	A003	刘丽	东北	格力	220	193	427	452	1292
6	A004	王小虎	东北	苏泊尔	318	115	230	374	1037
7			东北 最大值		318	486	447	452	
8	A005	孙浩	华北	格力	125	349	302	373	1149
9	A006	赵旭东	华北	美的	271	126	220	353	970
10	A007	吴天	华北	美的	137	249	112	491	989
11	A008	周丽萍	华北	苏泊尔	480	111	441	140	1172
12	A009	李春强	华北	苏泊尔	329	127	305	139	900
13			华北 最大值		480	349	441	491	
14	A010	王东平	西南	美的	186	410	312	392	1300
15	A011	张海	西南	格力	312	275	259	335	1181
16	A012	李梅	西南	格力	144	320	446	346	1256
17			西南 最大值		312	410	446	392	
18			总计最大值		480	486	447	491	

图 3-60 “分类汇总 1”结果

（3）复制“小家电销售”表，重命名为“分类汇总 2”。在工作表“分类汇总 2”中按品牌汇总各季度销售量的平均值和销售总量的最大值，并设置仅显示汇总信息。分类汇总结果如图 3-61 所示。

	A	B	C	D	E	F	G	H	I
1	小家电销售表								
2	编号	销售员	区域	品牌	第一季度	第二季度	第三季度	第四季度	销售总量
6				苏泊尔 最大值					1172
7				苏泊尔 平均值	375.66667	117.66667	325.33333	217.66667	
12				美的 最大值					1300
13				美的 平均值	178.75	241.5	272.75	390	
19				格力 最大值					1292
20				格力 平均值	183.2	324.6	350.4	365.6	
21				总计最大值					1300
22				总计平均值	229.83333	245.16667	318.25	336.75	

图 3-61 “分类汇总 2”结果

（4）保存设置。

第 **4** 章　PowerPoint 2016

PowerPoint 2016 是用于制作和播放多媒体演示文稿的软件，可以创建集文本、图形、图像、声音、动画、视频等各种媒体于一体的演示文稿。演示文稿可以通过多媒体设备放映给观众，且在放映过程中能呈现动画等多种动态效果。

学习指导

一、PowerPoint 2016 的界面

PowerPoint 2016 的界面由快速访问工具栏、标题栏、功能区、幻灯片/大纲窗格、工作区、备注窗格、状态栏等部分组成，界面如图 4-1 所示。下面主要介绍其中不同于 Word 2016 的几个部分。

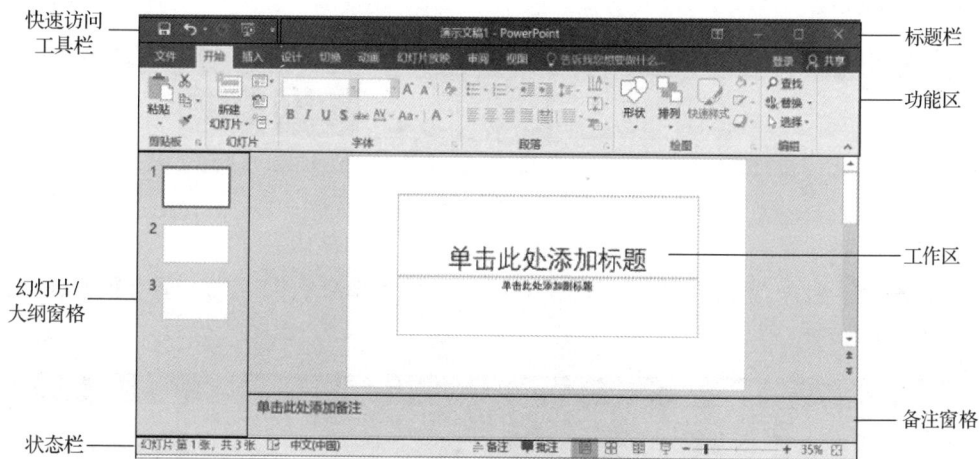

图 4-1　PowerPoint 2016 的界面

1. 功能区

PowerPoint 2016 的功能区包括"文件""开始""插入""设计""切换""动画""幻灯片放映""审阅""视图"9 个选项卡。

（1）"文件"选项卡

"文件"选项卡实际上是"文件"菜单，包括新建、打开、保存、另存为、打印、关闭等对 PowerPoint 文档的基本操作，与 Word 2016 相似。

（2）"开始"选项卡

"开始"选项卡包含"剪贴板""幻灯片""字体""段落""绘图""编辑"6 个命令组，

計算思維與人工智能基礎實驗

可以實現向演示文稿中插入幻燈片、設置幻燈片的版式、設置字體和段落格式、繪製和編輯形狀，以及剪切、複製、粘貼、查找、替換等基本編輯操作，如圖 4-2 所示。

圖 4-2　"開始"選項卡

（3）"插入"選項卡

"插入"選項卡包含"幻燈片""表格""圖像""插圖""鏈接""批註""文本""符號""媒體"9 個命令組，可以實現向幻燈片中插入表格、圖片、形狀、SmartArt 圖形、圖表、文本框、藝術字、頁眉和頁腳、公式、特殊符號、視頻、音頻等對象，以及設置超鏈接，如圖 4-3 所示。

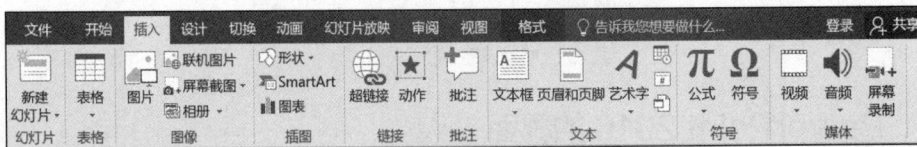
圖 4-3　"插入"選項卡

（4）"設計"選項卡

"設計"選項卡包含"主題""變體""自定義"3 個命令組，可以為演示文稿設置主題和背景格式等，如圖 4-4 所示。

圖 4-4　"設計"選項卡

（5）"切換"選項卡

"切換"選項卡包含"預覽""切換到此幻燈片""計時"3 個命令組，用於設置並預覽幻燈片的切換效果，如圖 4-5 所示。

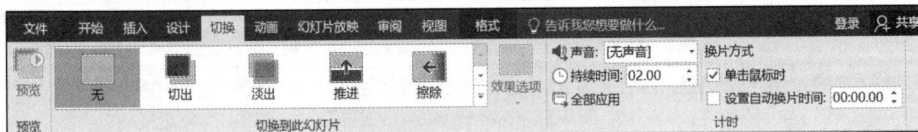
圖 4-5　"切換"選項卡

（6）"動畫"選項卡

"動畫"選項卡包含"預覽""動畫""高級動畫""計時"4 個命令組，可以實現為幻燈片中的文字、圖片、形狀等各種對象設置動畫效果，如圖 4-6 所示。

圖 4-6　"動畫"選項卡

< 82 >

（7）"幻灯片放映"选项卡

"幻灯片放映"选项卡包含"开始放映幻灯片""设置""监视器"3 个命令组，可以放映幻灯片、设置幻灯片的放映方式、进行排练计时等，如图 4-7 所示。

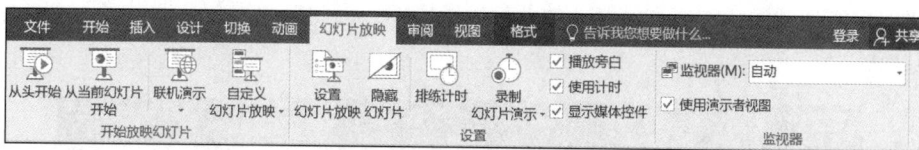

图 4-7　"幻灯片放映"选项卡

（8）"审阅"选项卡

"审阅"选项卡包含"校对""见解""语言""中文简繁转换""批注""比较""墨迹"7 个命令组，可以实现拼写检查、新建和编辑批注等操作，如图 4-8 所示。

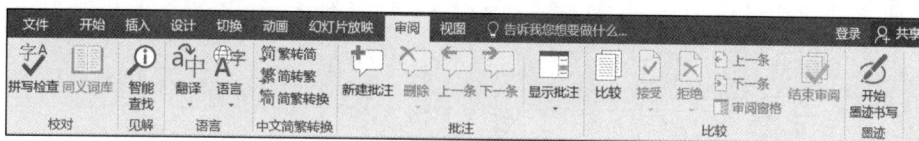

图 4-8　"审阅"选项卡

（9）"视图"选项卡

"视图"选项卡包含"演示文稿视图""母版视图""显示""显示比例""颜色/灰度""窗口""宏"7 个命令组，可以实现切换演示文稿的视图，定义母版，显示或隐藏标尺、网格线等元素，调整显示比例，调整颜色模式，创建宏等操作，如图 4-9 所示。

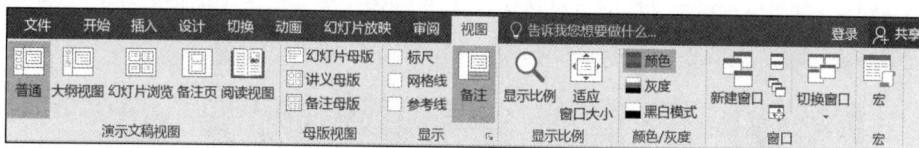

图 4-9　"视图"选项卡

2. 幻灯片/大纲窗格

幻灯片窗格以缩略图的形式列出演示文稿中的所有幻灯片，大纲窗格以文字形式列出幻灯片中的标题及内容。在幻灯片/大纲窗格中可以实现幻灯片的选定、复制、移动、隐藏和删除等操作。在普通视图下，界面左侧显示的是幻灯片窗格；在大纲视图下，界面左侧显示的是大纲窗格。

3. 工作区

工作区一次显示一张幻灯片，是 PowerPoint 2016 最主要的编辑区域，在这里可以向当前幻灯片中插入各种对象，并对对象进行格式设置、动画设置操作。

4. 备注窗格

备注窗格用于为当前幻灯片添加文字说明，每张幻灯片都有一个独立的备注窗格。

二、PowerPoint 2016 的视图

PowerPoint 2016 的视图包括普通视图、大纲视图、幻灯片浏览视图、备注页视图、幻灯片放映视图和阅读视图。

< 83 >

1. 普通视图

普通视图是 PowerPoint 2016 创建演示文稿时默认的视图，主要由幻灯片窗格、工作区（即当前幻灯片的编辑区域）和备注窗格 3 部分组成，每一部分的大小均可调整，如图 4-10 所示。在普通视图中可以实现对演示文稿和幻灯片的各种编辑操作，因此普通视图是编辑演示文稿时最常用的视图。

图 4-10　普通视图

2. 大纲视图

大纲视图与普通视图相似，只是左侧的幻灯片窗格变成了大纲窗格。大纲窗格中以文字形式列出幻灯片中的标题及内容，如图 4-11 所示。

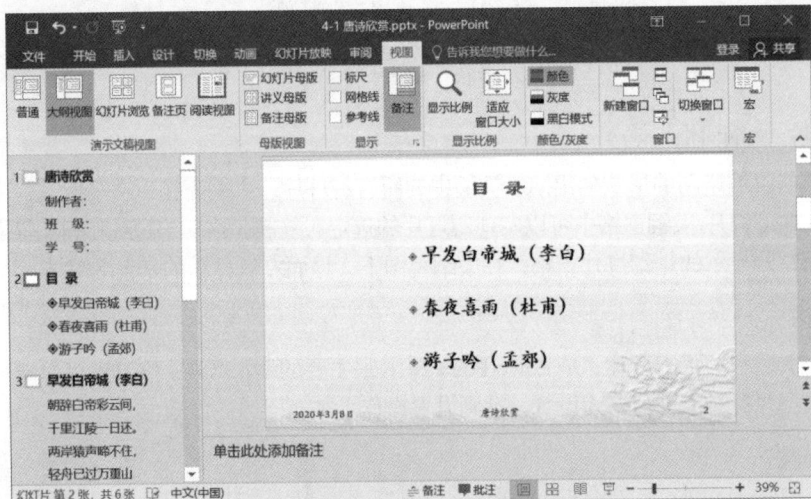

图 4-11　大纲视图

3. 幻灯片浏览视图

幻灯片浏览视图以缩略图的形式列出当前演示文稿中的所有幻灯片，如图 4-12 所示。在该视图中，可以设置演示文稿的主题和背景、幻灯片的切换方式，也可以对幻灯片进行选定、复制、移动、删除等操作。双击某个幻灯片缩略图，可以切换回普通视图或大纲视图对该幻灯片进行编辑。

< 84 >

图 4-12　幻灯片浏览视图

4．备注页视图

　　备注页视图分成上下两部分，上半部分是幻灯片，下半部分是一个文本框，显示当前幻灯片的备注内容，如图 4-13 所示。在备注页视图中不能对幻灯片的内容进行编辑，只能编辑备注内容。当有大量备注需要输入或编辑时，使用备注页视图更为方便。

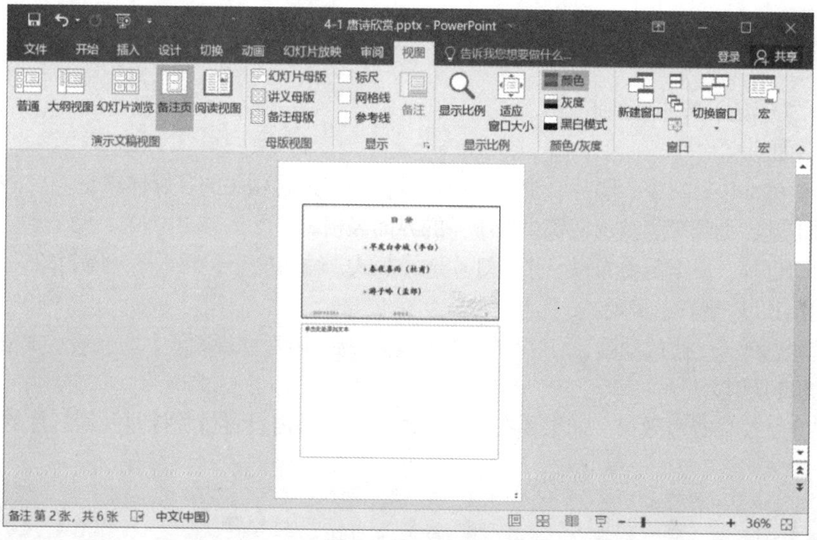

图 4-13　备注页视图

5．幻灯片放映视图

　　幻灯片放映视图是放映幻灯片时最常用的视图。在该视图下，幻灯片占据整个屏幕，演示者可以通过鼠标、方向键、Enter 键等控制幻灯片的放映进度，可以看到动画效果和幻灯片的切换效果，但不能对幻灯片进行编辑。

6．阅读视图

　　阅读视图以窗口的形式放映幻灯片，如图 4-14 所示。在该视图下可以实现的操作与幻灯片放映视图相似。

< 85 >

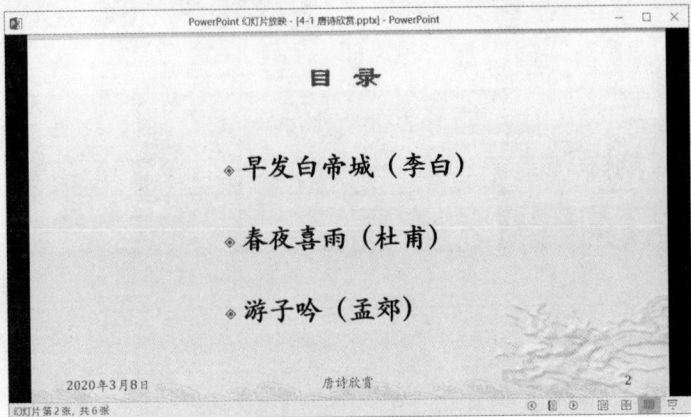

图 4-14 阅读视图

实现不同视图之间切换的方法如下。

① 在"视图"选项卡的"演示文稿视图"组中，可以实现普通视图、大纲视图、幻灯片浏览视图、备注页视图和阅读视图之间的切换。

② 单击状态栏右侧的视图切换按钮，可以实现普通视图、幻灯片浏览视图、阅读视图和幻灯片放映视图之间的切换。

退出幻灯片放映视图的方式：按 Esc 键或者在右键快捷菜单中选择"结束放映"。

三、创建演示文稿的一般步骤

创建演示文稿的一般步骤如下。

① 选择主题。

② 搜集素材，包括文字、图片、视频、声音等各种与主题相关的多媒体素材。

③ 使用主题、母版等为演示文稿设计统一的界面风格。

④ 编辑幻灯片。根据需要为每一张幻灯片选择版式，输入文字，插入图片等对象，为对象设置各种格式，使得幻灯片整齐、美观。

⑤ 设置动态效果。通过动画、幻灯片的切换、超链接、声音和视频等，增强演示文稿的动态效果，使演示文稿更具吸引力。

⑥ 放映演示文稿查看效果。如果要在展台自动放映，还需设置排练计时及幻灯片的放映方式。

实验

实验 4-1　演示文稿的基本编辑

一、实验目的

1. 掌握母版的设计和主题的选择方法。
2. 掌握幻灯片版式的设置方法。
3. 掌握向幻灯片中插入各种对象的方法。
4. 掌握对幻灯片中对象进行编辑的基本方法。

< 86 >

二、实验内容和步骤

唐诗欣赏

【实验内容】

（1）使用主题、母版等为幻灯片设置统一的风格。

（2）设置幻灯片的版式。

（3）向幻灯片中插入各种对象并编辑。

实验结果如图 4-15 所示。

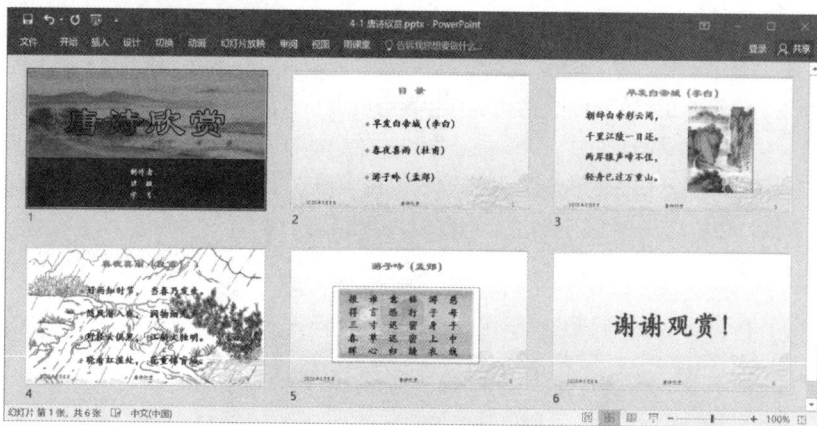

图 4-15　唐诗欣赏

【实验步骤】

（1）新建 PowerPoint 文档"4-1 唐诗欣赏.pptx"。

（2）在"设计"选项卡的"主题"组中单击右侧的下拉按钮，在弹出的列表中单击"浏览主题…"，打开"选择主题或主题文档"对话框，选择实验 4-1 素材库中的文件"龙腾四海.thmx"作为演示文稿的主题。

（3）在"视图"选项卡的"母版视图"组中单击"幻灯片母版"按钮，切换到幻灯片母版设计界面。

（4）在界面的左侧窗格中选择最上面一张较大的幻灯片"龙腾四海 幻灯片母版:由幻灯片 1 使用"。设置右侧窗格中标题的字体格式为绿色、加粗，设置下方的日期、页脚、页码的字体格式为红色、20 号。在"幻灯片母版"选项卡的"关闭"组中单击"关闭母版视图"按钮，完成母版的设计。

（5）设计第一张幻灯片。

① 在"插入"选项卡的"图像"组中单击"图片"按钮，插入实验 4-1 素材库中的图片"背景 1.jpg"，调整图片的大小和位置，将其置于幻灯片的上半部分，如图 4-16 所示。在"图片工具-格式"选项卡的"排列"组中单击"下移一层"按钮，显示正标题占位符和副标题占位符。

图 4-16　第一张幻灯片

📖 说明

　　调整图片大小时，如果图片的纵横比例不能调整，可在"图片工具-格式"选项卡的"大小"组中，单击右下角的箭头按钮，打开"设置图片格式"窗格，在其中单击"锁定纵横比"复选框，取消选中。

< 87 >

② 将副标题占位符移动到幻灯片下半部分并调整其大小。在"绘图工具-格式"选项卡的"形状样式"组中单击"形状填充"下拉按钮，在下拉列表中选择"其他填充颜色...",打开"颜色"对话框，在"自定义"选项卡中设置形状填充颜色为 RGB(0,0,255); 在副标题中输入制作者、班级、学号等信息，在"开始"选项卡中设置副标题文字格式为 32 号、加粗、白色、水平居中; 在副标题的右键快捷菜单中选择"设置文字效果格式...",打开图 4-17 所示的"设置形状格式"窗格，在"文本框"选项卡中设置垂直对齐方式为"中部对齐"。

③ 在正标题占位符中输入文字"唐诗欣赏",字号为"166",在"绘图工具-格式"选项卡的"艺术字样式"组中设置文本填充为"无填充颜色",文本轮廓为 RGB(0,0,255)、3 磅。适当调整正标题的位置，第一张幻灯片的设置结果如图 4-16 所示。

（6）设计第二张幻灯片。

① 在"开始"选项卡的"幻灯片"组中单击"新建幻灯片"下拉按钮，设置幻灯片的版式为"标题和内容"。

② 按照图 4-18 所示，在标题占位符和内容占位符中输入文字。设置内容占位符中的文字格式为 40 号、加粗、2 倍行距。适当调整内容占位符的大小和位置。

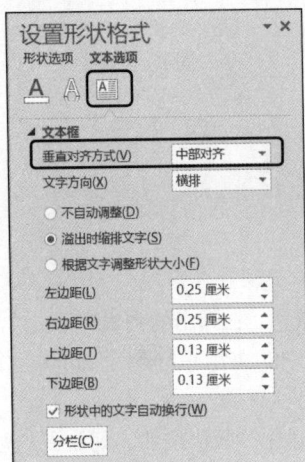

图 4-17 "设置形状格式"窗格

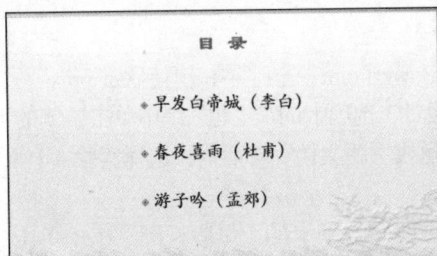

图 4-18 第二张幻灯片

（7）设计第三张幻灯片。

① 新建幻灯片，设置版式为"两栏内容"。

② 按照图 4-19 所示在标题占位符和左侧内容占位符中输入文字。设置左侧内容占位符中的文字格式为 40 号、加粗、RGB(0,0,255)、1.5 倍行距。

③ 单击右侧内容占位符中的 ▣（图片）图标，将实验 4-1 素材库中的图片"早发白帝城.jpg"插入幻灯片，适当调整图片的大小和位置。第三张幻灯片的设置结果如图 4-19 所示。

（8）设计第四张幻灯片。

① 新建幻灯片，设置版式为"标题和内容"。

② 在"设计"选项卡的"自定义"组中单击"设置背景格式"按钮，打开"设置背景格式"窗格，设置"填充"

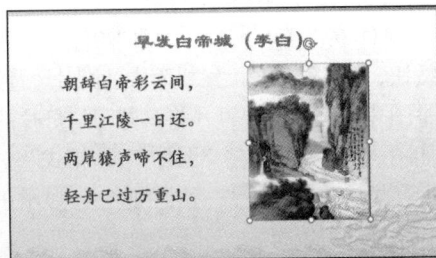

图 4-19 第三张幻灯片

为"图片或纹理填充",单击下方的"文件..."按钮，将实验 4-1 素材库中的图片"春夜喜雨.jpg"设置为幻灯片的背景。

< 88 >

③ 按照图 4-20 所示，在标题占位符和内容占位符中输入文字。设置内容占位符中文字格式为 40 号、加粗、RGB(0,0,255)、1.5 倍行距，适当调整内容幻灯片的大小和位置。

（9）设计第五张幻灯片。

① 新建幻灯片，设置版式为"标题和竖排文字"。

② 按照图 4-21 所示，分别在标题占位符和内容占位符中输入文字。设置内容占位符中的文字格式为 40 号、加粗、RGB(0,0,255)、水平和垂直方向均居中、1.5 倍行距；在"绘图工具-格式"选项卡的"形状样式"组中，设置形状填充为白色；在"形状填充"下拉列表中单击"其他填充颜色…"，在打开的"颜色"对话框中设置透明度为"25%"。

③ 插入实验 4-1 素材库中的图片"游子吟.jpg"，适当调整其大小和位置，使图片略小于内容占位符。在"图片工具-格式"选项卡的"图片样式"组中设置图片样式为"柔化边缘矩形"，将图片下移一层，显示内容占位符。第五张幻灯片的设置结果如图 4-21 所示。

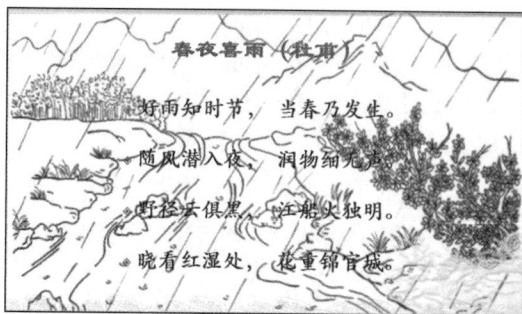

图 4-20   第四张幻灯片

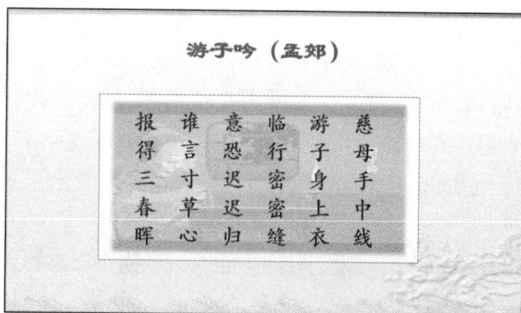

图 4-21   第五张幻灯片

（10）设计第六张幻灯片。

① 新建幻灯片，设置版式为"空白"。

② 在"插入"选项卡的"文本"组中插入艺术字"谢谢观赏!"，选择第 3 行第 2 列的艺术字样式，设置字号为"110"。在"绘图工具-格式"选项卡的"艺术字样式"组中设置"文本填充"为 RGB(0,0,255)，"文本轮廓"为 RGB(255,100,0)、1.5 磅。第六张幻灯片的设置结果如图 4-22 所示。

（11）在"插入"选项卡的"文本"组中单击"日期和时间"按钮，打开"页眉和页脚"对话框。按照图 4-23 所示，为幻灯片添加日期和时间、幻灯片编号、页脚等信息，并选中"标题幻灯片中不显示"复选框，单击"全部应用"按钮。

（12）保存设置。

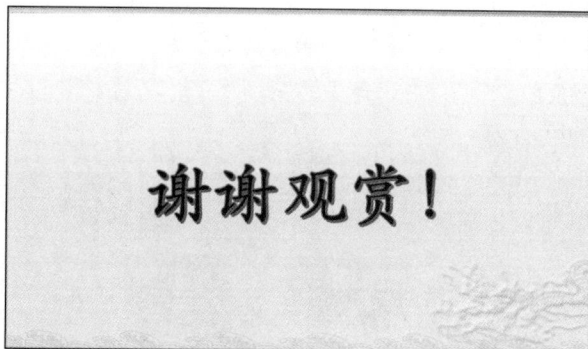

图 4-22   第六张幻灯片

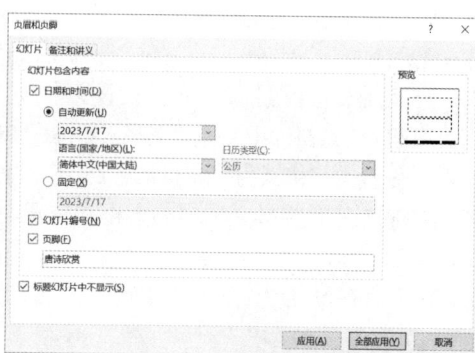

图 4-23   "页眉和页脚"对话框

< 89 >

三、实验作业

1. 春节

【实验内容】

（1）设计母版和使用版式。

（2）向幻灯片中插入文本框、艺术字、图片等对象并编辑。

【操作要求】

（1）新建 PowerPoint 文档"4-2 春节.pptx"。

（2）在幻灯片母版设计界面中，设置幻灯片的背景为实验 4-1 素材库中的图片"背景 2.jpg"，设置标题的文字格式为华文新魏、加粗、红色、居中。

（3）新建第一张幻灯片，版式为"标题和内容"。设置标题文字内容为"中国传统节日——春节"，内容占位符中的内容为实验 4-1 素材库中文件"文字素材.txt"中的第一段。设置内容占位符中的文字格式为华文行楷、32 号、蓝色，适当调整标题占位符和内容占位符的大小和位置。

（4）在第一张幻灯片中插入实验 4-1 素材库中的图片"炮竹.gif"和"祝福.gif"。设置图片"炮竹"的高度为 8.7 厘米、宽度为 3.2 厘米，图片"祝福"的高度为 5.2 厘米、宽度为 5.7 厘米。适当调整两个图片的位置，并将图片下移一层，衬于文字下方。结果如图 4-24 所示。

（5）新建第二张幻灯片，设置版式为"空白"。添加两个艺术字"春"和"联"，选择第 3 行第 3 列的艺术字样式，设置两个艺术字的文字格式：华文新魏，60 号，文本填充为红色，文本轮廓为蓝色。

（6）在第二张幻灯片中插入一个横排文本框，设置文本框中的内容为实验 4-1 素材库中文件"文字素材.txt"中的第二段，文字格式为华文行楷、24 号、绿色。插入实验 4-1 素材库中的 3 个图片"春联 1.jpg""春联 2.jpg""春联 3.jpg"。适当调整文本框、图片和艺术字的大小和位置，结果如图 4-25 所示。

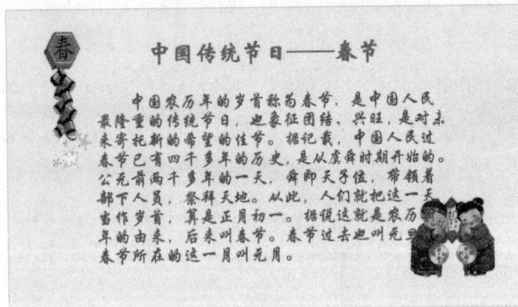

图 4-24　第一张幻灯片

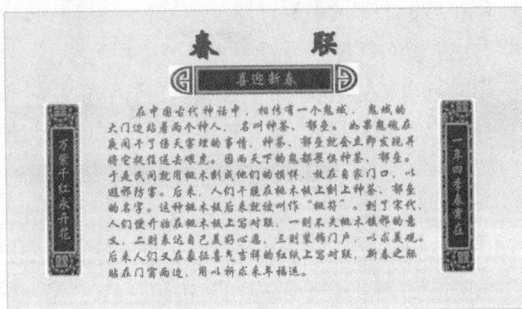

图 4-25　第二张幻灯片

（7）新建第三张幻灯片，设置版式为"仅标题"。设置标题中文字为"年画"，插入实验 4-1 素材库中的图片文件"年画 1.jpg"和"年画 2.jpg"。

（8）插入一个竖排文本框，设置文本框中的文字为实验 4-1 素材库中文件"文字素材.txt"中的第三段，设置文字格式为华文行楷、24 号、紫色。适当调整图片和竖排文本框的大小和位置，结果如图 4-26 所示。

（9）保存设置。

2. 我的家乡

【操作要求】

（1）以"我的家乡"为主题设计演示文稿，介

图 4-26　第三张幻灯片

< 90 >

绍自己的家乡。

（2）设计 6 到 10 张幻灯片，其中第一张幻灯片为标题，第二张幻灯片列出子标题（目录），后面的幻灯片按照子标题的顺序分别展开介绍。

（3）保存文件名为"4-3 我的家乡.pptx"。

实验 4-2　演示文稿的动态编辑

一、实验目的

1. 掌握对象动画效果的设置方法。
2. 掌握幻灯片切换效果的设置方法。
3. 掌握超链接的设置方法。
4. 掌握向幻灯片中插入音频的方法。

二、实验内容和步骤

唐诗欣赏。

【实验内容】

（1）设置动画效果和切换效果。

（2）设置超链接。

（3）插入声音。

【实验步骤】

（1）将实验 4-1 中的演示文稿"4-1 唐诗欣赏.pptx"复制到实验 4-2 中，重命名为"4-4 唐诗欣赏.pptx"，在"4-4 唐诗欣赏.pptx"中进行编辑。

（2）为第一张幻灯片添加动画效果。

① 选择正标题"唐诗欣赏"，在"动画"选项卡的"动画"组中选择"进入"动画为"缩放"，在"计时"组中设置"开始"为"上一动画之后"，"持续时间"为 3 秒。

② 设置副标题三行文字的动画均为"淡出"，"开始"均为"上一动画之后"，"持续时间"均为 1 秒。

③ 切换到幻灯片放映视图，查看动画设置的效果。

（3）为第二张幻灯片设置超链接。

① 切换到第二张幻灯片，选择第一条目录"早发白帝城（李白）"，在"插入"选项卡的"链接"组中单击"超链接"按钮，打开"插入超链接"对话框，设置超链接的目标为当前演示文稿中的第三张幻灯片。

② 用同样的方法为后两条目录设置超链接，超链接的目标分别为当前演示文稿中的第四张幻灯片和第五张幻灯片。

③ 在"设计"选项卡"变体"组的下拉列表中选择"颜色"→"自定义颜色…"，打开"新建主题颜色"对话框，设置"超链接"颜色为 RGB(0,0,255)，"已访问的超链接"颜色为 RGB(255,0,0)。

④ 切换到幻灯片放映视图，查看超链接的效果。

（4）为第三张幻灯片添加朗诵。

① 切换到第三张幻灯片，在幻灯片左下角插入一个横排文本框，输入文本"朗诵"，设置字号为"24"。

② 在"插入"选项卡的"媒体"组中单击"音频"下拉按钮，在下拉列表中选择"PC 上的音频…"，将实验 4-2 素材库中的音频文件"早发白帝城.mp3"插入幻灯片。在"音频工具-播放"选项卡的"音

< 91 >

频选项"组中选中"放映时隐藏"复选框。

③ 在"动画"选项卡的"高级动画"组中单击"动画窗格"按钮，打开"动画窗格"。在音频对应动画的下拉列表中选择"效果选项…"，打开"播放音频"对话框。如图 4-27 所示，在"计时"选项卡中设置"触发器"为单击"文本框 1:朗诵"时启动效果。

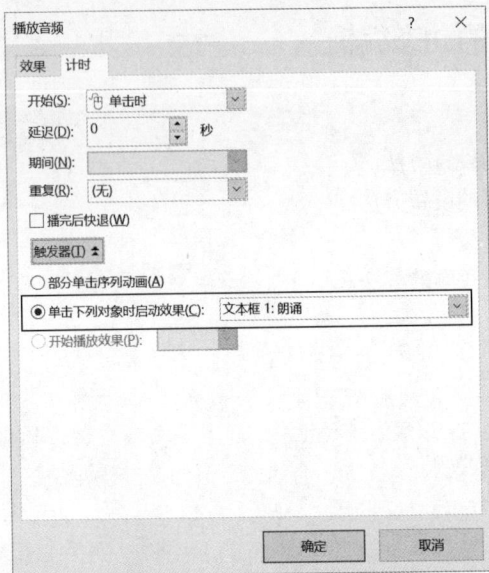

图 4-27 "播放音频"对话框

④ 切换到幻灯片放映视图查看音频设置效果，当单击"朗诵"时开始播放音频。

（5）为第四张和第五张幻灯片添加背景声音。

① 切换到第四张幻灯片。插入实验 4-2 素材库中的音频文件"春夜喜雨.mp3"，在"音频工具-播放"选项卡的"音频选项"组中设置"开始"为"自动"，并选中"放映时隐藏"复选框和"循环播放，直到停止"复选框。

② 在"播放音频"对话框的"效果"选项卡中设置"停止播放"为"当前幻灯片之后"。

③ 用同样的方法为第五张幻灯片设置背景声音，音频文件选择实验 4-2 素材库中的"游子吟.mp3"。

④ 切换到幻灯片放映视图，查看音频设置效果。

（6）为第六张幻灯片设置动画。

① 切换到第六张幻灯片，选择其中的艺术字，在"动画"选项卡的"动画"组中设置"进入"动画为"随机线条"；在"计时"组中设置"开始"为"与上一动画同时"，"持续时间"为 2 秒。

② 在"动画"选项卡的"高级动画"组中单击"添加动画"下拉按钮，在下拉列表中选择强调效果为"跷跷板"；在"计时"组中设置"开始"为"上一动画之后"，"持续时间"为 2 秒，"延迟"为 0.5 秒。

③ 切换到幻灯片放映视图，查看设置效果。

（7）设置幻灯片的切换方式。

① 在"切换"选项卡的"切换到此幻灯片"组中选择切换效果为"门"；在"计时"组中设置"声音"为"照相机"，"持续时间"为 2 秒；单击"全部应用"按钮。

② 切换到幻灯片放映视图，查看幻灯片的切换效果。

（8）保存设置。

< 92 >

三、实验作业

1．春节

【实验内容】

使用动画、切换、插入音频等为演示文稿添加动态效果。

【操作要求】

（1）将实验 4-1 中的演示文稿"4-2 春节.pptx"复制到实验 4-2 中，重命名为"4-5 春节.pptx"，在"4-5 春节.pptx"中进行编辑。

（2）在第一张幻灯片中，为文字"中国农历年……叫元月"部分添加"劈裂"动画效果；"方向"为"中央向左右展开"，"开始"为"上一动画之后"，"持续时间"为 2 秒。

（3）在第二张幻灯片中，将两个艺术字"春"和"联"分别向左右拉开，使它们间距更大。设置两个艺术字的"进入"动画均为"淡化"，"开始"均为"与上一动画同时"，"持续时间"均为 3 秒。

（4）为艺术字"春"添加"动作路径"类动画"螺旋向右"，"开始"为"与上一动画同时"，持续时间为 3 秒。为艺术字"联"添加"动作路径"类动画"螺旋向左"，"开始"为"与上一动画同时"，"持续时间"为 3 秒。

（5）在第二张幻灯片中为左右两个图片设置"进入"动画均为"擦除"，"方向"均为"自顶部"，"开始"均为"上一动画之后"，"持续时间"均为 1.5 秒；调整动画顺序，先显示右侧图片。为上方图片设置"进入"动画为"翻转式由远及近"，"开始"为"上一动画之后"，"持续时间"为 1 秒。

（6）为第三张幻灯片设置切换效果为"涟漪"。

（7）为演示文稿添加连续播放的背景音乐，音乐文件选择实验 4-2 素材库中的音频文件"喜洋洋.mp3"。要求播放时隐藏声音图标，且背景音乐从第一张幻灯片开始循环播放到最后一张幻灯片。

（8）为演示文稿设置排练计时，并设置放映类型为"在展台浏览"。

> 💡 **提示**
>
> 在"幻灯片放映"选项卡的"设置"组中进行设置。

（9）切换到幻灯片放映视图查看设置效果，保存设置。

2．我的家乡

【操作要求】

对实验 4-1 中设计的"4-3 我的家乡.pptx"进行修改，添加各种动态效果，修改后的演示文稿保存为"4-6 我的家乡.pptx"。

< 93 >

第**5**章 Visio 2016

Visio 2016 是 Microsoft Office 2016 中的一个组件,它是一种专业的矢量绘图软件,面向的对象是需要绘制专业水平的图形而又缺乏绘图基础的用户。它利用强大的模板(template)、模具(stencil)和形状(shape)等图形素材,来辅助用户将难以理解的复杂文本和表格等转换为清晰易懂的 Visio 数字化图形。因此,借助于 Visio,用户可以绘制出具有专业水准的流程图、结构图、模型图和平面布局图等。

本章简要介绍图形绘制和编辑的基本操作,复杂图形绘制及高级操作请参阅相关资料。

学习指导

一、Visio 2016 概述

1. 启动 Visio 2016

启动 Visio 2016 后,会看到模板列表界面,从中选择合适的模板在其上单击即可,这里选择"基本流程图",如图 5-1 所示。单击"基本流程图",打开模板样式预览界面,如图 5-2 所示,用户可按需选择一个模板样式,这里采用默认样式(第一个),单击"创建"按钮,则打开图 5-3 所示的窗口,即 Visio 2016 绘图界面,在此界面中就可以完成对图形的绘制和编辑。

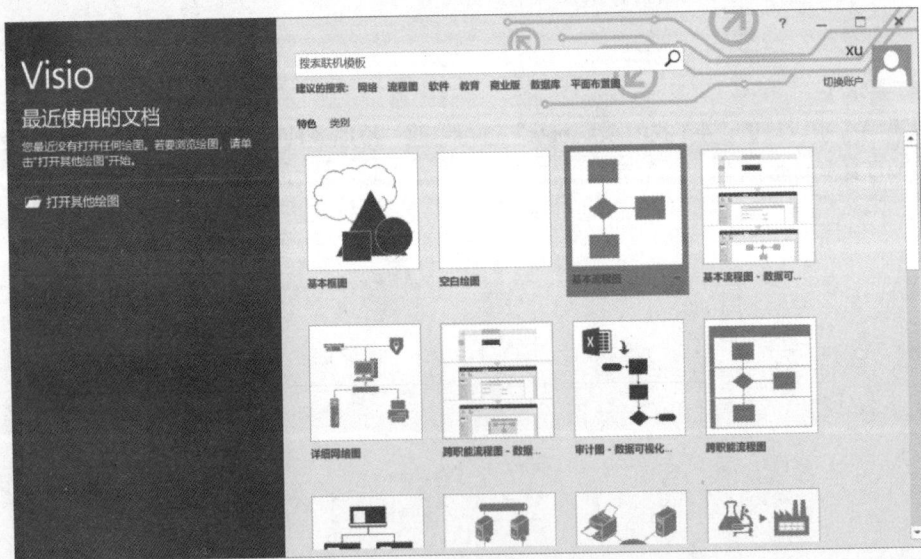

图 5-1　Visio 2016 的模板列表界面

图 5-2　"基本流程图"模板样式预览界面

2．Visio 2016 的绘图界面

Visio 2016 的绘图界面与 Microsoft Office 2016 中其他软件的界面类似，由标题栏、快速访问工具栏、"文件"菜单、选项卡标签、功能区、形状窗格、绘图窗格和状态栏等部分组成，如图 5-3 所示。其中标题栏、快速访问工具栏、"文件"菜单、选项卡标签、功能区和状态栏的意义和用法与 Microsoft Office 2016 中其他软件相同，在此不再重复。下面简单介绍 Visio 特有的形状窗格和绘图窗格。

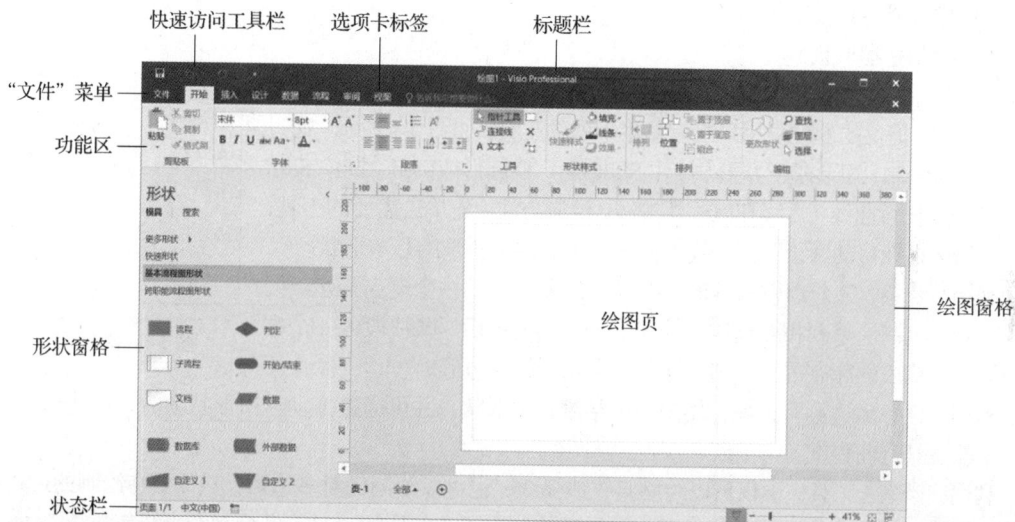

图 5-3　Visio 2016 绘图界面

（1）形状窗格

形状窗格中显示多个模具，用户可以拖动列表中的形状到绘图页中，实现绘制各类图表与模型；还可以根据绘图需要移动形状窗格的位置，或在形状窗格中添加其他需要的模具。

（2）绘图窗格

绘图窗格是绘制和编辑各种图形的区域，该窗格包括标尺、绘图页、网格等工具，允许用户在绘图页上绘制图形并测量大小，同时该窗格采用页标签的形式允许用户为一个 Visio 绘图文档创建多个绘图页，并可设置每个绘图页的名称。

< 95 >

3．模板和模具

Visio 为各个专门学科设计了一系列丰富实用的模板和模具，能够满足不同领域用户的不同绘图需求，因而广泛应用于软件设计、项目管理、企业管理、建筑设计、电子设计、机械设计等领域。Visio 提供的模板和模具能大大提高用户的绘图效率和绘图质量。

模板是 Visio 针对各类特定的绘图任务而组织起来的一系列主控图形的集合，是一种专用类型的绘图文档。Visio 为用户提供的模板类主要有商务、地图和平面布置图、工程、常规、流程图、日程安排、软件和数据库、网络等，每一类模板又包含多个具有特定用途的模板，例如，流程图包含工作流程图、基本流程图、SDL（specification and description language，规约和描述语言）图、跨职能流程图等模板。每个模板都适合于特定类型的绘图，它由模具、绘图页的设置信息、主题样式等组成。例如，"基本流程图"模板包含了"基本流程图形状"和"跨职能流程图形状"等模具。通过 Visio 提供的这些模板，可以完成流程图、网络拓扑结构图、建筑地图等绘图任务。

模具是创建特定类别图表所需要的图形元素的集合，也就是绘图形状的集合。在使用 Visio 创建基于某个模板的绘图文档后，Visio 将自动打开该模板相应的模具，并将这些模具显示在"形状窗格"中。图 5-3 所示为选择"基本流程图"模板创建绘图文档后，在"形状窗格"中打开的"基本流程图形状"模具。

二、Visio 2016 基本操作

1．基本形状

在 Visio 中，各种图标都是由各种形状组成的。使用 Visio，用户可以很方便地绘制各种几何形状，并将形状组合成各种复杂的图形。

（1）绘制基本形状

在"开始"选项卡上单击"工具"组中的"矩形"下拉按钮，即可看到 Visio 2016 提供的 6 种供用户绘制基本形状的工具，如图 5-4 所示。通过这些工具可绘制：矩形或正方形（按住 Shift 键）、椭圆形或圆形（按住 Shift 键）、直线、任意曲线、弧形和鼠标轨迹线。绘制方法：先单击需要的工具，然后将鼠标指针移动到绘图页，拖曳鼠标即可绘制出所选的基本形状。

利用"线条"工具绘制直线时，若从已绘制线段的一个端点开始继续绘制，则可绘制一系列相互连接的线段。若绘制的最后一条线段的一个端点与第一条线段的起点重合，则可绘制一个闭合的多边形。

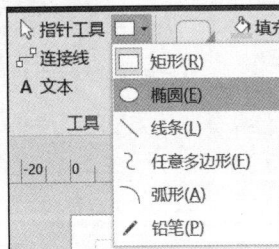

图 5-4　基本形状工具

利用"任意多边形"工具，用户可以绘制自由形状，并可通过拖动自由形状上的"弯曲形状"控制点来改变其弯曲程度。

利用"铅笔"工具，不仅可以绘制直线或弧线，也可以绘制任意多边形，只需要在绘制的过程中，将前一条线的终点作为后一条线的起点，最后绘制出闭合的形状。对于已绘制的直线或弧线，可以通过拖动线上的"弯曲形状"控制点来改变其弯曲程度，也可以将直线转换为弧线，弧线转换为直线。

（2）编辑基本形状

要对形状进行编辑，首先需要选择形状。在 Visio 中，用户既可以选择单个形状，也可以同时选择多个形状，其操作方法与其他软件类似。要选择单个形状，直接单击即可；要同时选择多个形状，则可以先按住 Shift 键或 Ctrl 键，然后一个一个地单击需要选择的形状，也可以在绘图页上通过拖曳鼠标画出一个矩形框，将需要的形状框在矩形框中，这样就选中了所有被框住的形状。

选中形状并拖曳鼠标，可以移动形状的位置。

选中形状后，形状的四周显示 8 个白色控制点，这些控制点被称为"选择手柄"，利用它们可以调

< 96 >

整形状的大小，如图 5-5 所示。

选中形状后，形状上显示 1 个"旋转手柄"，如图 5-6 所示，通过该"旋转手柄"，可以实现形状任意角度的旋转。

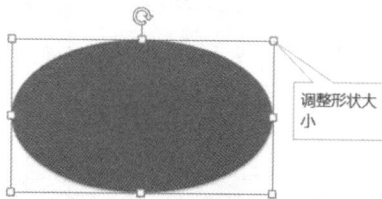

图 5-5　选择手柄

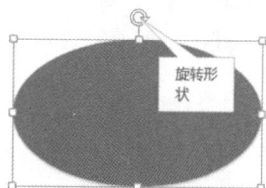

图 5-6　旋转手柄

（3）形状的连接与组合

在绘制形状的过程中，用户可以通过连接与组合，使多个相互关联的形状构成一个完整的结构，从而便于统一移动位置或调整大小。

Visio 提供了两种方式来连接形状：手动绘制连接线和自动连接。其中手动绘制连接线方便、灵活，并可绘制复杂的连接线，而自动连接则可以将形状与其周围的形状快速连接起来。

要手动绘制连接线，则需要先单击"开始"选项卡"工具"组中的"连接线"按钮，如图 5-7 所示，然后将鼠标指针移动到需要进行连接的形状上（此时该形状上有一个绿色框），拖曳鼠标到另一个形状上，松开鼠标左键即可绘制一条默认带箭头的连接线，如图 5-8 所示。

图 5-7　"连接线"按钮

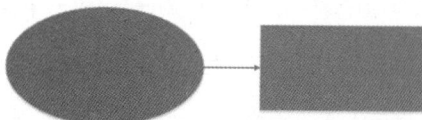

图 5-8　手动绘制连接线

要使用自动连接，则需要先选中"视图"选项卡"视觉帮助"组中的"自动连接"复选框，如图 5-9 所示。当鼠标指针移动到形状上时，形状的四周会出现"自动连接"箭头，将鼠标指针移动到某个箭头上，箭头旁边会显示一个浮动工具栏，如图 5-10 所示，单击该工具栏中的某一个形状，即可添加并自动连接所选形状。若被连接的形状已经存在，则单击箭头即可自动在两个形状间绘制连接线。

图 5-9　"视觉帮助"组

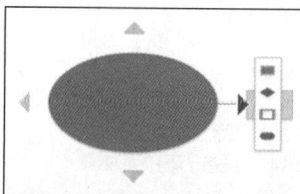

图 5-10　"自动连接"浮动工具栏

要组合形状，先选择需要进行组合的多个形状，然后在"开始"选项卡的"排列"组中单击"组合"下拉按钮，再在下拉列表中选择"组合"，如图 5-11 所示，则可将多个相互关联的形状组合在一起，构成一个完整的结构。选中组合形状，单击"组合"下拉列表中的"取消组合"，则可取消对形状的组合。

（4）形状的填充、线条和阴影

绘制形状后，有时还需要设置形状的填充、线条和阴影等属性。

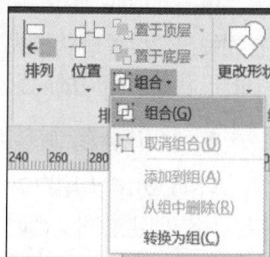

图 5-11　"组合"列表

< 97 >

选中需要设置填充颜色的形状，单击"开始"选项卡"形状样式"组中的"填充"下拉按钮，展开颜色列表，如图 5-12 所示。用户不仅可以在其中选择合适的颜色实现纯色填充，还可以单击"填充选项"，在绘图窗格的右侧弹出"设置形状格式"窗格，如图 5-13 所示。在"填充与线条"选项卡中，展开"填充"选项组，选中"渐变填充"单选按钮，在其下可以设置类型、方向、渐变光圈、颜色、位置等。若选中"图案填充"单选按钮，则可以设置其模式、前景和背景颜色等。

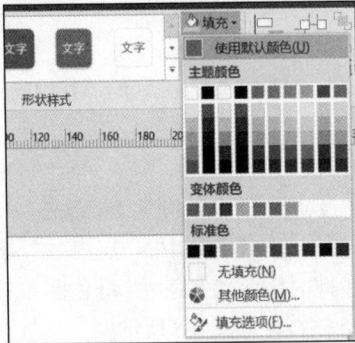

图 5-12 "填充"颜色列表

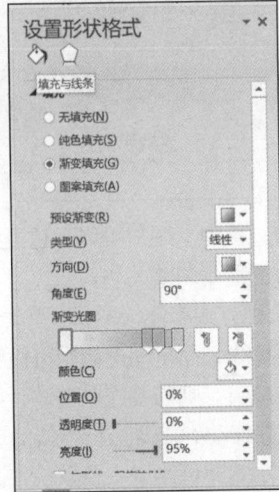

图 5-13 "设置形状格式"窗格

单击"形状样式"组中的"线条"下拉按钮，展开下拉列表，如图 5-14 所示。通过该下拉列表，用户可以更改线条（形状的线条、连接线）的颜色、粗细、线型等外观属性，其效果如图 5-15 所示。

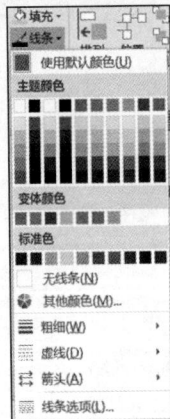

图 5-14 "线条"下拉列表

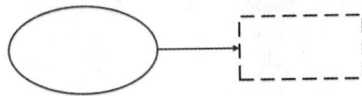

图 5-15 线条设置效果图

与设置形状的填充和线条的方法类似，单击"形状样式"组中的"效果"下拉按钮，展开下拉列表，单击其中的"阴影"，进一步展开"阴影"列表，如图 5-16 所示，勾选"阴影选项"，绘图窗格的右侧弹出"设置形状格式"窗格，在"效果"选项卡中，展开"阴影"选项组，如图 5-17 所示，对选中的形状设置相应的阴影效果。

2. 使用模具绘制形状

Visio 2016 为用户提供了很多模具，以方便用户在绘制图形时选择和调用。通常情况下，Visio 会根据用户创建绘图文档时选用的模板设置不同的模具。此外，用户还可以根据实际需求，在绘图文档中添加其他模板类的模具，从而实现灵活绘制图形。

< 98 >

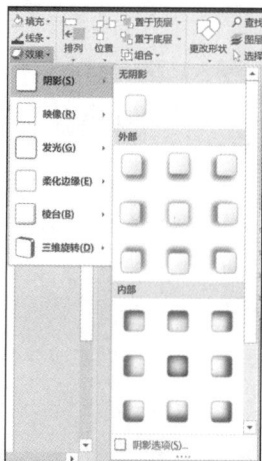

图 5-16　"阴影"列表

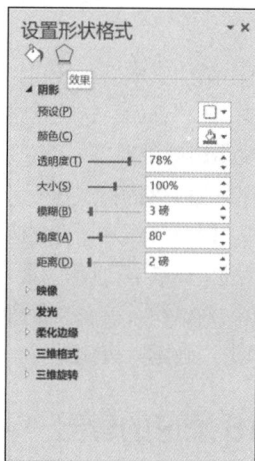

图 5-17　"阴影"选项组

在使用 Visio 2016 创建基于模板的绘图文档后，与该模板匹配的模具会自动显示在形状窗格中，如本章图 5-3 所示。在形状窗格中单击需要的模具选项，选择相应的形状，将其直接拖曳到绘图页中即可创建该形状。

若要将其他模板类的模具添加到形状窗格中，只需在形状窗格中单击"更多形状"，在展开的列表中选择需要的模具，即可将其添加到形状窗格中已有形状列表的下方。

通过模具绘制好形状后，对形状的编辑、形状的连接与组合、形状的填充等操作方法与上述基本形状的操作方法一样，在此不再重复。

三、Visio 2016 中文本的添加和编辑

在 Visio 中，用户不仅可以为形状添加说明文本，也可以在绘图页中任意位置添加文本。添加文本后，有时还需要设置它们的格式。

1. 为形状添加文本

一般情况下，形状都带有一个隐含的文本框。双击需要添加文本的形状，系统则自动进入文字编辑状态（此时，一般绘图页的显示比例会变大），输入所需的文字，然后按 Esc 键或单击绘图页的其他区域，即可完成形状中文本的添加。也可以先单击"开始"选项卡"工具"组中的"文本"按钮，然后单击需添加文本的形状，进入文字编辑状态，输入文字后，单击"工具"组中的"指针工具"按钮，退出文本编辑状态。

用此方法添加的文本会与形状融为一体，即文本随形状一起调整位置、进行旋转等。

2. 为绘图页添加文本

使用"工具"组中的"文本"按钮，不仅可以将文本添加到形状中，也可以将文本添加到绘图页的任意位置。单击"文本"按钮，然后在绘图页中需添加文本的位置单击，系统则自动创建一个文本框，让用户输入文本；也可以在需添加文本的位置，用鼠标拖曳适当大小的文本框，来输入文本。同样，用这种方法添加文本后，单击"指针工具"按钮，即可退出文本编辑状态。另外，通过"插入"选项卡"文本"组中的"文本框"按钮，不仅可以添加"横排文本框"（该功能同"文本"按钮），还可以添加"竖排文本框"，实现竖排文字的添加。

用此方法添加文本，实际上是在绘图页中画文本框，然后在文本框中添加文本。对于画出的文本框，也可以利用"形状"组中的"填充""线条""阴影"来设置填充颜色、线条属性和阴影格式。

< 99 >

3. 编辑文本格式

在形状和绘图页中添加文本后，还可以根据实际需求对文本的字体或段落等进行格式设置。先选中需设置格式的文本，在"开始"选项卡的"字体"组中，设置文本的字体、字号、颜色等属性；在"段落"组中，设置文本段落的对齐、缩进、添加项目符号等属性。

若要进一步对字体或段落的格式进行设置，可单击"字体"组或"段落"组右下角的箭头按钮，打开"文本"对话框。图 5-18 所示为显示"字体"选项卡的"文本"对话框。在该对话框中进行相应的设置后，单击"确定"按钮即可。

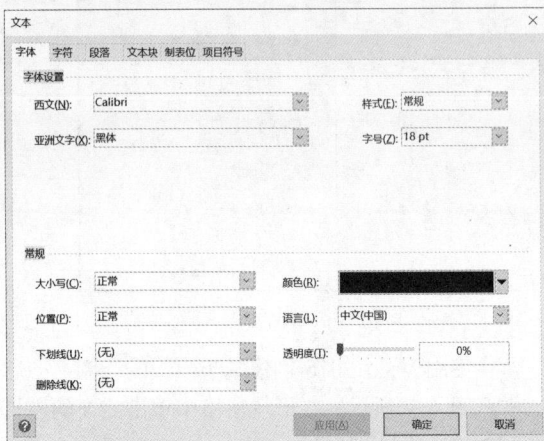

图 5-18　"文本"对话框

四、Visio 2016 图形的导出

在实际应用中，经常需要将绘制好的 Visio 图形作为 Word、PowerPoint 等文件内容的一部分，这就需要将 Visio 图形导出并放到相应文件中。下面以导出到 Word 文件为例讲解 Visio 2016 图形的导出，导出到其他文件的操作与之类似。

最简单的操作方法：打开绘制好图形的 Visio 文件，在绘图页上选中所有形状，单击"复制"按钮（或按 Ctrl+C 组合键），然后在 Word 文档的目的位置单击"粘贴"按钮（或按 Ctrl+V 组合键），即可将 Visio 中选中的所有形状作为一个整体图形粘贴到 Word 文档中，完成图形的导出，实现 Visio 软件与 Word 软件的协同办公。将 Visio 图形嵌入 Word 文档后，可以双击嵌入的图形，在弹出的 Visio 窗口中进行编辑。

也可以将绘制好图形的 Visio 文件作为对象插入 Word 文档：在 Word 文档中，单击"插入"选项卡"文本"组中的"对象"按钮，打开"对象"对话框，在该对话框中选择"由文件创建"选项卡，单击"浏览"按钮，在弹出的"浏览"对话框中选择需插入的 Visio 文件，再依次单击"插入"按钮和"确定"按钮，就完成了图形的导出。

实验

实验 5-1　使用绘图工具绘制图形

一、实验目的

1. 熟悉 Visio 绘图环境。
2. 掌握基本形状的绘制方法。
3. 掌握基本形状的编辑、连接与组合、填充等基本操作方法。

二、实验内容和步骤

【实验内容】

利用绘图工具绘制图 5-19 所示的"笑脸"图，练习形状的绘制、编辑和美化等操作。

图 5-19　"笑脸"图

【实验步骤】

（1）创建空白绘图文档

启动 Visio 2016，在本章图 5-1 所示的界面上单击"空白绘图"，然后单击"创建"按钮即可创建

< 100 >

图 5-20 所示的空白绘图文档。

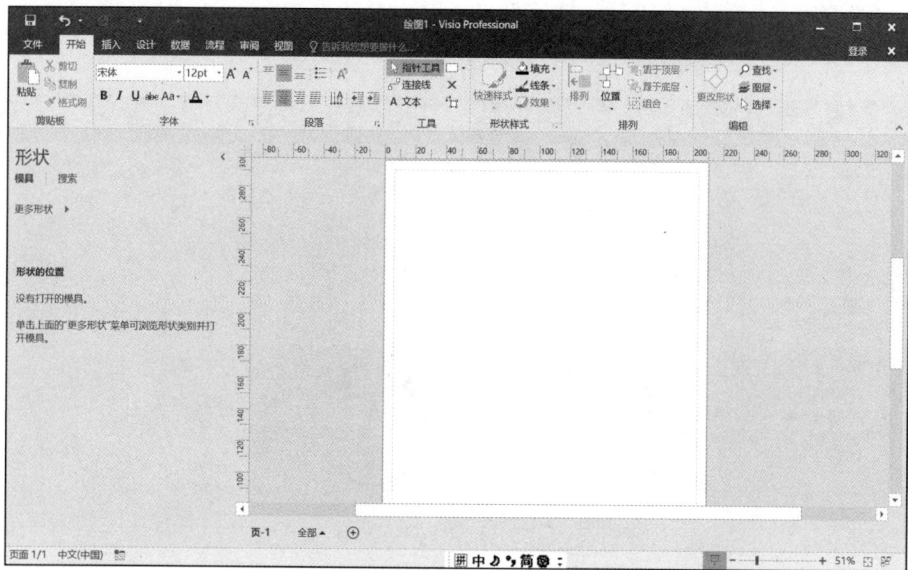

图 5-20　空白绘图文档

（2）绘制笑脸的基本形状

单击"开始"选项卡"工具"组中的"矩形"下拉按钮，展开 Visio 2016 提供的绘制基本形状的工具，如本章图 5-4 所示。

单击"椭圆"工具，移动鼠标指针到绘图页，绘制一个较大的椭圆作为脸，两个较小的椭圆作为眼睛，两个更小的圆（绘制椭圆时按住 Shift 键即绘制圆）作为眼球上的反光点，并调整它们的位置关系；单击"铅笔"工具，绘制嘴巴和鼻子；单击"线条"工具，在嘴巴的两端绘制直线作为嘴角。完成笑脸中基本形状的绘制，合理布局已绘制的形状，如图 5-21 所示。

图 5-21　"笑脸"绘制

（3）填充形状和设置线条

选中"脸"，单击"形状样式"组中的"填充"下拉按钮，在颜色列表（见本章图 5-12）中为"脸"

< 101 >

设置"黄色",并设置"眼睛"的填充颜色为"黑色","眼球反光点"的填充颜色为"白色"。选中"嘴巴"和"嘴角"的线条,单击"线条"下拉按钮,在下拉列表(见本章图5-14)中设置线条粗细为6pt,选中"鼻子"的线条,设置线条粗细为4.5pt,效果如图5-22所示。

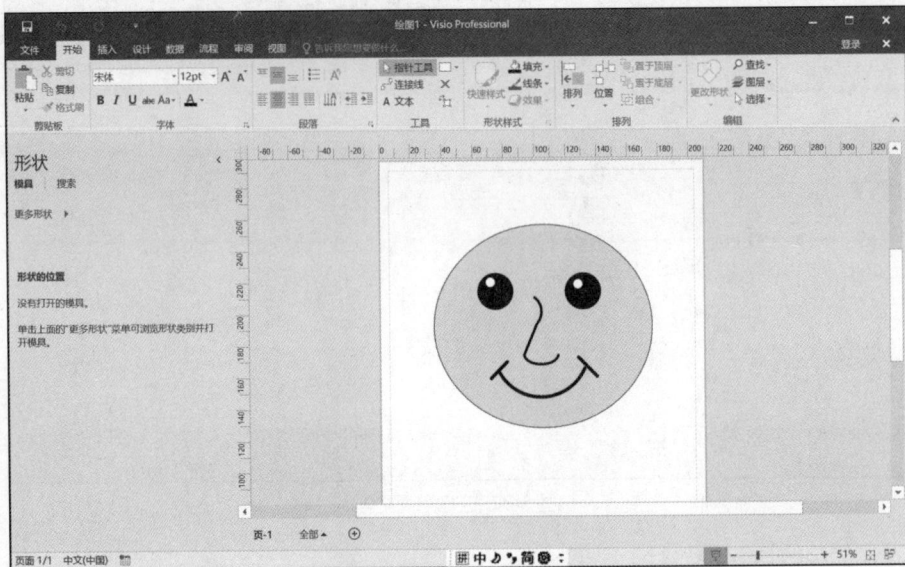

图5-22 "笑脸"设置填充和线条后

(4)保存

将绘制的图形保存为"笑脸.vsdx",即完成利用绘图工具绘制笑脸的整个过程。

三、实验作业

绘制一辆小车,如图**5-23**所示,保存文件名为"**小车.vsdx**"。

图5-23 "小车"图

【操作要求】

(1)利用绘图工具"矩形""椭圆""任意多边形""铅笔"等,完成小车中基本形状的绘制。

(2)合理布局各形状的位置关系,拼装出小车。

(3)为小车中的各形状搭配合理的填充色。

实验 5-2 使用模具绘制流程图

一、实验目的

1. 熟悉 Visio 绘图环境。

< 102 >

2. 掌握利用模板创建绘图文档的方法。

3. 掌握利用模具绘制形状、调整形状大小、连接形状等操作方法。

4. 掌握为形状和页面添加文本的方法，以及绘制形状间连接线的方法。

二、实验内容和步骤

【实验内容】

利用模具绘制图 5-24 所示的流程图。

【实验步骤】

（1）新建 Visio 文档

启动 Visio 2016，打开本章图 5-1 所示的界面，单击"基本流程图"，进入本章图 5-2 所示的预览界面，采用默认样式（第一个），然后单击右边的"创建"按钮，即进入绘图界面，如本章图 5-3 所示。

（2）拖曳绘制形状

将"开始/结束"形状从左侧的形状窗格中拖曳到右侧绘图页的适当位置，松开鼠标左键，该形状则被绘制到绘图页中。选中已绘制的形状，并将鼠标指针放在形状上，则显示上下左右 4 个方向的具有自动连接功能的蓝色箭头、8 个用于调整形状大小的"选择手柄"和 1 个可旋转形状方向的"旋转手柄"，如图 5-25 所示。

（3）连接形状

将鼠标指针移动到"开始/结束"形状下方的蓝色箭头上，将显示一个浮动工具栏，如图 5-26 所示，该工具栏中有常用的"流程""判定""子流程""开始/结束"形状，此时直接单击其中一个形状，即可将该形状添加到绘图中，并与原有的"开始/结束"形状自动建立连接。

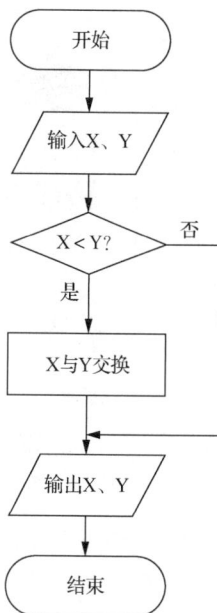

图 5-24　流程图

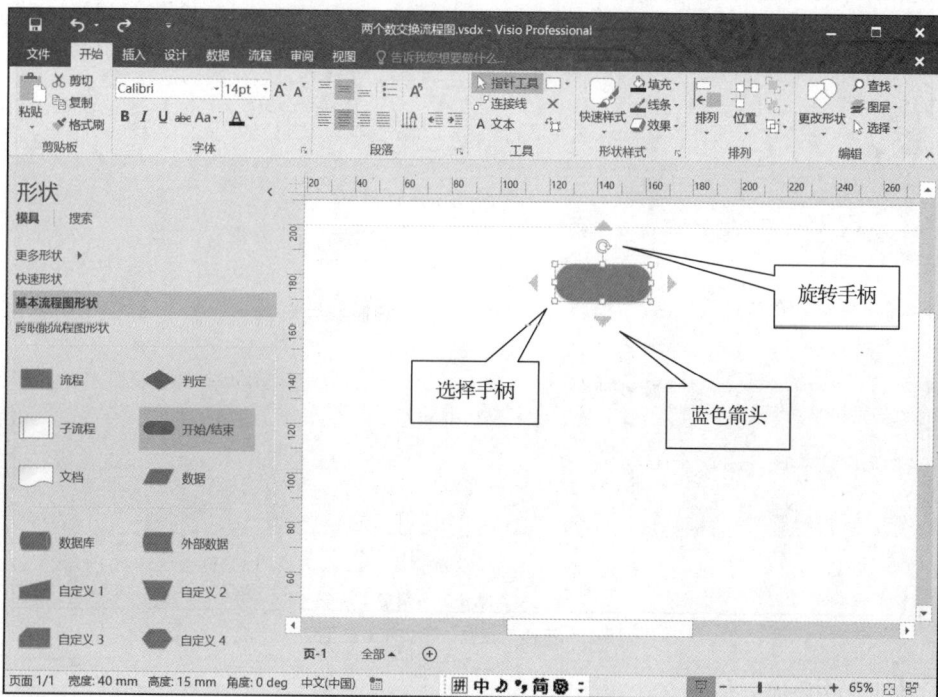

图 5-25　绘制形状并选中后

< 103 >

图 5-26　利用自动连接功能添加形状

如果需要添加的形状不在浮动工具栏上，则可以从左侧的形状窗格中将需要的形状直接拖曳到蓝色箭头上，新添加的形状也会自动连接到"开始/结束"形状，如图 5-27 所示。

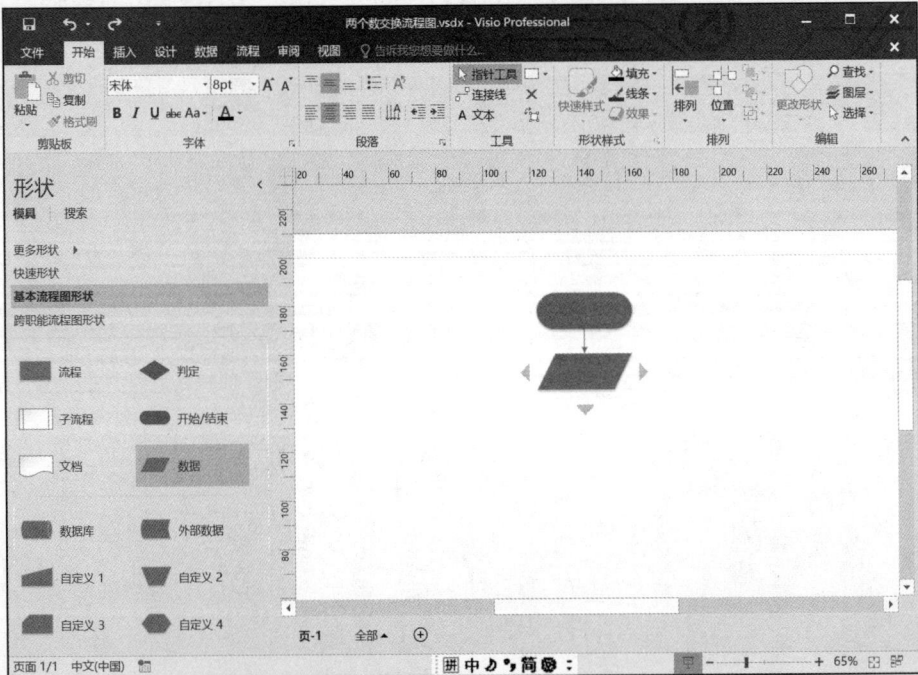

图 5-27　拖曳"数据"形状并建立连接

（4）在形状中添加文本

在图 5-28 所示的绘图页中双击"开始/结束"形状，添加文字"开始"，双击"数据"形状，添加

< 104 >

文字"输入 X、Y",分别设置字号为"14pt",然后单击绘图页的空白区域,完成文本的添加和编辑,如图 5-28 所示。

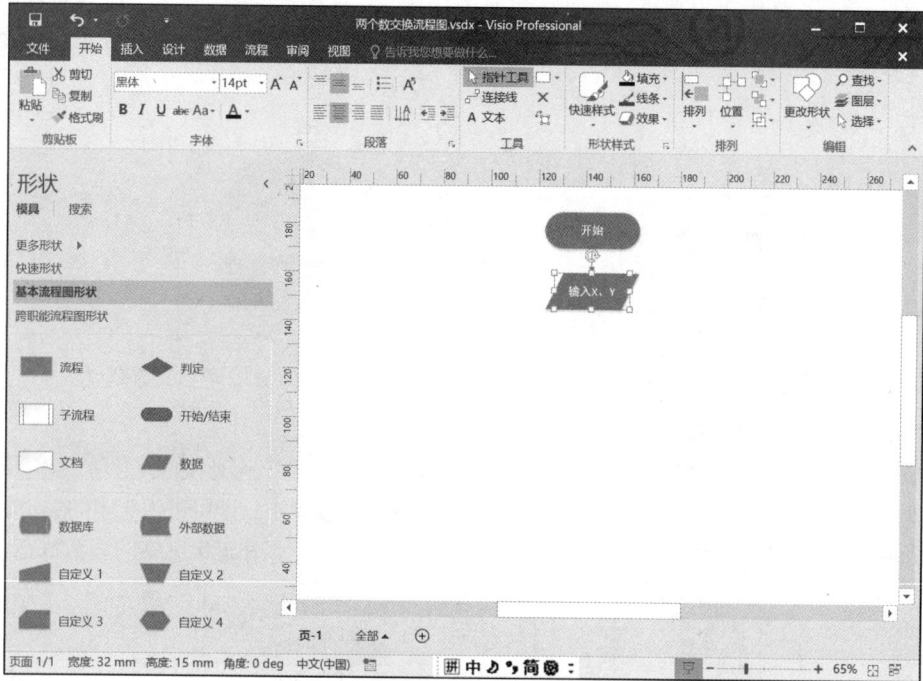

图 5-28   向形状中添加文本

按照上述方法逐步添加流程图中所需的形状和文字,保存文件名为"两个数交换流程图.vsdx",如图 5-29 所示。

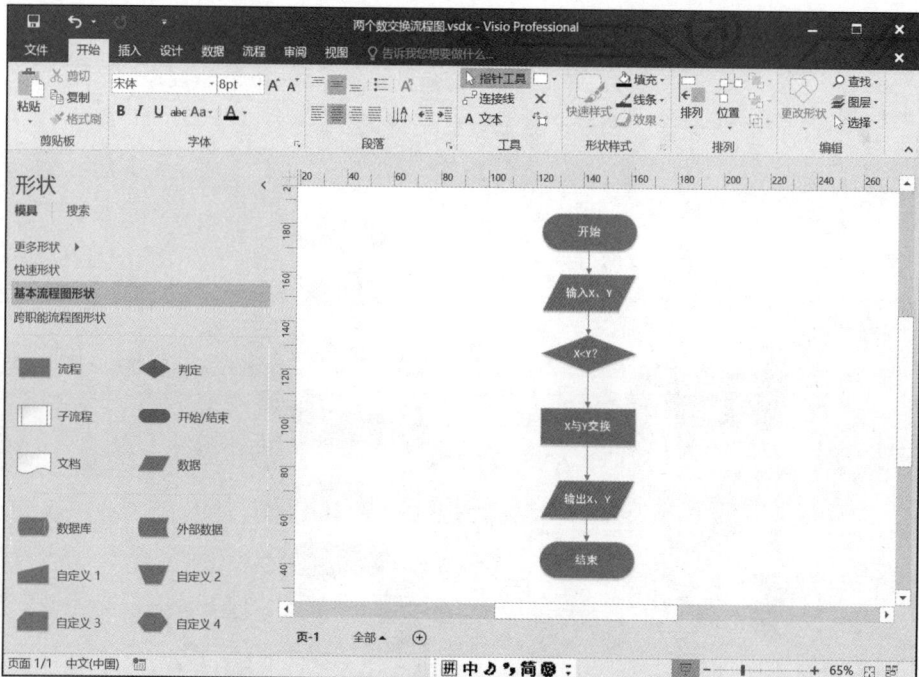

图 5-29   添加完形状和形状内文字的流程图

< 105 >

（5）绘制形状间的其他连接线

在 Visio 绘图页中，任意形状间都可以绘制连接线。其方法是在"开始"选项卡的"工具"组中单击"连接线"按钮，如图 5-30 所示，然后将鼠标指针放在需要连接的形状上，按住左键拖动到目的位置，即可完成连接线的绘制，如图 5-31 所示。单击"工具"组中的"指针工具"按钮退出连接线的编辑状态。

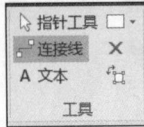

图 5-30　单击"连接线"按钮　　　　图 5-31　在形状间绘制连接线的局部图

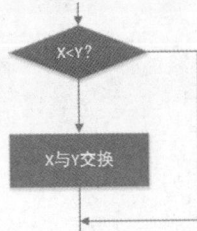

（6）在绘图页中添加文本

在 Visio 绘图页的任意位置都可以添加文本。其方法是在"开始"选项卡的"工具"组中单击"文本"按钮，如图 5-32 所示，然后在绘图页中需要添加文字的位置单击，即可进入文本的编辑状态，如图 5-33 所示。文字添加结束后，单击"工具"组中的"指针工具"按钮退出文本的编辑状态。

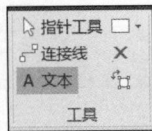

图 5-32　单击"文本"按钮　　　　图 5-33　添加绘图页文本的局部图

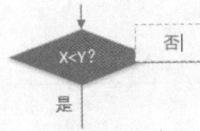

在图 5-29 中添加完连接线和绘图页文字，最终绘制出的流程图如图 5-34 所示。

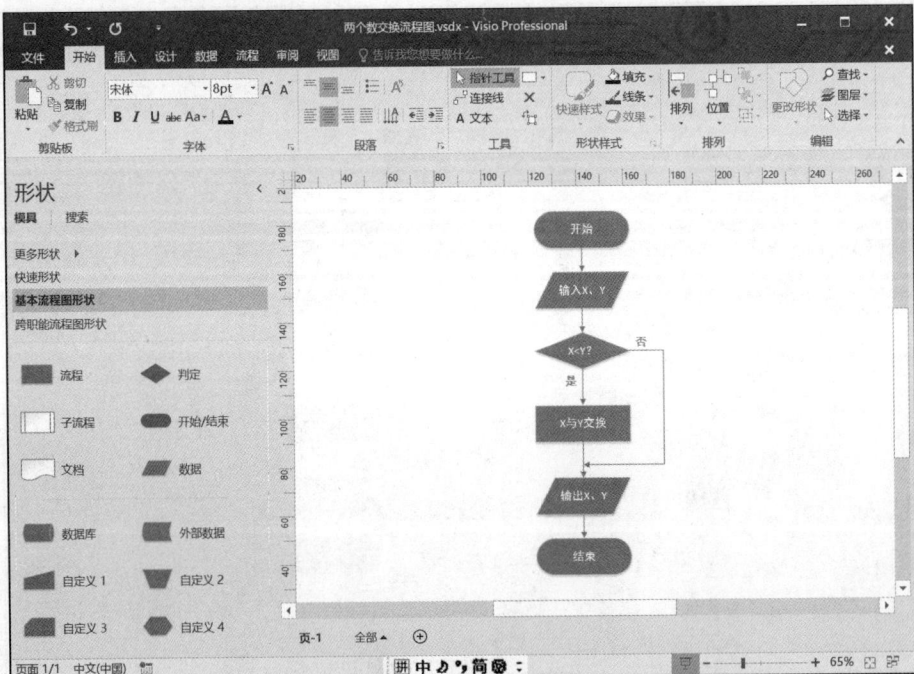

图 5-34　Visio 绘制的流程图

< 106 >

三、实验作业

1. 创建一个绘图文档，绘制图 5-35 所示的网络拓扑结构图，保存文件名为"网络拓扑结构图.vsdx"。

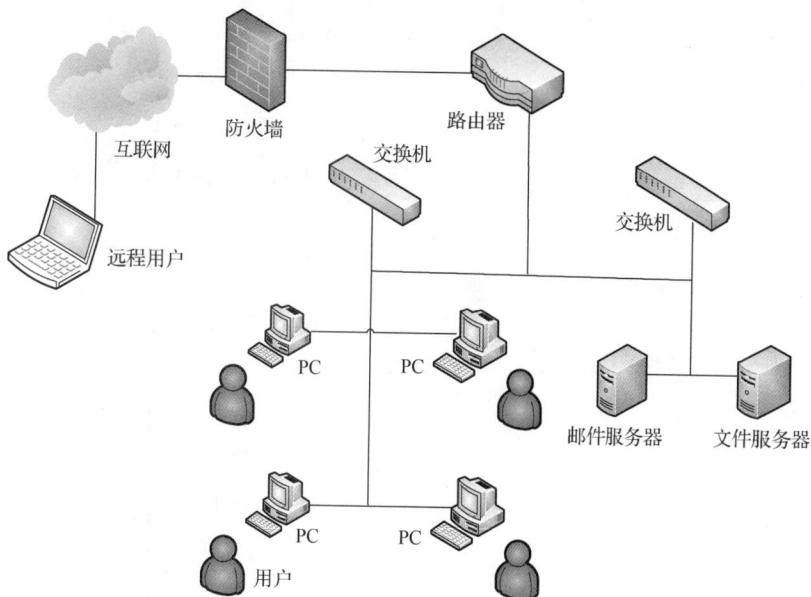

图 5-35　网络拓扑结构图

【操作要求】

（1）使用"网络"模板类别中的"基本网络图"模板，新建绘图文档。

（2）合理布局，正确绘制连接线，添加文本。

2. 创建一个绘图文档，绘制图 5-36 所示的毕业论文写作流程图，保存文件名为"毕业论文写作流程图.vsdx"。

【操作要求】

（1）使用"流程图"模板类别中的"基本流程图"模板，新建绘图文档。

（2）对图中的"流程""判定""文档""开始/结束"形状设置不同的填充效果。

（3）对图中右上部分的 4 个形状，设置它们的"填充"和"线条"均为"无"，且对段落设置不同的项目符号（打开"文本"对话框，单击"项目符号"选项卡，在其中进行设置）。

（4）设置连接线的粗细和颜色。

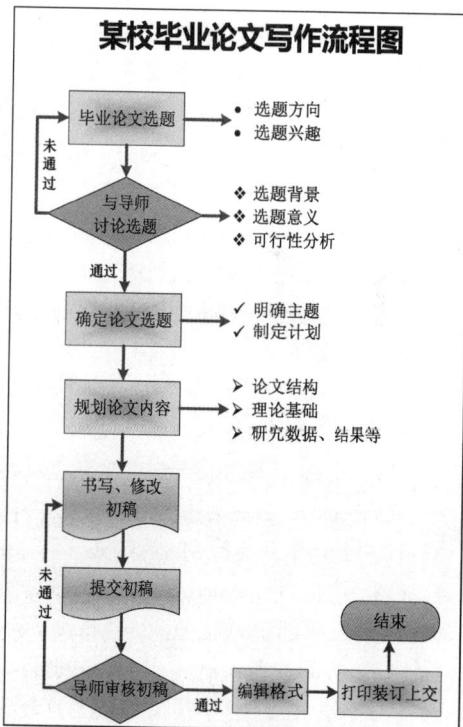

图 5-36　毕业论文写作流程图

< 107 >

第6章 网络信息检索

本章介绍 Internet 信息服务的使用，WinRAR 的下载、安装及使用，常用文献数据库的检索和使用。

学习指导

一、Internet 基本服务

作为国际性互联网，Internet 的出现给人类带来了巨大变化。Internet 上异彩纷呈的信息覆盖了社会生活的方方面面。Internet 所具有的强大服务功能吸引了众多用户，而且随着 Internet 的迅速发展，不断有新的服务出现。这里介绍一些常用的基本服务。

1. WWW 服务

World Wide Web 简称 WWW 或 Web，也称万维网，它是基于超文本方式、融合信息检索技术与超文本技术而形成的，使用简单而功能强大的全球信息系统，是 Internet 中发展最为迅速、公众化的服务。

WWW 浏览器是超文本信息的浏览器，它支持结构文本、图像和声音。用户通过 WWW 浏览器向 WWW 服务器发出请求和查询，WWW 服务器接受请求和查询后向浏览器传送 Web 页面，然后由浏览器发送用户信息并将服务器的 Web 页面信息显示在用户计算机的屏幕上。两者通信时，使用超文本传输协议（hypertext transfer protocol，HTTP）。

网页是 WWW 信息表示的主要形式，网页分布在 Internet 的众多主机上，利用 WWW 浏览器可以方便地对其进行浏览、检索和下载操作。网页是由一个或多个超文本文件组成的，它们之间通过超链接相连，它们的首页称为主页，是用户访问 WWW 主机默认看到的第一个超文本文件。每个网页都有全球唯一的统一资源定位符（uniform resource locator，URL）。

Microsoft Edge 是 Microsoft 公司 2015 年正式发布的浏览器，也是 Windows 10 操作系统自带的浏览器，已完全替代使用了 20 多年的 IE 浏览器。全新的 Microsoft Edge 是微软基于 Chromium 开源项目开发的全新浏览器，其拥有丰富的功能、支持跨平台安装使用等特点。Microsoft Edge 具有更好的兼容性，除了支持 Windows 7、Windows 8、Windows 8.1、Windows 10 外，还全面支持 MacOS、iOS 和 Android 等操作系统，这使多设备多平台之间的信息同步变得更加方便。Microsoft Edge 通过扩展插件，可以方便地获取更加实用的功能，如网页广告拦截、密码管理等，还能从 Microsoft Store 中选取并安装其他需要的功能。Microsoft Edge 的"沉浸式阅读器"开启了网页新的阅读模式。

用户需要浏览网页信息时，首先要在地址栏内输入浏览对象的地址，地址的表示形式可以是域名、IP 地址或文件的路径等，地址的输入格式必须按照 URL 的规定来设置。URL 由 4 个部分组成：通信协议、主机域名、路径和资源文件名。例如，"https://www.cumt.edu.cn/19834/list.htm"中，"https"是通信协议，表示客户端和服务器执行超文本传输协议，"www.cumt.

edu.cn"是主机域名，"/19834/"是路径，"list.htm"是资源文件名。

随着 Internet 的不断扩大，网络信息瞬息万变，快速、准确地获取自己需要的信息就显得越来越重要。搜索引擎就是网络为用户提供的用于查找信息的程序。搜索引擎周期性地在 Internet 上收集新的信息，并将其分类存储，这样就在搜索引擎所在的计算机上建立了一个不断更新的数据库。用户在搜索特定信息时，实际上是借助搜索引擎在这个数据库中查找信息，如百度搜索引擎。

查看 WWW 上的网页时会发现很多有用的信息，用户可以将它们保存下来，以方便日后查看，页面上的图片也可以单独保存下来。在浏览网页时，还可以随时对喜爱的网页进行收藏或与他人分享。

2. 文件传输

浏览 Web 页面，可以获得分布于世界各地的服务器上的多种信息资源，但并不是 Internet 上所有的资源都是以 Web 页面的形式组织起来的，还有很多共享软件、免费程序、学术文献等存放在专用 FTP 服务器上，这些资源就需要通过 FTP 服务获取。

文件传输协议（file transfer protocol，FTP）是 Internet 上用来传送文件的协议。它是为能够在 Internet 上传送文件而制定的文件传送标准，规定了 Internet 上文件该如何传送。通过 FTP，用户可以与 Internet 上的 FTP 服务器进行文件的上传（upload）或下载（download）等操作，实现信息资源的共享。

Internet 上很大一部分 FTP 服务器被称为匿名（anonymous）FTP 服务器。用户使用特殊的用户名和口令就可有限制地访问这类 FTP 服务器上公开的文件。虽然目前 WWW 服务已取代匿名 FTP 成为主要的信息查询方式，但是匿名 FTP 仍是 Internet 上传送文件的一种基本方法。

3. 电子邮件

电子邮件（E-mail）是 Internet 提供的最常用的服务之一。用户通过 Internet 可以和网上的任何人交换电子邮件。电子邮件具有以下几个特点。

① 发送速度快。在网络上发送一封邮件，通常只需很短的时间。

② 信息多样化。电子邮件发送的内容可以是文字、软件、数据、录音、动画和电影视频等各类多媒体信息。

③ 收发方便，高效可靠。发信人在任意时间、任意地点都可以通过网络上的邮件服务器发送电子邮件；收信人无论在什么时候，只要打开计算机登录邮箱，即可查看邮件。

用户需要拥有合法的电子邮件账号（邮箱地址），才能发送和接收电子邮件。邮箱地址需要从因特网服务提供方处申请，有收费和免费两种类型的账号，但都是唯一的。邮件服务器根据邮箱地址，将每封电子邮件传送到各个用户的邮箱中。一个完整的 E-mail 地址为邮箱名@邮箱所在的主机域名，如 computer_2023@126.com。

二、数据压缩软件 WinRAR 简介

从网络中下载的文件有很多是压缩文件，这些压缩文件必须经过解压缩才能被正常使用。在计算机中可以通过对数据进行压缩来减小其占用的存储空间。有时需要通过网络传送的文件比较多，这时可以通过压缩软件将多个文件压缩打包成一个文件，然后再进行传输，以减少上传下载的次数。

WinRAR 是一款功能强大的压缩软件，可用于备份数据，缩减电子邮件附件的大小，解压缩从 Internet 上下载的 RAR、ZIP 及 7-ZIP、ACE、ARJ、BZ2、CAB、GZip、ISO、JAR、LZH、TAR、UUE、XZ、Z 等多种格式的压缩文件，并且可以新建 RAR 及 ZIP 格式的压缩文件。

WinRAR 具有无须解压就可以在压缩文件内查找文件和字符串、进行压缩文件格式转换的功能，并具有历史记录和收藏夹功能，压缩率相当高，而且资源占用相对较少。

< 109 >

三、常用文献数据库和相关阅读软件简介

为满足高校广大师生查阅各种数字化文献的需要，我国建设了中国高等教育文献保障系统，它把国家的投资、现代图书馆理念、先进的技术手段以及高校丰富的文献资源和人力资源整合起来，实现资源的共建、共知和共享。比较常用的文献检索系统有中国知网数据库、万方数据知识服务平台、维普资讯中文期刊服务平台、超星数字图书馆等。从这些数据库或服务平台下载的文献通常有 CAJ 格式和 PDF 格式，而 CAJ 格式和 PDF 格式的文件一般需要专用的阅读软件，如 CAJViewer 软件和 Adobe Reader 软件。

1. 中国知网数据库

中国知网即中国国家知识基础设施（china national knowledge infrastructure，CNKI）。中国知网数据库又称中国知识资源总库，是以实现全社会知识资源传播共享与增值利用为目标的国家信息化建设重点项目。

CNKI 数据库主要包括中国期刊全文数据库、中国博士学位论文数据库、中国优秀硕士学位论文全文数据库、中国重要报纸全文数据库和中国重要会议论文全文数据库。CNKI 中国期刊全文数据库分为十大专辑：理工 A、理工 B、理工 C、农业、医药卫生、文史哲、政治军事与法律、教育与社会科学综合、电子技术及信息科学、经济与管理，十大专辑下有 168 个专题，是目前世界上最大的连续动态更新的中国期刊全文数据库。

2. 万方数据知识服务平台

万方数据知识服务平台是在原万方数据资源系统的基础上经过不断改进、创新而成的。万方数据资源系统的数据库有百余个，包括学术期刊、学位论文、会议论文、科技报告、标准、专利、科技成果、特种图书等各类信息资源，资源种类全、品质高、更新快，具有广泛的应用价值。万方数据知识服务平台还提供检索、多维知识浏览等多种人性化的信息揭示方式，以及知识脉络、查新咨询、论文相似性检测、引用通知等多元化增值服务。

3. 维普资讯中文期刊服务平台

维普资讯中文期刊服务平台由维普资讯有限公司出品，通过对国内出版发行的 15000 余种科技期刊、7300 万篇期刊全文进行内容分析和引文分析，为专业用户提供一站式文献服务。维普拥有中国科技查新领域使用最频繁的中文期刊全文数据库、国内规模最大的文摘和引文索引数据库，以及国内唯一的动态连续揭示科学发展趋势、提供科学研究绩效分析的文献计量工具。

4. 超星数字图书馆

超星数字图书馆是目前世界上最大的中文在线数字图书馆之一，提供大量的电子图书资源以供阅读，包括文学、经济、计算机等五十余大类、数百万册电子图书，数百万篇论文，文字总量超 13 亿余页，数据总量超 1 000 000GB。超星数字图书馆提供大量免费电子图书，超 16 万集学术视频，并且每天仍在不断地增加与更新。

5. CAJViewer 软件的使用

CAJViewer 软件即 CAJ 全文浏览器，是中国知网的专用全文格式浏览器，支持 TEB、CAJ、NH、KDH 和 PDF 格式文件，可在线阅读原文，也可以阅读下载后的文献全文，并且打印效果与原文效果一致。

6. Adobe Reader 软件的使用

PDF 是 Adobe 公司开发的电子文件格式。这种文件格式与操作系统平台无关，也就是说，.pdf 文

< 110 >

件不管是在 Windows、UNIX 还是在苹果公司的 macOS 操作系统中都可以正常使用。这一特点使它成为在 Internet 上进行电子文档发行和数字化信息传播的理想文档格式。

Adobe Reader 软件能够查看、打印和批注.pdf 文件。它是一款可以打开各种 PDF 内容（包括表单和多媒体）并与之交互的.pdf 文件查看程序。Adobe Reader 最大的优点在于它是由 Adobe 官方出品的，对.pdf 文件的兼容不会有任何问题；缺点则是无法使用 Adobe Reader 免费创建.pdf 文件。

实验

实验 6-1　Internet 信息服务的使用

一、实验目的

1. 掌握 Microsoft Edge 浏览器窗口的使用方法。
2. 掌握 Microsoft Edge 浏览器的基本设置方法。
3. 熟悉搜索引擎的使用方法。
4. 掌握电子邮件的申请和使用方法。

二、实验内容和步骤

1．Microsoft Edge 浏览器的窗口

（1）启动 Microsoft Edge 浏览器

开机启动 Windows 10 操作系统后，单击任务栏上的 Microsoft Edge 快捷方式 或者单击"开始"菜单里的"Microsoft Edge"，即可启动该浏览器。

（2）Microsoft Edge 窗口

在 Microsoft Edge 窗口的地址栏中输入网址即可打开要访问的网页，浏览网页上的信息。例如，只要在地址栏中输入"https://www.cumt.edu.cn"就可以进入中国矿业大学的官方首页，如图 6-1 所示。

图 6-1　Microsoft Edge 窗口

图 6-1 中 Microsoft Edge 窗口的主要组成部分如下。

① "新建标签页"按钮➕：单击该按钮则创建一个空白的标签页。

② 网页控制按钮：包括"返回"按钮←、"前进"按钮→、"刷新"按钮↻或"停止加载此页"

< 111 >

按钮×等。"返回"按钮和"前进"按钮分别用于返回前面浏览过的网页和前进到上一次"返回"之前的网页，"刷新"/"停止加载此页"按钮用于刷新当前网页/停止刷新当前网页。

③ Edge 功能区：包括"大声朗读此页面"按钮 $A^\flat$、"进入沉浸式阅读器"按钮 $\Box$、"将此页面添加到收藏夹"按钮 $\star$、"扩展"按钮 $\mathcal{G}$、"收藏夹"按钮 $\star$、"集锦"按钮 $\oplus$ 和"设置及其他"按钮 $\cdots$ 等。单击"大声朗读此页面"按钮，则可以朗读网页内容；单击"进入沉浸式阅读器"按钮，该按钮被点亮，表示当前网页按阅读视图显示，没有点亮，表示没有进入阅读视图，若没有该按钮，则表示阅读视图不可用于此网页；单击"将此页面添加到收藏夹"按钮，将当前网页添加到收藏夹；单击"扩展"按钮，可以安装需要的插件；单击"收藏夹"按钮，可以查看收藏夹中收藏的信息；单击"集锦"按钮，可以帮助用户记录和跟踪浏览网页时的行为，无论是收集的研究笔记、课程计划的笔记、一张图片、一篇文章，还是只是想从前面浏览过的某地方继续浏览，都可通过此按钮获得帮助；单击"设置及其他"按钮，打开菜单显示出更多的功能。

④ 地址栏：显示当前网页的 URL，通常在此处输入要访问的网页地址。地址栏有记忆功能。在地址栏输入网页地址时，通常不需要输入协议前缀"http://"，浏览器会自动补上。如果以前输入过某个地址，浏览器会记住这个地址，以后再次输入该地址时，输入前几个字符后，"自动完成"功能会检查保存过的地址，并将与已输入的几个字符相关的地址在"地址栏"下拉列表中列出来，供用户选择。若地址栏中输入"cumt"则将显示与"cumt"有关的信息列表，如图 6-2 所示，在列表中单击需要的选项（如果有的话），即可立即打开对应的页面。

图 6-2 地址栏输入"cumt"的界面

（3）阅读视图

阅读视图是 Microsoft Edge 的一项创新。用户要阅读文章或报道时，为了减少干扰，获得一个"清净"的阅读空间，可以单击"进入沉浸式阅读器"按钮将网页中与阅读主题无关的元素屏蔽掉。图 6-3 和图 6-4 所示分别是未进入"沉浸式阅读器"显示的网页和进入"沉浸式阅读器"显示的网页。对比图 6-3 中的网页，图 6-4 中的网页布局简洁，便于阅读。

Microsoft Edge 中的"沉浸式阅读器"不仅简化文本和图像的布局，还提供非常有用的学习和辅助功能工具，如朗读此页内容、文本首选项、阅读偏好等。在"沉浸式阅读器"模式的页面（见图 6-4）：单击"朗读此页内容"工具，进入大声朗读此页内容的状态；通过"文本首选项"工具，可以自定义文本大小、文字间距、字体、页面主题等，以适合自己的阅读习惯和增加页面文字的可读性；在"阅读偏好"工具中，可以将文本翻译成其他语言。

要恢复为原来的方式显示网页，只要单击"退出沉浸式阅读器"按钮即可。其中，"进入沉浸式阅读器"按钮（灰色的 $\Box$）和"退出沉浸式阅读器"按钮（蓝色的 $\Box$）是同一个按钮，是同一个按钮的两种显示状态。

< 112 >

图6-3　未进入"沉浸式阅读器"显示的网页

图6-4　进入"沉浸式阅读器"显示的网页

📖 说明

　　打开 Microsoft Edge 窗口时，只有以文本和图片为主的页面才能开启沉浸式阅读器，也可以选择页面中的部分内容，在鼠标右键的快捷菜单中选择"在沉浸式阅读器中打开所选内容"菜单项，进入阅读视图阅读选择的信息。

　　（4）收藏网页

　　与 IE 浏览器一样，Microsoft Edge 浏览器也能收藏网页，方便日后需要时再次快速打开。

　　需要收藏当前网页时，单击 Edge 功能区的"将此页面添加到收藏夹"按钮，如图 6-5 所示，然后单击"完成"按钮即完成网页的收藏。以文本和图片为主的网页可以用阅读视图显示，因此最好将这类网页添加到"阅读列表"中，以方便以后阅读。具体操作方法：单击如图 6-5 中"已添加到收藏夹"的"更多"按钮，打开如图 6-6 所示的"编辑收藏夹"窗口，在此窗中双击"其他收藏夹"，单击"阅读列表保存"，最后单击"保存"按钮，将收藏夹的页面添加到"阅读列表"收藏夹。

　　（5）Microsoft Edge 的更多操作

　　Microsoft Edge 中还有一些操作和设置。单击 Edge 功能区中的"设置及其他"按钮…，可打开"设置及其他"菜单，如图 6-7 所示。此菜单中 Microsoft Edge 的更多操作请读者自行练习。

< 113 >

图 6-5　添加页面到"收藏夹"

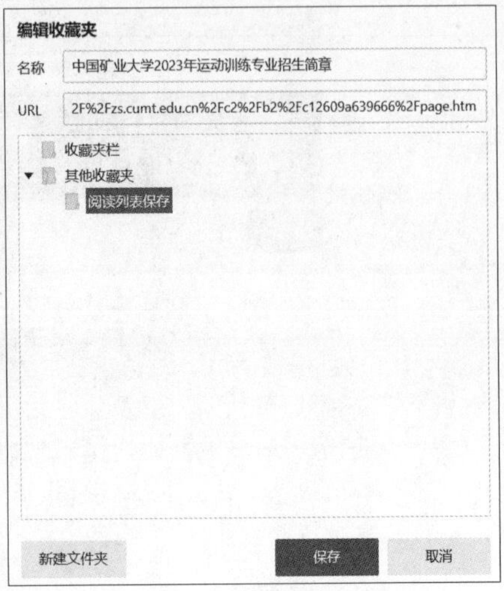

图 6-6　添加页面到"阅读列表"

图 6-7　Microsoft Edge 的"设置及其他"菜单

（6）保存网页

Microsoft Edge 提供直接保存网页的功能。如果要保存当前网页，可采用如下操作方法：在网页上单击鼠标右键打开如图 6-8 所示的快捷菜单，单击快捷菜单中的"另存为"命令，打开如图 6-9 所示"另存为"对话框；在此对话框中选择保存的位置，输入保存的文件名，再确定文件的保存类型，最后单击"保存"按钮，即可完成当前网页的保存。

图 6-8　页面的快捷菜单

< 114 >

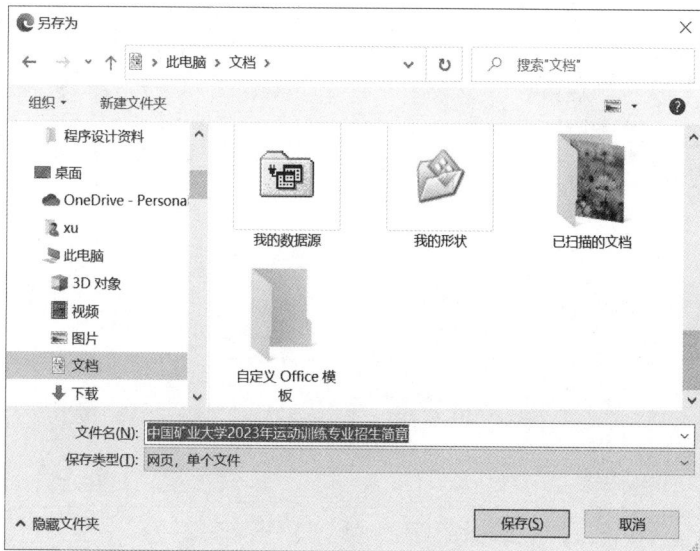

图 6-9　"另存为"对话框

"保存类型"下拉列表中有 3 种保存类型供选择。

① "网页，仅 HTML"：仅保存没有图形、声音或其他文件的当前 HTML 页。

② "网页，单个文件"：将所有信息保存为单个文件。

③ "网页，完成"：保存所有与该页面相关联的文件（包括采用原始格式的图形、边框及样式表）。

在 3 种保存类型中，使用较多的是"网页，完成"和"网页，单个文件"，二者的主要区别是，保存网页时是否将网页中的其他信息（如图片等）分开存放。

在 Microsoft Edge 中，可以将网页直接保存为 PDF 文件。其操作方法如下：单击图 6-8 中快捷菜单的"打印"命令，打开"打印"对话框，如图 6-10 所示；在此对话框中选择"打印机"下拉列表中的"另存为 PDF"，然后单击"保存"按钮，进入图 6-11 所示的"另存为"对话框；在对话框中选择保存的位置，输入保存的文件名，单击"保存"按钮，即完成将网页保存为 PDF 文件的操作。图 6-11 与图 6-9 的区别在于保存文件的类型不同。

图 6-10　"打印"对话框

< 115 >

图 6-11 "另存为" PDF 文件的对话框

（7）保存图片

如果要保存网页中的某个图片，则直接在图片上单击鼠标右键，然后在快捷菜单中单击"将图像另存为"命令，打开"另存为"对话框，完成后续的操作，实现网页中图片的保存。也可以在快捷菜单中单击"复制图像"命令将图像复制到剪贴板，然后用"粘贴"命令将图像粘贴到需要的位置。

（8）网页长截图

Microsoft Edge 还提供了"网页长截图"的功能，此功能不需要安装额外的软件。其操作方法如下：在图 6-8 所示的快捷菜单中或在图 6-7 所示的"设置及其他"菜单中单击"网页捕获"命令，进入捕获的界面，在此界面中可以选择"捕获区域"或"捕获整页"，若选择"捕获区域"，则鼠标变为"＋"字形，此时按住鼠标左键拖动鼠标，将需要捕获的信息框住，如图 6-12 所示。

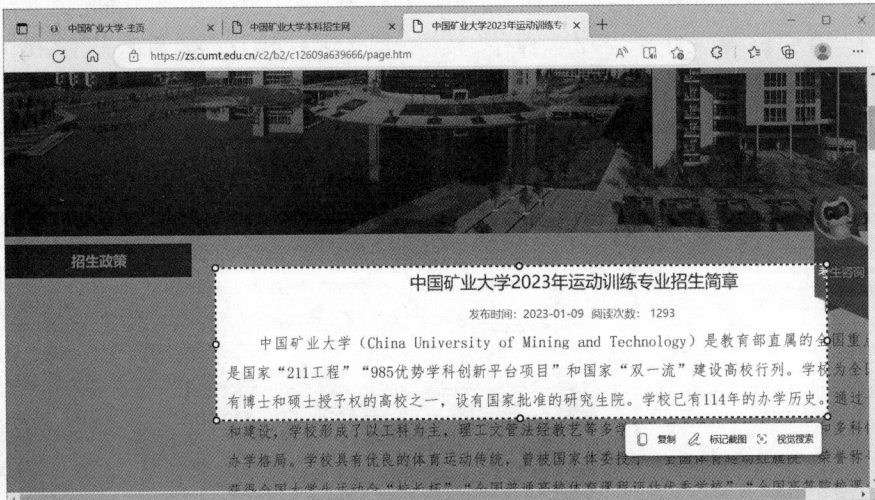

图 6-12 "捕获区域"的选择界面

按住鼠标左键框住一部分信息后，还可以通过拖动边框往下拉，此时页面也会自动往下滑，以便框住更多的信息，从而完成长图的截取。单击图 6-12 中文字选择框右下角的"复制"按钮，将框住的区域复制为图片；单击"标记截图"按钮，进入对所截的图做标记的页面，对需要的信息进行标记，如图 6-13 所示，最后单击窗口右上角的"复制"或"保存"按钮，将做有标记的截图复制到剪贴板或保存为文件。

< 116 >

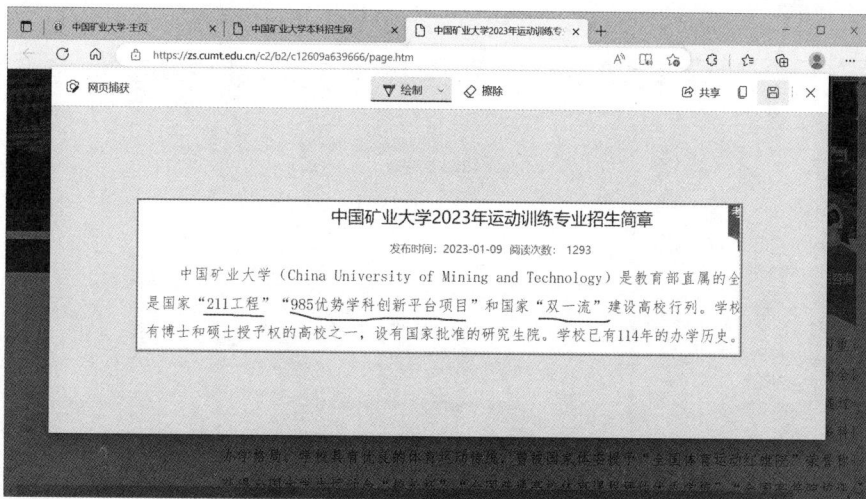

图 6-13　对截图做标记的页面

2．Microsoft Edge 浏览器的基本设置

（1）"设置"菜单

单击图 6-7 所示菜单中的"设置"命令，则在当前窗口显示"设置"窗口，如图 6-14 所示。通过此窗口可以对"个人资料""隐私、搜索和服务""外观""开始、主页和新建标签页"等进行基本设置。

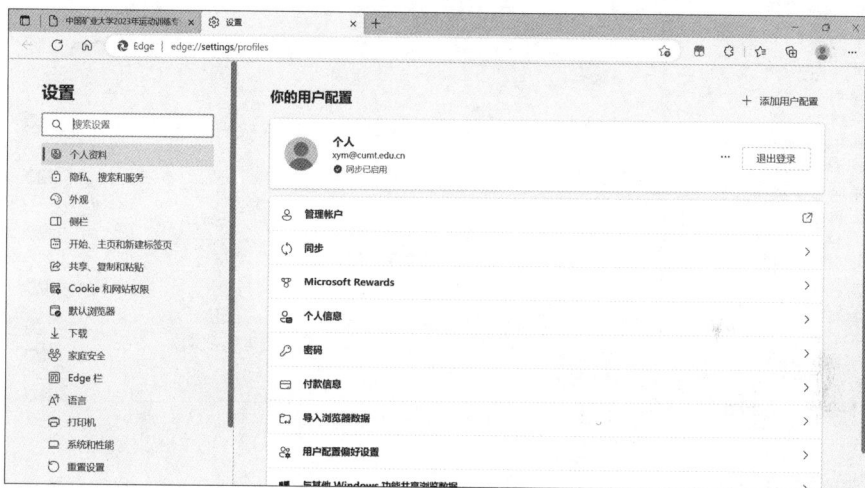

图 6-14　"设置"窗口

（2）浏览器主页的设置

浏览器主页即在打开浏览器的时候默认打开的页面。在如图 6-14 所示的"设置"窗口，单击左侧列表中的"开始、主页和新建标签页"选项，打开如图 6-15 所示的界面，在"Microsoft Edge 启动时"框中选中"打开以下页面"单选钮，单击"更多操作"按钮 ⋯ 进行编辑主页的地址。下次启动 Microsoft Edge 浏览器，将自动打开设置好的主页。

（3）历史记录同步

浏览器可以在所有已登录设备之间同步历史记录、收藏夹、密码和其他浏览器数据。其操作方法如下：在如图 6-14 所示的"设置"窗口，单击左侧列表中的"个人资料"选项，单击右侧列表中的"同步"选项，打开如图 6-16 所示的"设置-个人资料/同步"窗口。在此窗口中通过"开关"按钮设置需要同步历史记录的选项，对于不想同步历史记录，关闭其右侧的"开关"按钮即可。

< 117 >

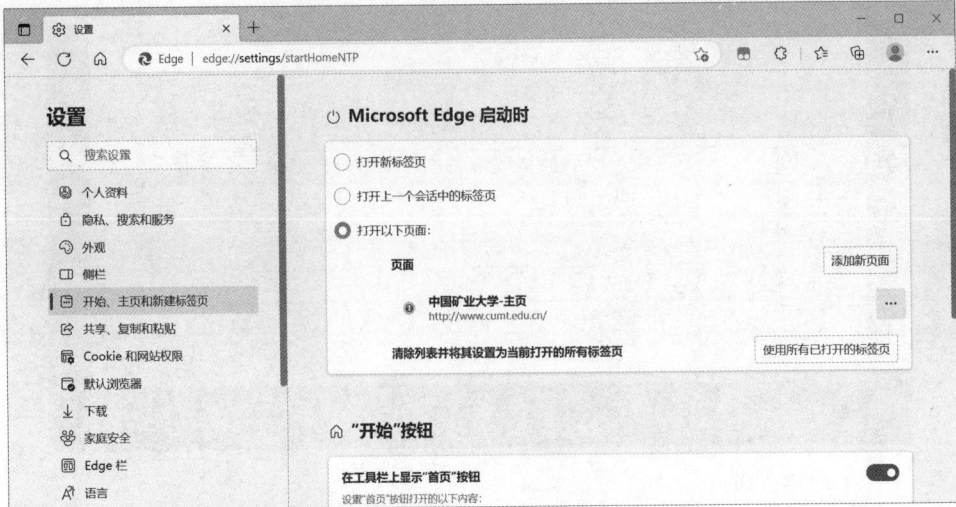

图6-15 "设置-开始、主页和新建标签页"窗口

图6-16 "设置-个人资料/同步"窗口

（4）删除浏览的历史记录

在浏览网页时，Microsoft Edge 浏览器有存储用户浏览过的信息的功能，包括浏览的历史记录、下载的历史记录、Cookie 和其他站点数据、缓存的图像和文件、自动填充表单数据和密码等。通常，将这些信息存储在计算机上可以提高 Web 浏览速度，并且不必多次重复键入相同的信息。但是，如果用户使用的是公用计算机，为了保护隐私，用户就需要定期清理这些临时文件和历史记录。

在图6-14 所示的"设置"窗口左侧的列表中单击"隐私、搜索和服务"选项，向下滚动右侧窗口，打开如图6-17 所示的"清除浏览数据"等信息的界面，单击"清除浏览数据"下的"立即清除浏览数据"右侧的"选择要清除的内容"按钮，打开如图6-18 所示的"清除浏览数据"的界面，选择需要清除的数据项，单击"立即清除"按钮即可删除相应的数据。也可以通过图6-17 中"清除浏览数据"下的"选择每次关闭浏览器时要清除的内容"链接打开"关闭时清除浏览数据"的界面，如图6-19 所示，通过"开关"按钮设置关闭浏览器时需要清除的数据项。

< 118 >

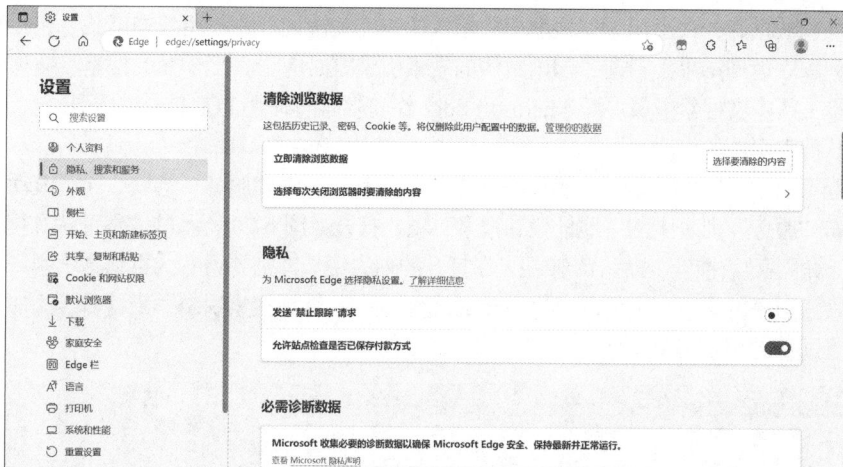

图 6-17　"设置-清除浏览数据"窗口

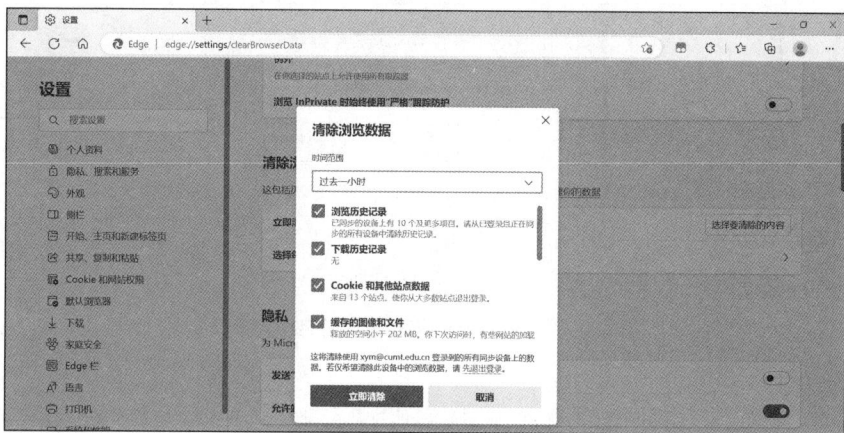

图 6-18　"清除浏览数据"窗口

图 6-19　"隐私、搜索和服务/关闭时清除浏览数据"窗口

3．搜索引擎的使用

Internet 上的信息浩如烟海，如何从大量、无序、繁杂的信息中快速准确地找到用户所需要的信息是非常重要的，搜索引擎就可以实现这个目标。搜索引擎先从互联网中提取各个网站的信息，经过整

< 119 >

理和组织建立起数据库，再由检索器根据用户输入的查询关键词检索与用户查询条件相匹配的记录，按一定的排列顺序返回结果。目前，国内常用的搜索引擎有必应、百度、360 搜索、搜狗等，其中，百度是全球最大的中文搜索引擎。而 Microsoft Edge 浏览器推荐使用的是必应搜索引擎。

（1）默认搜索引擎的修改

在图 6-14 所示的"设置"窗口左侧列表中单击"隐私、搜索和服务"选项，向下滚动右侧窗口到最底端，单击"服务"列表中的"地址栏和搜索"项，打开如图 6-20 所示的"地址栏和搜索"窗口。单击窗口右下角"必应(推荐，默认)"按钮，在打开的列表中选择需要设置为默认搜索引擎的选项，即可完成默认搜索引擎的修改。也可以通过图 6-20 最下面的"管理搜索引擎"来编辑、添加、删除搜索引擎以及设置默认的搜索引擎。

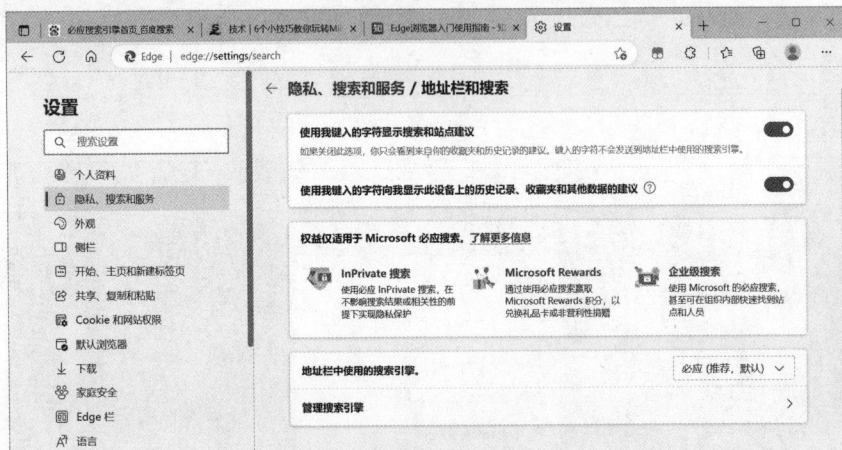

图 6-20 "隐私、搜索和服务/地址栏和搜索"窗口

（2）搜索引擎的使用

这里以百度为例。打开 Microsoft Edge 浏览器，在地址栏输入"www.baidu.com"，按 Enter 键，打开百度首页。在搜索文本框中输入"常用搜索引擎"，会自动出现相关的查询内容，如图 6-21 所示。单击"百度一下"按钮或按 Enter 键，搜索引擎就会把搜索到的结果以相关网站列表的形式显示出来，并且带有到源页面的链接，以及包含关键词的简短摘录。

在图 6-21 所示的搜索文本框中，将"常用搜索引擎"改为"2023 搜索引擎 排名"，单击"百度一下"按钮，得到图 6-22 所示的搜索结果，实现多关键词检索。

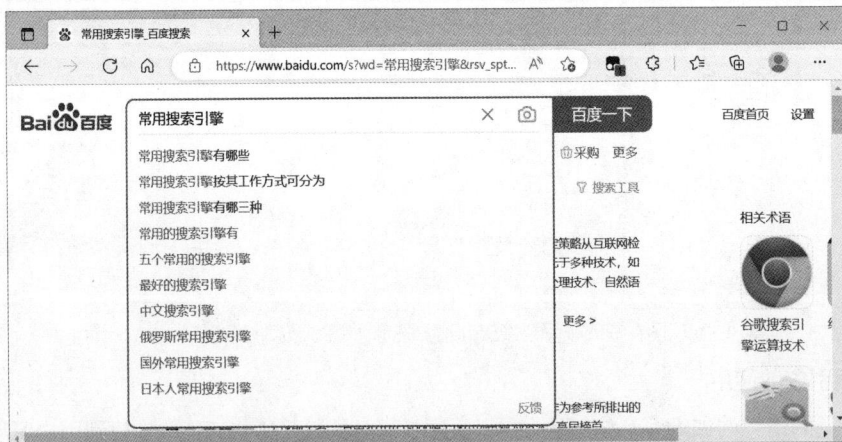

图 6-21 百度搜索"常用搜索引擎"

< 120 >

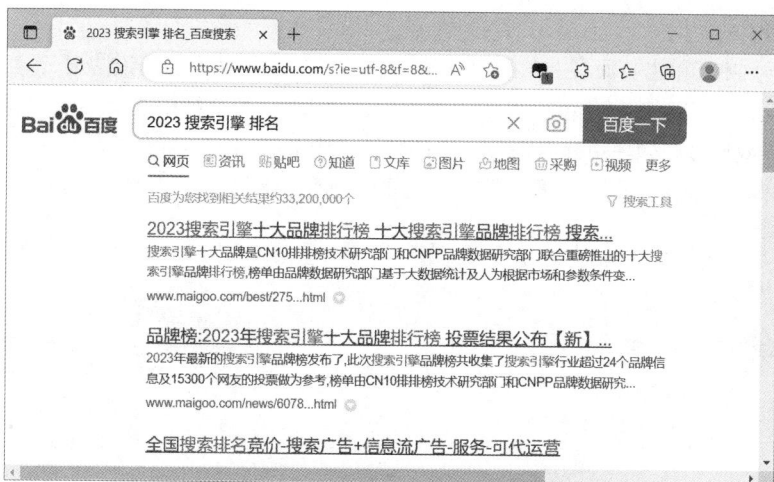

图 6-22 "2023 搜索引擎 排名"的搜索结果

在进行多关键词搜索时,也可以将关键词用"+"号连接,例如,将图 6-22 中的"2023 搜索引擎 排名"更改为"2023+搜索引擎+排名",则得到如图 6-23 所示的搜索结果。对比图 6-22 和图 6-23 的搜索结果看出,两种形式搜索结果的个数有差别。其实,关键词间用空格或用"+",都表示关键词之间是逻辑"与"的关系,搜索的结果与这几个关键词都有关系。读者可以查阅资料比较关键词之间用空格与用"+"分隔的细微差别。

图 6-23 "2023+搜索引擎+排名"的搜索结果

📖 说明

使用搜索引擎进行关键词搜索时,为了提高搜索的速度和准确性,可以借助一些符号。

① 双引号(""):给要查询的关键词加上双引号(半角的双引号,以下其他符号同为半角),可以实现精确查询。这种方法要求查询结果精确匹配,不包括演变形式。

② 加号(+):在关键词的前面使用加号,则查询结果中必须出现该关键词。

③ 减号(-):在关键词的前面使用减号,用于排除无关信息,这意味着在查询结果中不能出现该关键词。这种方法有利于缩小查询范围。

④ 通配符包括星号(*)和问号(?):前者匹配的字符数不受限制,后者匹配的字符数受到限制,主要用在英文搜索中。

< 121 >

（3）高级搜索的使用

在百度搜索页中，单击页面右上角的"设置"，在下拉列表中选择"高级搜索"，如图 6-24 所示。打开"高级搜索"页面，在该页面中可以对"搜索结果""时间""文档格式""关键词位置"和"站内搜索"进行设置或选择。如果想搜索最近一年内的网页中关于搜索引擎介绍的 PPT，则设置页面如图 6-25 所示。单击"高级搜索"按钮，即显示"高级搜索"的结果。

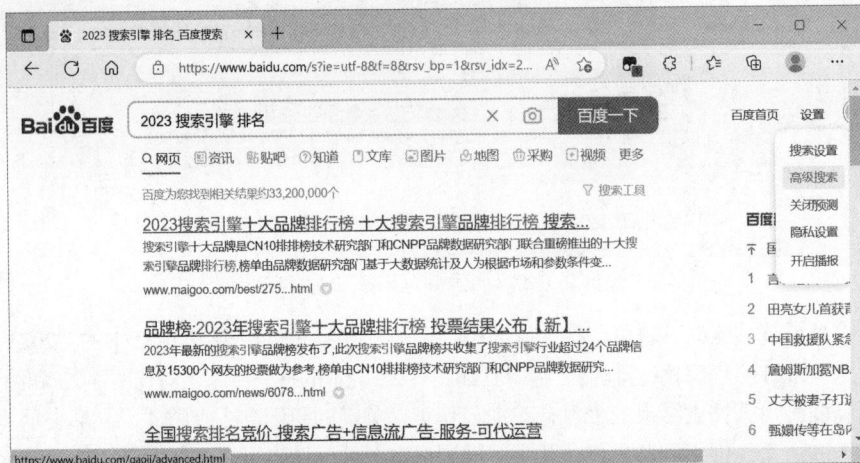

图 6-24　百度搜索页选择"高级搜索"

图 6-25　"高级搜索"设置页面

4．电子邮件的申请和使用

电子邮件（E-mail）服务是 Internet 所有信息服务中用户最多和接触面最广的服务之一。与传统邮件相比，电子邮件可以传递文字、图形、声音、视频等多种媒体信息。

网络用户要通过 Internet 发送和接收电子邮件，需要拥有一个邮箱地址，即电子邮件账号。这个地址可以向提供电子邮件服务的 ISP 申请。电子邮件账号由 3 个部分组成，其格式是"邮箱名@邮箱所在的主机域名"，如 computer_2023@126.com。computer_2023 是用户的邮箱名；@读作"at"，是分隔符；126.com 是邮箱所在的主机域名，即邮件服务器域名，用于标志邮箱所在的位置，其完整的域名是 mail.126.com。

（1）注册邮箱

打开 Internet 浏览器，在地址栏中输入"http://mail.126.com/"，即可打开 126 网易邮箱的注册/登录

< 122 >

页面。在页面中单击"注册新账号"链接，打开图 6-26 所示的邮箱注册页面。按照要求填写邮箱名等信息，单击"立即注册"按钮，完成注册。此处注册的邮箱地址是 computer_2023@126.com。

图 6-26　邮箱注册页面

（2）登录邮箱

有了邮箱地址，就可以登录该邮箱。打开 126 网易邮箱的登录页面，输入邮箱名（也叫作账号）和密码，如图 6-27 所示，单击"登录"按钮，进入邮箱，如图 6-28 所示。

图 6-27　邮箱登录页面

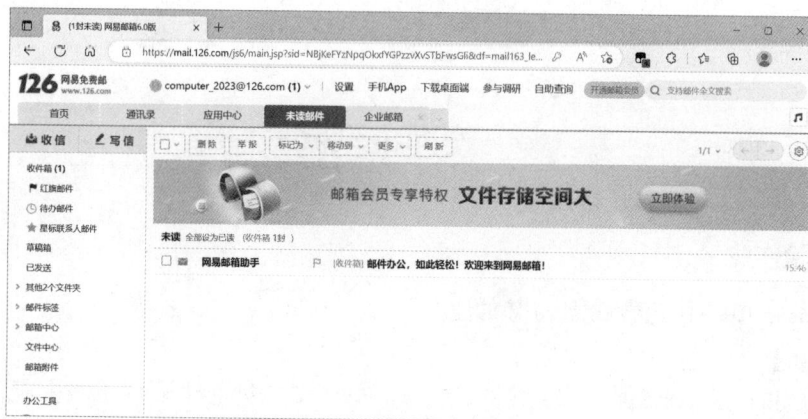

图 6-28　进入 126 邮箱

< 123 >

（3）书写和发送邮件

单击图 6-28 中左上角的"写信"按钮，打开图 6-29 所示的写邮件页面，输入收件人的邮箱地址、邮件的主题和内容，如果需要还可以通过"添加附件"链接选择要加载的文件，单击"发送"按钮，即完成邮件的书写和发送。

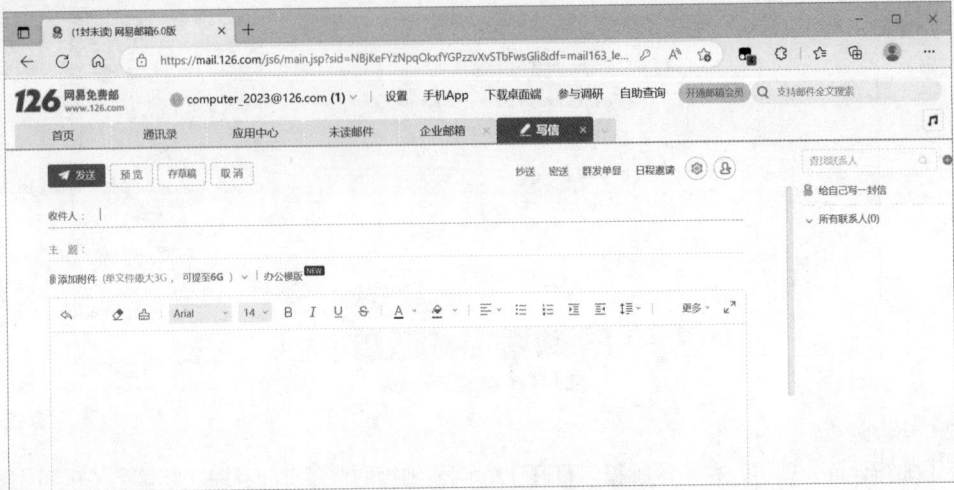

图 6-29　写邮件页面

（4）接收和阅读邮件

单击图 6-28 中的"收信"按钮，就可以看到"收件箱"中的邮件。单击邮件，进入阅读邮件页面，如图 6-30 所示。

图 6-30　阅读邮件页面

三、实验作业

1. Microsoft Edge 浏览器和搜索引擎的使用

【操作要求】

（1）将常用的网页添加到收藏夹，并将其中一个网页设置为浏览器主页；设置完成后，重新启动 Microsoft Edge 浏览器查看设置结果。

< 124 >

（2）在百度搜索引擎中，尝试使用半角的双引号（""）、加号（+）、减号（-）对你感兴趣的内容进行搜索，并比较搜索结果有何不同；借助搜索引擎搜索一幅关于国庆节的图片，要求图片的分辨率为 1280×800，将图片保存为"实验 6-1 国庆节图片.jpg"（在 U 盘或 E 盘根目录下新建"实验 6\下载信息"文件夹，保存的图片放到此文件夹下）。

（3）借助搜索引擎搜索"计算机硬件组装的视频"并观看，熟悉计算机硬件组成及其安装过程。

2．邮件的收发练习

【操作要求】

（1）申请一个免费邮箱或登录已经申请的免费邮箱，给同学或自己发送 1 封邮件，将"实验 6-1 国庆节图片.jpg"作为邮件的附件，邮件主题为"国庆节快乐"，邮件内容自定。

（2）回复自己收到的某一封邮件。

（3）把自己收到的某一封邮件转发给第三个人。

实验 6-2　WinRAR 的下载、安装及使用

一、实验目的

1. 练习 WinRAR 的下载和安装。
2. 掌握 WinRAR 压缩和解压缩的操作方法。

二、实验内容和步骤

1．搜索 WinRAR

使用必应搜索引擎搜索压缩软件 WinRAR，如图 6-31 所示。

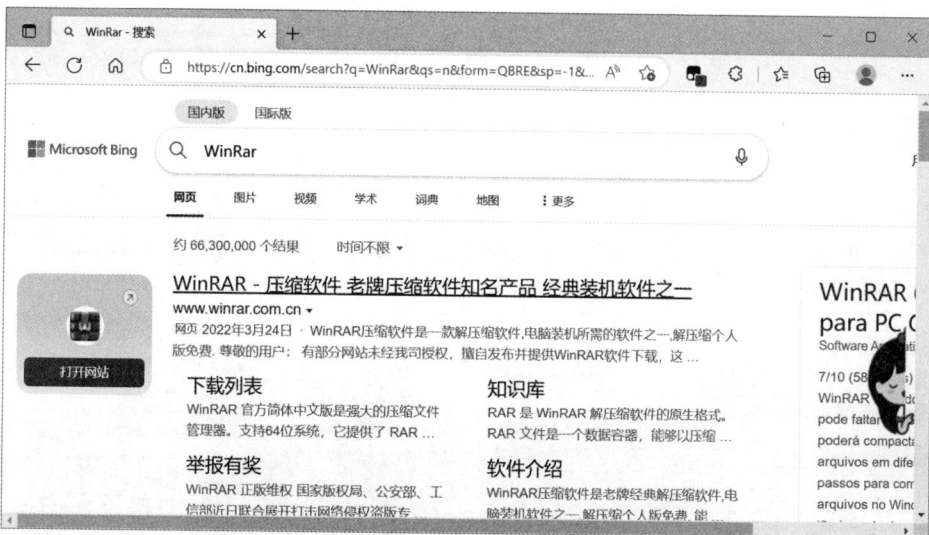

图 6-31　使用必应搜索引擎搜索 WinRAR 软件

2．下载 WinRAR

单击图 6-31 中的第一个搜索结果，进入选择下载的页面，如图 6-32 所示，单击下载的链接，例如，单击"64 位下载"，下载可能需要一小段时间，下载时间的长短与文件的大小和网速有关，下载完成的界面如图 6-33 所示。此时单击"打开文件"即可进入文件的打开和安装阶段，也可以单击"在文件夹中显示"图标，则到保存该文件的文件夹中显示下载的文件。

< 125 >

图 6-32　选择下载的页面

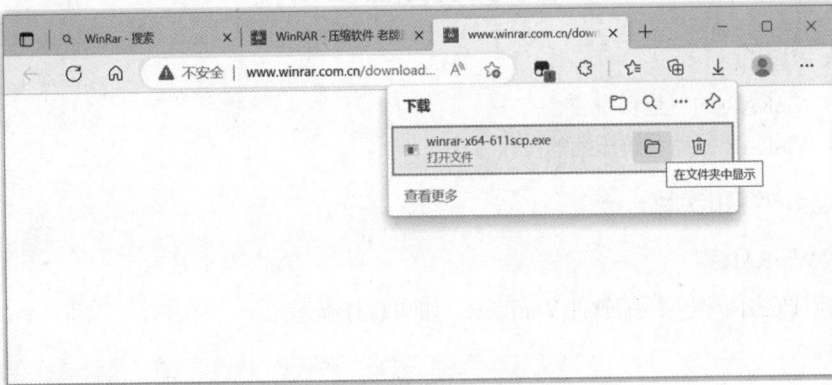

图 6-33　"下载"完成的界面

3. 安装 WinRAR 软件

双击下载的 WinRAR 文件，打开图 6-34 所示的安装界面，单击"安装"按钮，开始安装。安装过程中，弹出图 6-35 所示的"WinRAR 简体中文版安装"对话框，在该对话框中，可以设置 WinRAR 的关联文件、界面和与 Windows 的集成方式，一般采用默认选项，单击"确定"按钮，在后续的对话框中单击"完成"按钮即可。

图 6-34　WinRAR 软件的安装界面

图 6-35　WinRAR 安装参数配置

< 126 >

4．WinRAR 压缩软件的使用

（1）压缩文件或文件夹

在"文件资源管理器"窗口，选择需要压缩的文件夹或文件，例如，选择 D 盘根目录下的 ex1 文件夹和 ex2 文件夹，单击鼠标右键，在图 6-36 所示的快捷菜单中选择"添加到压缩文件..."，打开"压缩文件名和参数"对话框，如图 6-37 所示。在对话框中编辑压缩文件的文件名和保存的路径（单击"浏览"按钮），选择其他一些压缩参数，单击"确定"按钮，完成对 ex1 文件夹和 ex2 文件夹的压缩。也可以在图 6-36 所示的快捷菜单中选择"添加到 ex1.rar"，则直接在当前位置压缩出一个名为"ex1.rar"的文件。

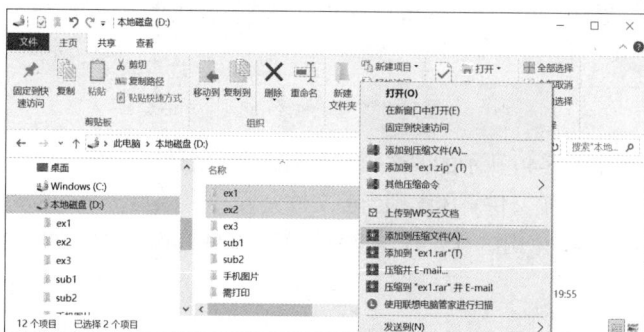

图 6-36　文件或文件夹的压缩选择

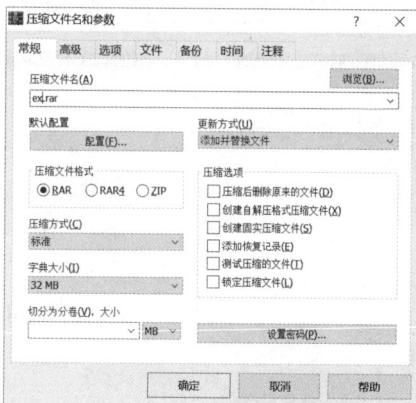

图 6-37　"压缩文件名和参数"对话框

（2）解压缩文件

如图 6-38 所示，右键单击要解压缩的文件，弹出的快捷菜单中有"用 WinRAR 打开""解压文件..."
"解压到当前文件夹""解压到 ex\" 4 个命令。

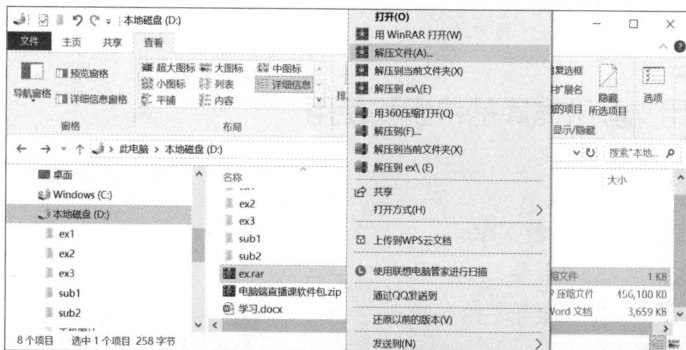

图 6-38　文件的解压缩选择

> 📖 **说明**
>
> "解压到 ex\"中"ex"与要解压缩的压缩文件同名。

① 单击"用 WinRAR 打开"命令，或直接双击压缩文件，弹出图 6-39 所示的解压缩窗口。单击工具栏上的"解压到"按钮，打开图 6-40 所示的"解压路径和选项"对话框。在该对话框中可以设置解压缩后的文件保存路径、更新方式、覆盖方式等。若采用默认设置，将自动创建一个与压缩文件同名的文件夹，并将文件解压缩到该文件夹下。如果只想将其中的某一个或几个文件解压缩，可以通过双击压缩文件查看其中的文件列表，选择要解压缩的文件，再单击"解压到"按钮，实现文件的解压缩。

< 127 >

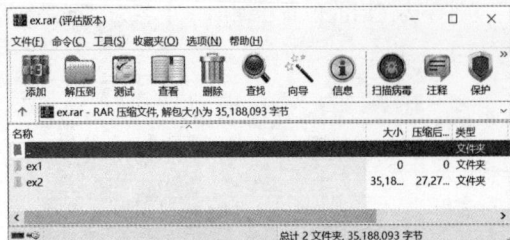

图 6-39　解压缩窗口

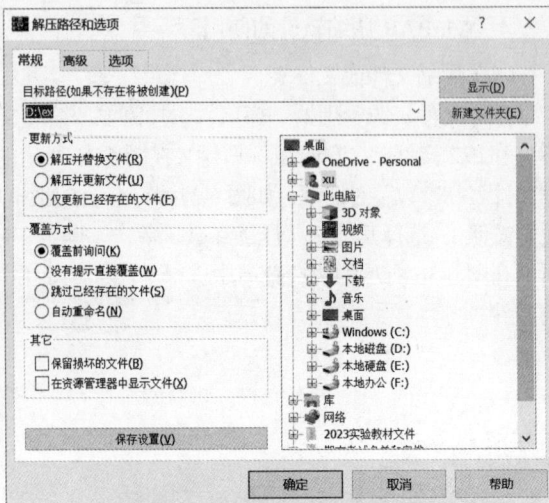

图 6-40　"解压路径和选项"对话框

② 单击"解压文件..."命令，则直接弹出图 6-40 所示的"解压路径和选项"对话框。

③ 单击"解压到当前文件夹"命令，则将压缩文件解压缩到当前文件夹下。

④ 单击"解压到 ex\"命令，WinRAR 会自动创建一个与压缩文件同名的文件夹 ex，并将文件解压缩到该文件夹下。

三、实验作业

WinRAR 软件的使用

【操作要求】

（1）下载 WinRAR 软件，完成安装。

（2）选择 D 盘上的一些文件和文件夹进行压缩操作；并对压缩后的文件进行解压缩操作，解压缩到 U 盘。

实验 6-3　常用文献数据库的检索和使用

一、实验目的

1. 熟悉中国知网（CNKI）数据库。
2. 了解万方数据知识服务平台。
3. 了解维普资讯中文期刊服务平台。
4. 了解超星数字图书馆。
5. 掌握 CAJViewer 软件的使用方法。
6. 掌握 Adobe Reader 软件的使用方法。

二、实验内容和步骤

1. 中国知网数据库

目前，全国各高校的图书馆都引进了中国知网数据库的电子资源。下面以中国矿业大学图书馆的电子资源为例进行文献的检索和使用。

（1）打开"中国知网"首页

在 Internet 浏览器中输入中国矿业大学图书馆的网址"http://lib.cumt.edu.cn"，进入图书馆首页，单

< 128 >

击"数据库导航"，打开"数据库导航"页面，在该页面中单击左侧的"中文数据库"，并向下拖动页面右侧的滚动条，则打开图 6-41 和图 6-42 所示的"中文数据库"页面。图 6-42 显示的是"中文数据库"中第 2 页的部分数据库信息。单击图 6-41 所示页面中的第 1 个数据库"中国知网（CNKI）"链接进入"中国知网"首页，如图 6-43 所示。

图 6-41　"中文数据库"页面一

图 6-42　"中文数据库"页面二

图 6-43　"中国知网"首页

< 129 >

（2）根据关键词进行文献检索

在图 6-43 所示的首页中，可以直接在检索文本框中输入检索关键词，如"移动互联网"，默认查找全部文献数据库，并对主题进行检索。单击"检索"按钮，可以看到检索结果页面，如图 6-44 所示。

图 6-44　中国知网检索"移动互联网"结果页面

（3）设置检索范围

图 6-44 中"移动互联网"的检索结果有 55 115 条，实际检索中用户可以进一步设置要查找的文献数据库（如期刊、博硕士论文、会议等）、检索项（如全文、篇名、主题、作者、作者单位、关键词等），还可以选择按"主题""学科""发表年度""研究层次"等进行分组浏览。

（4）下载相关文献

在图 6-44 所示的页面中，单击某一文献的题名（此处选择第 1 个文献），即可浏览所选文献的主要信息并可以下载，如图 6-45 所示，文献的下载方式有两种："CAJ 下载"和"PDF 下载"。选择"CAJ 下载"的文献通常需要使用 CAJViewer 软件打开，选择"PDF 下载"的文献通常需要使用 Adobe Reader 软件打开。这里单击"CAJ 下载"按钮，弹出下载对话框，将文件下载到"D:\ex2\file"文件夹。除了下载，知网还提供了"手机阅读""网页阅读"等阅读方式。

图 6-45　文献主要信息显示页面

（5）结果中检索

在图 6-44 中，"检索"按钮的右侧有"结果中检索"链接。"结果中检索"是指在第一次检索的基础上，在检索文本框中设置进一步的检索关键词，以缩小检索范围。在图 6-44 中设置检索项为"篇名"，检索关键词为"信息安全"，单击"结果中检索"，得到图 6-46 所示的检索结果，其检索结果有 288 条。

< 130 >

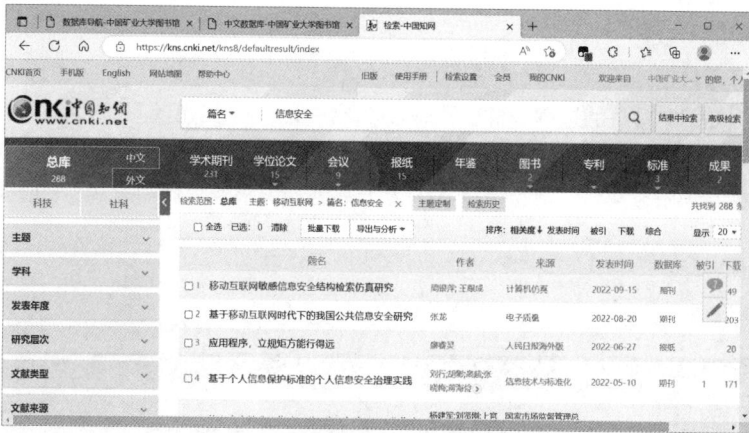

图 6-46 "结果中检索"的检索结果

（6）高级检索

在图 6-46 中，"检索"按钮的右侧有"高级检索"链接，单击该链接，在打开的页面上单击"学术期刊"，如图 6-47 所示，设置检索条件"主题"为"移动互联网"、"篇名"为"信息安全"，"时间范围"为 2020 年到 2022 年，单击"检索"按钮，在页面下方显示检索结果，如图 6-48 所示。

图 6-47 "中国知网"的"高级检索"设置检索条件页面

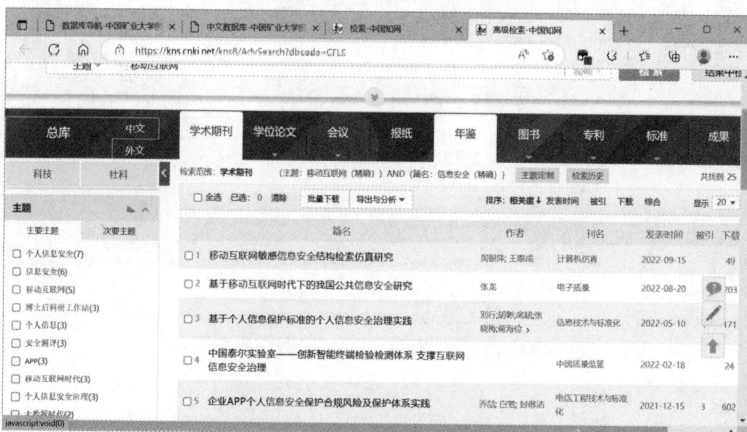

图 6-48 "高级检索"结果

< 131 >

2. 万方数据知识服务平台

（1）打开"万方数据知识服务平台"首页

与打开"中国知网"首页的过程一样，先进入中国矿业大学图书馆首页，单击"数据库导航"，打开"数据库导航"页面，在该页面中单击左侧的"中文数据库"，在如图 6-41 所示页面上单击第 2 个数据库"万方数据知识服务平台"链接，进入"万方数据知识服务平台"首页，如图 6-49 所示。

图 6-49　"万方数据知识服务平台"首页

（2）检索文献

在图 6-49 所示的首页中，在检索文本框的左边可以选择要检索的文献类型，包括期刊、学位、会议等，默认为"全部"。单击文本框，在弹出的列表中选择"题名"，输入检索关键词"移动互联网"，单击右侧的"检索"按钮，得到图 6-50 所示的检索结果页面。在该页面中还可以进一步设置题名、作者、关键词、发表的起始年和结束年，单击"结果中检索"进行二次检索。另外，可以对检索结果从不同的角度进行排序，如图 6-50 中采用的相关度排序，还可以选择按照出版时间、被引频次排序。

图 6-50　万方数据检索"移动互联网"结果页面

（3）高级检索

在图 6-50 的页面中，单击"检索"按钮右侧的"高级检索"链接，打开图 6-51 所示的"高级检索"

< 132 >

页面，在该页面上可以选择要检索的文献类型，如已选择的"期刊论文""学位论文"和"会议论文"，然后设置多个检索信息项，检索条件可以选择全部、主题、题名或关键词、题名、作者、作者单位、摘要等。

图 6-51 "高级检索"页面

3. 维普资讯中文期刊服务平台

（1）打开"维普资讯中文期刊服务平台"首页

在图 6-42 所示页面中单击"维普中文科技期刊"链接进入"维普资讯中文期刊服务平台"首页，如图 6-52 所示。

图 6-52 "维普资讯中文期刊服务平台"首页

（2）检索文献

在图 6-52 所示页面的检索项下拉列表中选择"题名"，在检索文本框中输入"移动互联网"，单击右侧的"检索"按钮，得到图 6-53 所示的检索结果页面，在该页面左侧可以进一步设置关键词、摘要、作者等检索项，输入检索词，单击"在结果中检索"或"在结果中去除"进行二次检索。另外，维普期刊提供检索结果的统计，如每一年的篇数。这些统计有利于用户进行更精确的检索。

（3）高级检索

在图 6-53 的页面中，单击"检索"按钮右侧的"高级检索"链接，打开如图 6-54 所示的"高级检索"页面，勾选页面下方要检索的期刊类型复选框，填写页面上需要检索的信息项，检索条件可以选择任意字段、题名或关键词、摘要、作者、第一作者、刊名等，同样可以设定检索的起止年份。

< 133 >

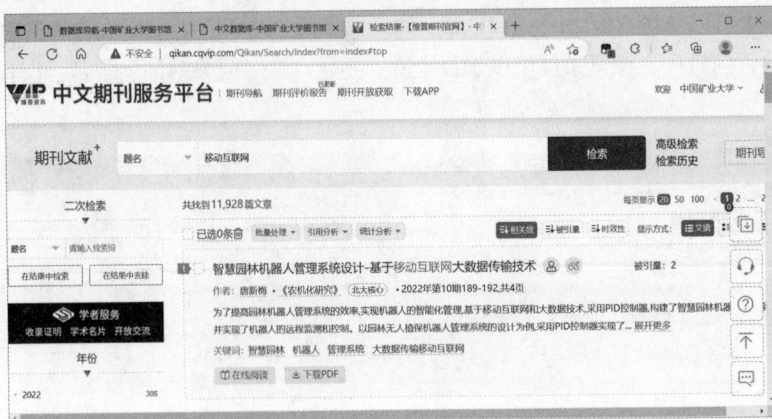

图 6-53   维普中文期刊检索"移动互联网"结果页面

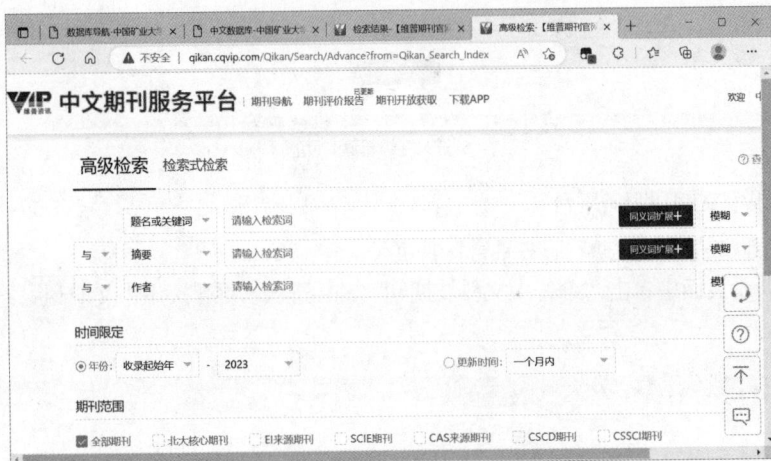

图 6-54   "高级检索"页面

4．超星数字图书馆

（1）打开"超星数字图书馆"首页

与打开"中国知网"首页的过程一样，先进入中国矿业大学图书馆首页，单击"数据库导航"，打开"数据库导航"页面如图 6-41 所示，在该页面中单击左侧的"电子图书"，打开图 6-55 所示的"电子图书"页面。单击"超星数字图书馆"链接，进入"超星数字图书馆"首页，如图 6-56 所示。

图 6-55   "电子图书"页面

< 134 >

图 6-56　"超星数字图书馆"首页

（2）检索图书

在图 6-56 中的检索文本框中输入检索关键词，如"云计算"，默认查找书名，单击"检索"按钮，可以看到检索结果页面，如图 6-57 所示。此外，还可以选择"作者""目录""全文检索"等项进行检索。

图 6-57　"超星"检索结果页面

（3）在线阅读图书

在图 6-57 所示的检索结果中，单击"阅读"按钮，进入阅读对应图书的页面，若阅读"云计算"这本书，则打开如图 6-58 所示的阅读页面，该页面提供了"目录"按钮 ☰ 、"设置"按钮 ⚙ 、"上一页"按钮 ‹ 、"下一页"按钮 › ，方便用户查看目录、设置主题颜色、正文字体及字体大小和翻页阅读。

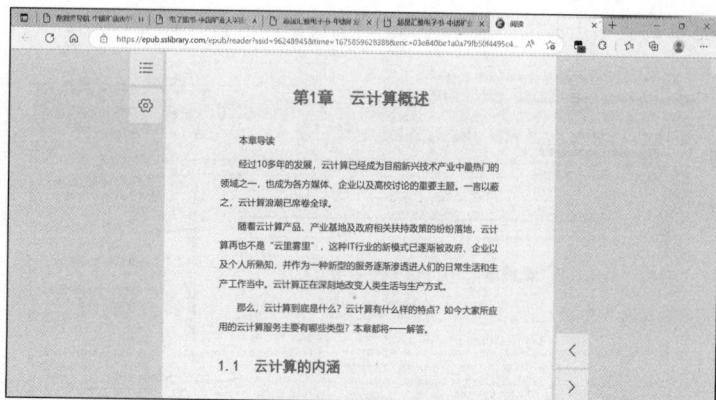

图 6-58　图书阅读页面

< 135 >

（4）下载和安装超星阅读器

单击图 6-56 或图 6-57 所示页面上的"客户端下载"链接，打开图 6-59 所示的"客户端下载"页面，单击"立即下载"按钮，打开下载对话框，将超星阅读器的安装软件下载到"D:\sub1\download1"文件夹，并进行安装。

图 6-59 "客户端下载"页面

（5）使用超星阅读器阅读图书

使用"超星阅读器"阅读图书，需要先登录。如无账号，点击注册按钮，按照流程注册账号登录即可。登录后单击如图 6-57 所示检索结果页面中的"下载本书"，即可将对应的图书下载到电脑，然后在阅读器中阅读即可。如下载了"云计算安全技术"这本书，则打开如图 6-60 所示的阅读窗口。

"超星阅读器"窗口给读者提供了简单的工具，如"文字识别"工具、"标注绘制"工具等。通过使用这些工具，可以方便读者在阅读过程中对文字进行识别和提取、对阅读的内容作标注。

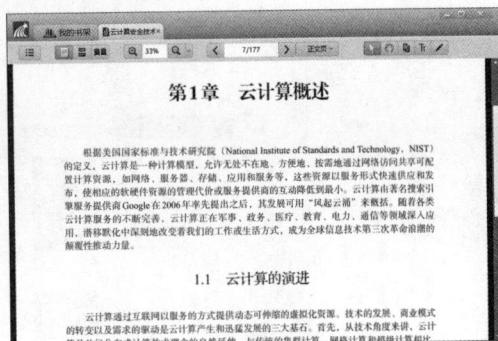

图 6-60 使用超星阅读器阅读图书

5．CAJViewer 软件的使用

下载和安装 CAJViewer 软件的方法与压缩软件 WinRAR 类似，请读者自行完成 CAJViewer 的下载和安装。这里使用的版本是 CAJViewer 7.2。

（1）使用 CAJViewer 软件打开文献

双击 D:\ex2\file 文件夹中下载的扩展名为.caj 的文件，即可打开 CAJViewer 窗口，如图 6-61 所示。

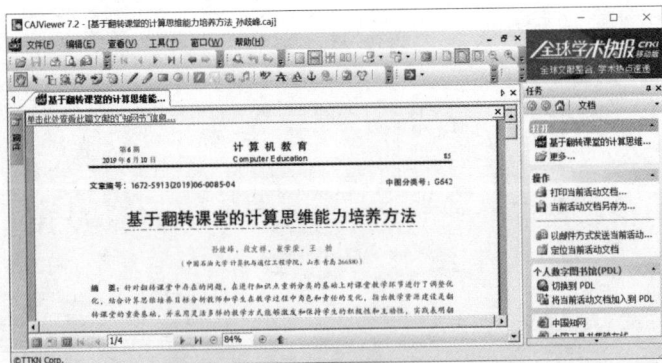

图 6-61 CAJViewer 软件的应用程序窗口

< 136 >

同 Windows 的其他应用程序窗口类似，CAJViewer 窗口包括标题栏、菜单栏、工具栏和主页面（屏幕中间最大的区域，显示的是文献中的实际内容）。CAJViewer 窗口中可以同时打开多个文献。在该应用程序窗口中，可以通过单击"文件"→"打开"命令，从"打开文件"对话框中找到要打开的文献。

（2）浏览和阅读文献

默认情况下，在 CAJViewer 窗口的主页面中，鼠标指针呈手形，此时可以随意拖动页面。另外，执行"查看"→"全屏"命令，当前主页面将全屏显示；执行"查看"→"放大"命令或者单击"布局"工具栏中的"放大"按钮，鼠标指针呈放大镜形，每单击一次主页面，显示比率将增加 20%，"缩小"则相反。

（3）标注文献

CAJViewer 窗口中的"选择"工具栏提供了很多工具用于标注文献，执行"查看"→"工具栏"→"选择"命令，可以打开或关闭"选择"工具栏。利用"选择"工具栏上的工具，如"注释工具""矩形工具""椭圆工具""高亮""删除线"等可对文献进行标注。请读者自行练习使用"选择"工具栏上的工具。

（4）文字识别

执行"工具"→"文字识别"命令或单击"选择"工具栏上的"文字识别"按钮，鼠标指针呈十字形，在要选择的文字区域拖曳鼠标，CAJViewer 会自动对这一区域的文字进行识别，识别结果将显示在"文字识别结果"对话框中，如图 6-62 所示，在该对话框中可以对识别结果进行修改（如果识别有错误）。识别的结果可以复制到剪贴板，在需要的地方进行粘贴，也可以发送到 WPS 或 Word 文档。当然也可以直接用鼠标拖曳的方式来选择文本进行复制，先单击"选择"工具栏上的"选择文本"按钮，此时鼠标指针呈 I 型，移动鼠标指针到需要选择的文字位置，拖曳鼠标选中需要的文字，单击右键，在快捷菜单中单击"复制"命令，即可将选中的文字复制到剪贴板。

（5）打印设置

CAJViewer 也可以进行打印，其操作方法与 Word 类似。执行"文件"→"打印预览"命令或单击工具栏上的"打印预览"按钮，打开文献打印预览窗口，在该窗口中单击"设置"按钮，弹出"打印设置"对话框（或单击"文件"→"打印"命令直接打开"打印"对话框），可以指定打印机、打印范围、打印内容、打印份数等，如图 6-63 所示。单击"确定"按钮，即可开始打印。

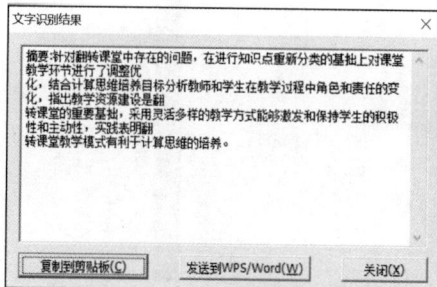

图 6-62　"文字识别结果"对话框　　　　图 6-63　"打印设置"对话框

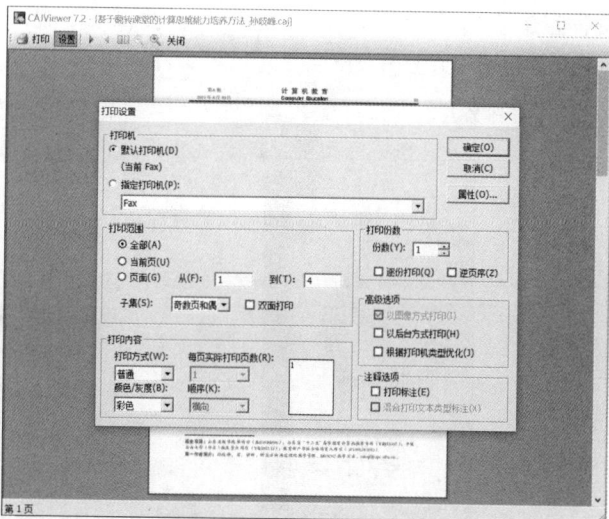

6．Adobe Reader 软件的使用

请读者自行完成 Adobe Reader 的下载和安装。

< 137 >

（1）使用 Adobe Reader 软件打开 PDF 文件

直接双击 D:\ex2\file 文件夹（或其他保存 PDF 文件的文件夹）中扩展名为.pdf 的文件，即可打开 Adobe Reader 窗口，如图 6-64 所示。

Adobe Reader 窗口布局简洁明了，由标题栏、菜单栏、工具栏和主工作区组成，其中，工具栏右侧有"注释"按钮和"共享"按钮，用于打开相应的工作面板进行操作，主工作区的左侧有两个按钮，用于打开"页面缩略图"和"附件"工作面板。在窗口中，可以通过单击"文件"→"打开"命令，从"打开"对话框中找到要打开的文件。

图 6-64　Adobe Reader 窗口

📖 **说明**

不同的 Adobe Reader 版本，其窗口的布局会稍有不同。

（2）使用页面缩略图快速导航

单击页面左侧的"页面缩略图"按钮 🔲，打开"页面缩略图"工作面板，如图 6-65 所示。在"页面缩略图"工作面板中显示所有 PDF 页面的缩略图，允许用户使用页面缩略图快速跳至选定的页面和调整页面视图，方便用户快速浏览 PDF 文件。

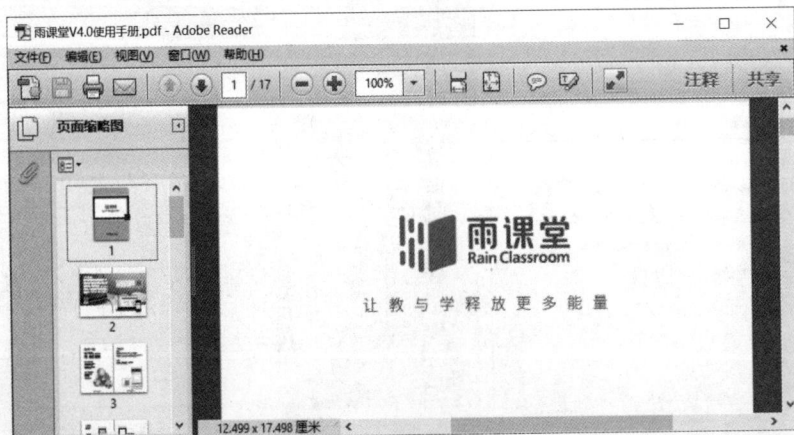

图 6-65　打开"页面缩略图"工作面板

（3）为 PDF 文件添加注释

单击工具栏右侧的"注释"按钮，打开"注释"工作面板，面板中有"批注"和"注释列表"两

< 138 >

个列表，如图 6-66 所示。通过"批注"列表中的"附注"和"高亮文本"可实现书写注释和突出显示文本。

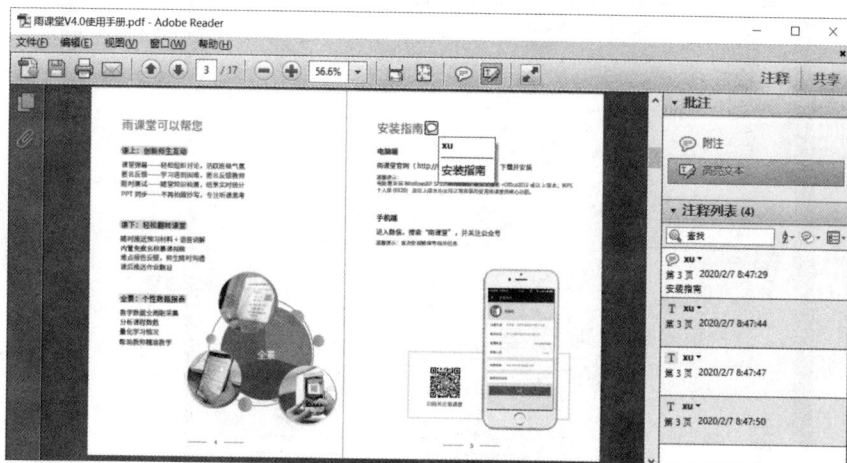

图 6-66　添加了注释的 PDF 文件

（4）复制 PDF 文件中的内容

① 复制 PDF 文件中的文本或图像。当鼠标指针呈 I 状时，拖曳鼠标可以选择文本；当鼠标指针呈 ┼ 状时，单击可以选择图像。选中要复制的文本或图像后，右键单击选定的内容，在弹出的快捷菜单中单击"复制"，选定内容复制到剪贴板，可以将其粘贴到其他应用程序中。

② 复制整个 PDF 文件。执行"编辑"→"复制文件到剪贴板"命令，可以将整个 PDF 文件的内容复制到剪贴板。

③ 复制 PDF 文件中的区域。执行"编辑"→"拍快照"命令，拖曳鼠标画出一个矩形框，框住要复制的区域，然后松开鼠标左键，弹出"选定的区域已被复制"对话框，单击"确定"按钮，"快照"工具将区域复制为图像，可以将其粘贴到其他应用程序中。按 Esc 键可以退出"快照"模式。

对于 PDF 文件，除了用 Adobe Reader 进行阅读，也可以直接用 Microsoft Edge 浏览器来阅读，如图 6-67 所示。用 Edge 工具栏里的"绘制" ∀ 、"突出显示" ∀ 等工具可以对 PDF 文档作简要的标注。

图 6-67　用 Microsoft Edge 浏览器阅读 PDF 文件

另外，还可以用超星阅读器等其他的软件进行阅读，如图 6-68 所示是用超星阅读器打开 PDF 文件的窗口，同样在此窗口中可以对打开的文件进行文字识别、复制和标注绘制等操作。

< 139 >

图 6-68　超星阅读器打开 PDF 文件的窗口

三、实验作业

1．练习常用文献数据库的检索和使用

【操作要求】

（1）在 U 盘或 E 盘根目录下新建"实验 6\参考文献"文件夹。

（2）从"中国知网（CNKI）"下载与所学专业相关的某一研究领域的文献，保存到"实验 6\参考文献"文件夹中。

（3）从"万方数据知识服务平台"下载与所学专业相关的某一研究领域的文献，保存到"实验 6\参考文献"文件夹中；了解该平台提供的知识脉络分析、学术统计分析、专利检索等特色服务。

（4）从"维普资讯中文期刊服务平台"下载与所学专业相关的某一研究领域的文献，保存到"实验 6\参考文献"文件夹中。

（5）从"超星数字图书馆"检索感兴趣的图书进行在线阅读；下载并安装超星阅读器，从"超星数字图书馆"检索感兴趣的图书进行离线阅读。

（6）对"实验 6\参考文献"文件夹中下载的所有文献进行压缩，打包为"参考文献.rar"。

2．练习 CAJViewer 软件和 Adobe Reader 软件的使用

【操作要求】

（1）下载这两款软件，并进行安装。

（2）从"实验 6\参考文献"文件夹中选择一篇 CAJ 格式文献，使用 CAJViewer 软件对该文献进行阅读并做适当的标注，选择部分你感兴趣的内容复制到 Word 文档，将该文档保存到"实验 6"文件夹，文件命名为"实验 6-3 使用 CAJViewer 软件阅读和管理文献.docx"。

（3）从"实验 6\参考文献"文件夹中选择一篇 PDF 格式文献，使用 Adobe Reader 软件对该文献进行阅读并做适当的标注，选择部分你感兴趣的内容，使用多种复制方式将所选内容复制到 Word 文档，将该文档保存到"实验 6"文件夹，文件命名为"实验 6-3 使用 Adobe Reader 软件阅读和管理文献.docx"。

（4）从网上搜索可以用于创建、阅读 PDF 文件的其他常用软件（如 Adobe Acrobat），下载安装，并通过搜索相关教程或使用指南，学习其使用方法。

< 140 >

第*7*章　算法设计

算法就是为解决某个问题而采用的一组明确的、有一定顺序的步骤。本章通过 Raptor 软件来设计实际问题的算法流程。

学习指导

一、Raptor 安装

Raptor 是一款免费的软件，可以从 Raptor 官方网站获取。从网站下载安装文件 raptor2019.msi，双击运行该文件，然后按提示选择默认选项完成安装。安装完成后，运行 Raptor 软件。Raptor 的界面主要包含两部分：程序设计界面（Raptor）和主控制台界面（MasterConsole），分别如图 7-1 和图 7-2 所示。

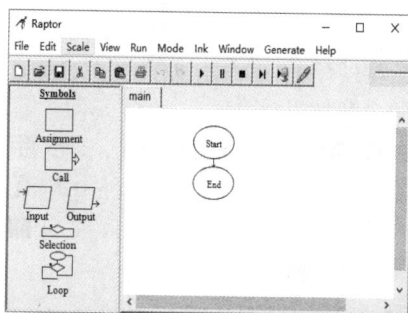

图 7-1　程序设计界面

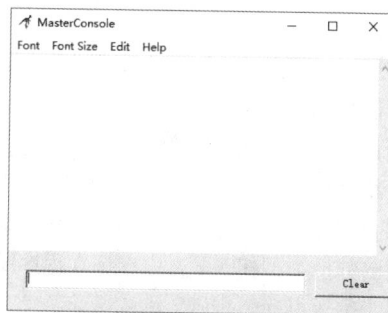

图 7-2　主控制台界面

程序设计界面主要用来进行算法流程的设计，而主控制台界面用于显示程序的运行结果和错误信息等。

二、Raptor 简介

1. Raptor 基本符号

Raptor 用一组相互连接的符号表示要执行的一系列操作，符号间的连接箭头用于确定所有操作的执行顺序。Raptor 程序执行时，从 Start 符号起步，并按照箭头所指方向执行操作，执行到 End 符号时停止。Raptor 程序的初始状态为只有 Start 符号和 End 符号。在 Start 符号和 End 符号之间插入一系列 Raptor 符号，就可以创建出有意义的 Raptor 程序，其中 Raptor 符号与程序设计语言中的语句所起的作用相对应。

Raptor 有 6 种符号：Input、Assignment、Call、Output、Selection、Loop。每种符号代表一个独特的指令类型。Raptor 符号的功能说明如表 7-1 所示。

表 7-1　Raptor 符号的功能说明

目的	符号	名称	功能说明
输入		Input 输入语句	用户输入数据，将数据赋值给变量
赋值		Assignment 赋值语句	给变量赋值
调用		Call 过程调用	执行一个过程，该过程包含很多语句
输出		Output 输出语句	显示变量的值，也可将变量的值保存到文件中
选择		Selection 选择语句	根据给定条件执行某分支
循环		Loop 循环语句	当循环条件为假时，执行循环体语句；当循环条件为真时，退出循环

为了照顾程序设计初学者，Raptor 的一些特殊设计与传统流程图有差异。需要注意的是，Raptor 流程图中循环条件出口的两个方向（Yes/No）与传统流程图相反：在 Raptor 流程图中当循环条件为假时，执行循环体语句；而当循环条件为真时，退出循环。

2. 基本概念

（1）变量

在程序运行过程中其值可以改变的量称为变量。变量具有数据类型、变量名和变量值 3 个属性。变量用于存储数据，程序运行期间其值可以被改变。每个变量都必须有一个名字，即变量名。程序中定义一个变量，即表示在内存中拥有了一个可供使用的存储单元，用来存放数据，即变量值，变量名则是编程者给该存储单元起的名称。程序运行期间，变量值存储在内存中。从变量中取值，实际上是根据变量名找到相应的内存地址，进而从该存储单元中读取数据。在定义变量时，变量的数据类型必须与其存储的数据类型相匹配，以保证在程序中变量能够被正确使用。

变量名必须遵循命名规则，即由数字、字母和下画线组成，并且第一个字符必须是字母，例如，sum、day、r 都是合法的变量名。

给变量命名时，应尽量做到"见名知义"。建议选择能表示数据含义的英文单词或单词缩写作为变量名，以提高程序的可读性，例如，name 表示姓名，sex 表示性别，age 表示年龄。变量名不允许使用编程语言的关键字。

变量的初值决定了该变量的数据类型，可以是实数，如 25、3.8、-7.2；可以是字符串，即用双引号（英文的双引号）括起来的一串字符，如"China"、"Hello"；也可以是字符，即用单引号（英文的单引号）括起来的一个字符，如'A'、'?'。

（2）常量

在程序运行过程中其值不能改变的量称为常量。Raptor 定义了以下常量：pi（圆周率）定义为 3.1416，e（自然对数函数的底）定义为 2.7183，True/Yes（布尔值：真）定义为 1，False/No（布尔值：假）定义为 0。

📖 说明

　　常量名、变量名、数组名、运算符等在 Raptor 流程图中书写时均不区分大小写。

< 142 >

（3）数组

数组是有序数据的集合，每个数组都要有名字，如 a、b 等，称为数组名。数组中数据元素的个数（数组的大小）可根据需要确定，数组元素的下标规定从 1 开始，例如，a[1],a[2],…为数组 a 的数组元素。

在 Raptor 中，可以直接通过输入语句和赋值语句给数组元素赋值，数组的大小由赋值语句中给定的最大元素下标决定。例如，第一次把 4 赋值给数组元素 a[6]（即 a[6]←4），则一维数组的大小为 6，其他数组元素的值初始化为 0，如图 7-3 所示。

第二次把 6 赋值给数组元素 a[8]（即 a[8]←6），则一维数组的大小变成了 8，数组元素的值如图 7-4 所示。

a[1]	a[2]	a[3]	a[4]	a[5]	a[6]
0	0	0	0	0	4

图 7-3　第一次给数组 a 赋值的结果

a[1]	a[2]	a[3]	a[4]	a[5]	a[6]	a[7]	a[8]
0	0	0	0	0	4	0	6

图 7-4　第二次给数组 a 赋值的结果

在 Raptor 中，一维数组可以在算法运行中动态增加数组元素。Raptor 的数组使用非常灵活，并不强制每个数组元素具有相同的数据类型。

3．运算符和表达式

运算是对数据进行加工的过程，描述各种操作的符号称为运算符。Raptor 运算符如表 7-2 所示。

表 7-2　Raptor 运算符

类别	运算符
算术运算符	+、–、*、/、^或**、mod(%)或 rem
关系运算符	>、>=、<、<=、=或==、!=或/=
逻辑运算符	and、or、xor、not

（1）算术运算符和算术表达式

Raptor 中有 6 种基本的算术运算符。

- +：加法运算符。例如，1+2，3+5。
- –：减法运算符。例如，2–1，5–2。
- *：乘法运算符。例如，3*5。
- /：除法运算符。例如，2/4。
- ^或**：幂运算符。例如，2^4。
- mod(%)或 rem：求余运算符，运算结果是两个数相除后的余数。例如，8 mod 2=0，9 rem 2=1，9.5 mod 3=0.5，–10 rem 3=–1，–10 mod 3=2。mod 和 rem 的区别是其运算结果的符号由哪个操作数的符号决定。

算术表达式是用算术运算符和括号将运算对象连接起来的式子。运算对象包括常量、变量、函数等。

（2）关系运算符和关系表达式

"关系运算"是将两个数据进行比较，判断两个数据是否满足指定的关系。Raptor 有 6 种关系运算符，分别是>（大于）、>=（大于或等于）、<（小于）、<=（小于或等于）、=或==（等于）、!=或/=（不等于）。

用关系运算符连接起来的表达式称为关系表达式。关系运算符只能对两个相同类型的数据进行比较。关系表达式的结果是一个逻辑值，关系表达式成立时，值为"真"，否则为"假"。例如，2<=3 结果为"真"，3=4 结果为"假"，1!=2 结果为"真"。

（3）逻辑运算符和逻辑表达式

关系表达式只能描述单一条件，如 x>=2。如果需要描述"x>=2 同时 x<=20"，则需要借助于逻辑运算符。逻辑运算符有 4 种：and（逻辑与）、or（逻辑或）、not（逻辑非）、xor（逻辑异或）。

4 种逻辑运算符的运算规则如下（与二进制逻辑运算的规则相同）。

< 143 >

- and：只有两个运算对象的值都为"真"时，运算结果为"真"，否则为"假"。
- or：只有两个运算对象的值都为"假"时，运算结果为"假"，否则为"真"。
- not：当运算对象的值为"真"时，运算结果为"假"；当运算对象的值为"假"时，运算结果为"真"。
- xor：只有两个运算对象的值"真""假"不同时，运算结果为"真"，否则为"假"。

逻辑运算的真值表如表 7-3 所示。

表 7-3　逻辑运算的真值表

a	b	not a	not b	a and b	a or b	a xor b
真	真	假	假	真	真	假
真	假	假	真	假	真	真
假	真	真	假	假	真	真
假	假	真	真	假	假	假

用逻辑运算符将关系表达式或逻辑量连接起来的式子，称为逻辑表达式。逻辑表达式的结果是一个布尔值，即"真"或"假"。例如，x=3，则(x>=0) and (x<=7)的值为"真"，(x<0) or (x>=5)的值为"假"。

实验

实验 7-1　Raptor 基础

一、实验目的

1. 熟悉 Raptor 基本符号。
2. 掌握 Raptor 变量的命名规则。
3. 掌握 Raptor 算术运算符、逻辑运算符和关系运算符的使用方法。
4. 掌握 Raptor 表达式的使用方法。

二、实验内容和步骤

1. 编写程序，输出"This is a Raptor program."。

【实验步骤】

（1）启动 Raptor 软件，打开 Raptor 的程序设计界面。单击"File"菜单中的"Save"命令，选择保存目录，保存文件为"实验 7-1.rap"，如图 7-5 所示。

（2）在程序设计界面的左窗格中单击 output 符号，然后在初始流程图的连线上单击，则 Output 符号被插入 Start 符号和 End 符号之间。

（3）双击插入的 Output 符号，则弹出"Enter Output"对话框，如图 7-6 所示，在"Enter Output Here"文本框内输入""This is a Raptor program.""（包括两端的双引号，此框内只能输入英文的双引号和英文字符）。单击"Done"按钮，程序设计界面中显示的 main 流程图如图 7-7 所示。

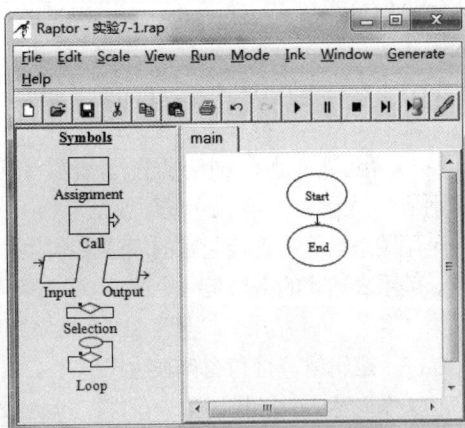

图 7-5　实验内容 1 的初始界面

< 144 >

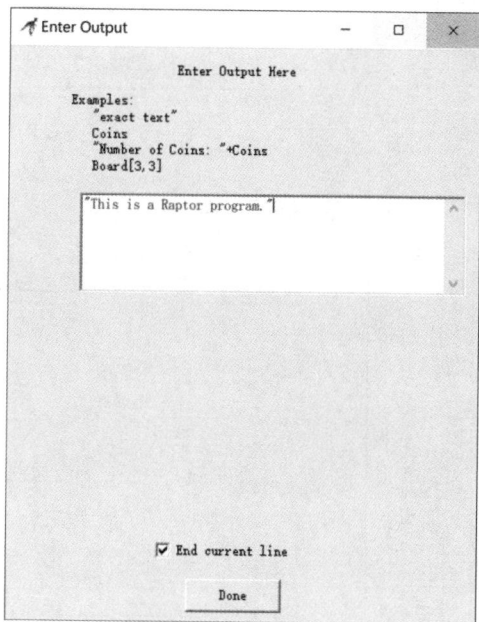

图 7-6　实验内容 1 的 "Enter Output" 对话框

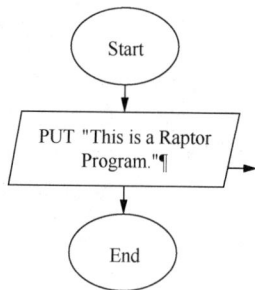

图 7-7　实验内容 1 的 main 流程图

（4）在程序设计界面中单击工具栏中的 "Run" 按钮 ▸，则执行该程序。主控制台界面中显示运行结果，如图 7-8 所示。

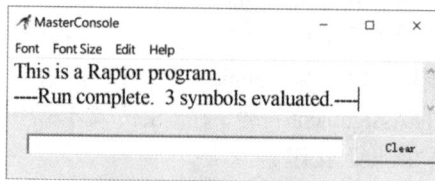

图 7-8　实验内容 1 的运行结果

2．程序实现：输入两个数，将大数存于 a，小数存于 b。

【分析】其算法步骤的自然语言描述如下。

S1：输入两个数分别存于 a、b。

S2：比较这两个数，若 a<b，则将 a 与 b 中的数互相交换，否则执行 S3。

S3：输出 a 和 b。

【实验步骤】

（1）启动 Raptor 软件，打开程序设计界面。单击 "File" 菜单中的 "Save" 命令，选择保存目录，保存文件为 "实验 7-2.rap"。

（2）在程序设计界面的左窗格中单击 Input 符号，然后在初始流程图的连线上单击，则 Input 符号被插入 Start 符号和 End 符号之间。

（3）双击插入的 Input 符号，则弹出 "Enter Input" 对话框，在 "Enter Prompt Here" 文本框中输入 ""Please enter a="" ，在 "Enter Variable Here" 文本框中输入变量名 "a"，如图 7-9 所示，单击 "Done" 按钮。

（4）在程序设计界面的左窗格中单击 Input 符号，然后在流程图中 Input 符号下方的流程线上单击，则新的 Input 符号被插入 Input 符号和 End 符号之间。

（5）双击插入的 Input 符号，则弹出 "Enter Input" 对话框，在 "Enter Prompt Here" 文本框中输入 ""Please enter b="" ，在 "Enter Variable Here" 文本框中输入变量名 "b"，如图 7-10 所示，单击 "Done" 按钮。

< 145 >

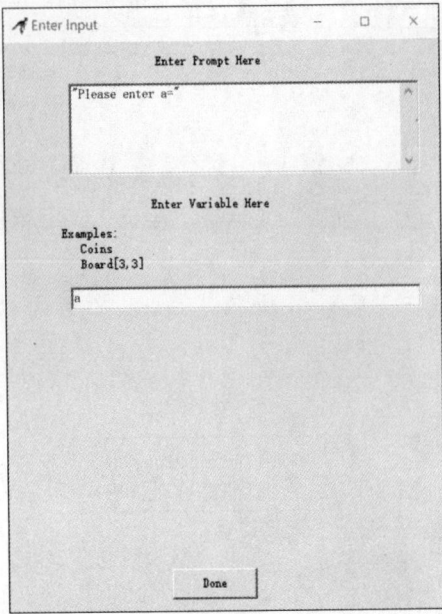

图7-9　实验内容2的"Input a"设置

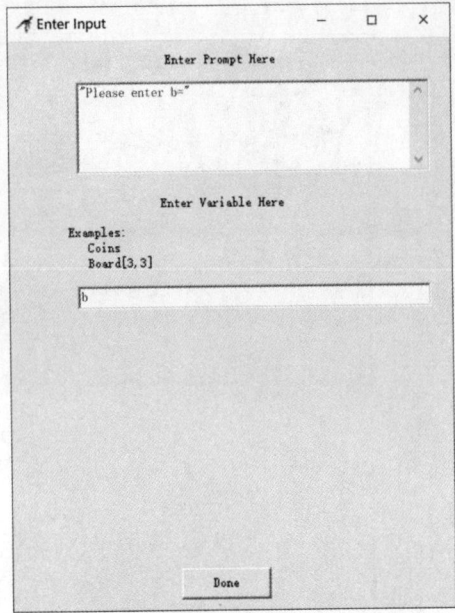

图7-10　实验内容2的"Input b"设置

（6）在程序设计界面的左窗格中单击 Selection 符号，然后在流程图中第二个 Input 符号下方的流程线上单击，插入 Selection 符号。

（7）双击插入的 Selection 符号，则弹出"Enter Selection Condition"对话框，在"Enter selection condition"文本框中输入"a<b"，如图7-11所示，单击"Done"按钮。

（8）在程序设计界面的左窗格中单击 Assignment 符号，然后在"Yes"分支流程线上单击，则插入 Assignment 符号。双击插入的 Assignment 符号，在"Set"文本框中输入"x"，在"to"文本框中输入"a"。如图7-12所示，单击"Done"按钮。

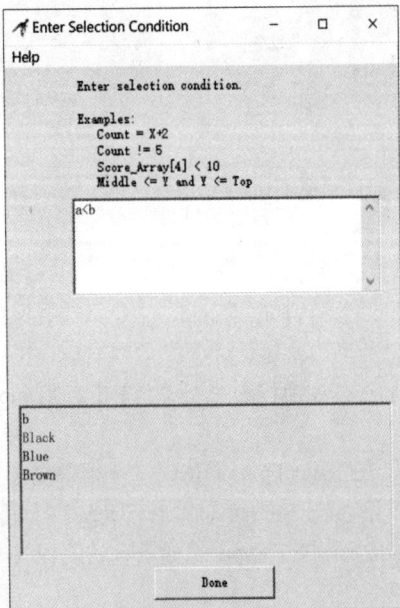

图7-11　实验内容2的"Selection"设置

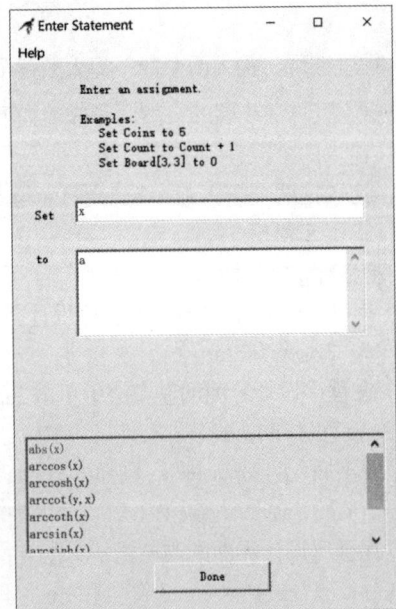

图7-12　实验内容2的"Assignment"设置

（9）在程序设计界面的左窗格中单击 Assignment 符号，然后在"Yes"分支流程线上"x←a"符号

< 146 >

下方单击，则插入新的 Assignment 符号。双击插入的 Assignment 符号，在"Set"文本框中输入"a"，在"to"文本框中输入"b"，单击"Done"按钮。

（10）在程序设计界面的左窗格中单击 Assignment 符号，然后在"Yes"分支流程线上"a←b"符号下方单击，则插入新的 Assignment 符号。双击插入的 Assignment 符号，在"Set"文本框中输入"b"，在"to"文本框中输入"x"，单击"Done"按钮。

（11）在程序设计界面的左窗格中单击 Output 符号，在流程图中 End 符号上方的流程线上单击，则插入 Output 符号。双击插入的 Output 符号，则弹出"Enter Output"对话框。如图 7-13 所示，在"Enter Output Here"文本框内输入""a="+a+" b="+b"。单击"Done"按钮，完成的流程图如图 7-14 所示。

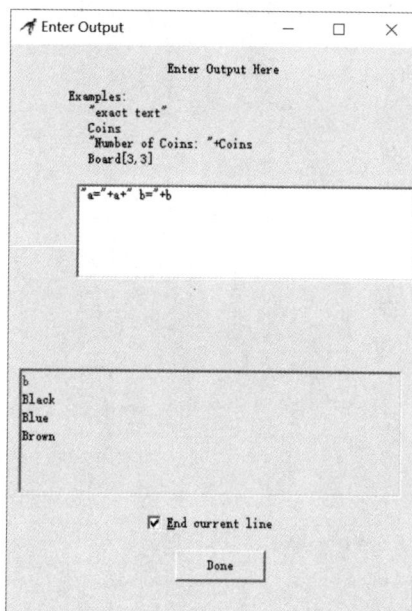

图 7-13　实验内容 2 的"Output"设置

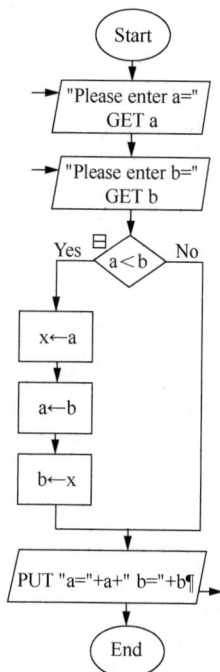

图 7-14　实验内容 2 的 main 流程图

📖 说明

""a="+a+" b="+b"中的"+"表示连接。

（12）在程序设计界面中单击工具栏上的"Run"按钮，执行该程序。在执行到"Input"时，弹出"Input"对话框，输入"3"，则程序继续执行，又弹出"Input"对话框，输入 5，可以看到当前被执行的语句高亮显示，而且程序中所有的变量的值都在界面左下角的变量显示区显示出来。程序运行结束后，在主控制台界面中显示运行结果，如图 7-15 所示。

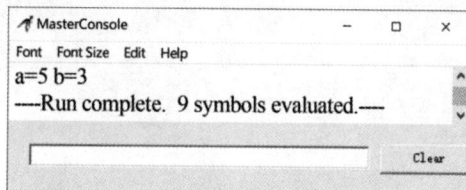

图 7-15　实验内容 2 的运行结果

< 147 >

3．闰年判断问题。 从键盘输入年份，判断该年份是否为闰年。

【分析】判断闰年的条件：能整除 4 且不能整除 100 或者能整除 400。

【实验步骤】

（1）启动 Raptor 软件，打开程序设计界面。单击"File"菜单中的"Save"命令，选择保存目录，保存文件为"实验 7-3.rap"。

（2）在程序设计界面的左窗格中单击 Input 符号，然后在初始流程图的连线上单击，则 Input 符号被插入 Start 符号和 End 符号之间。

（3）双击插入的 Input 符号，则弹出"Enter Input"对话框，在"Enter Prompt Here"文本框中输入""Please enter year="，在"Enter Variable Here"文本框中输入变量名"y"，如图 7-16 所示，单击"Done"按钮。

（4）在程序设计界面的左窗格中单击 Selection 符号，然后在流程图中 Input 符号下方的流程线上单击，则插入 Selection 符号。

（5）双击插入的 Selection 符号，则弹出"Enter Selection Condition"对话框，在"Enter selection condition"文本框中输入"(y mod 4==0) and (y mod 100!=0) or (y mod 400==0)"，如图 7-17 所示，单击"Done"按钮。

（6）在程序设计界面的左窗格中单击 Output 符号，然后在"Yes"分支流程线上单击，则插入 Output 符号。双击插入的 Output 符号，弹出"Enter Output"对话框，如图 7-18 所示，在"Enter Output Here"文本框内输入"y+" is a leap year""，单击"Done"按钮。

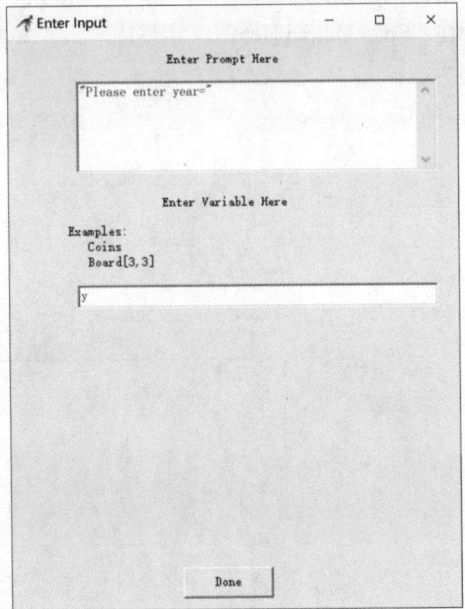

图 7-16　实验内容 3 的"Input"设置

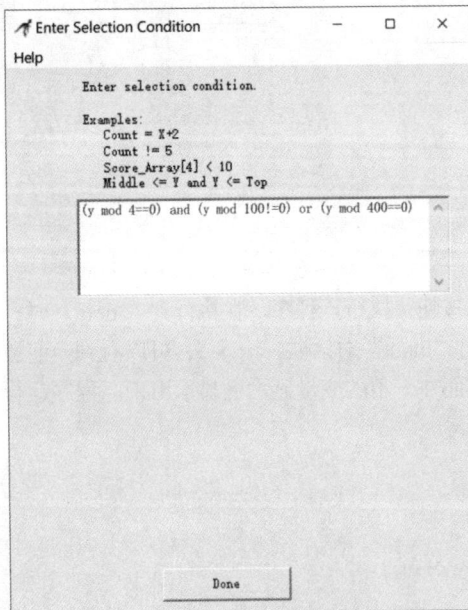

图 7-17　实验内容 3 的"Selection"设置

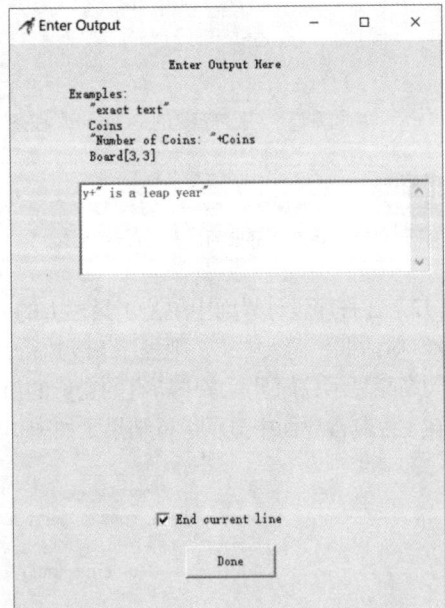

图 7-18　实验内容 3 的"Output"设置

（7）在程序设计界面的左窗格中单击 Output 符号，然后在"No"分支流程线上单击，则插入 Output

< 148 >

符号。双击插入的 Output 符号，弹出 "Enter Output" 对话框，在 "Enter Output Here" 文本框内输入 "y+" is not a leap year""。单击 "Done" 按钮。完成的流程图如图 7-19 所示。

（8）在程序设计界面中单击工具栏上的 "Run" 按钮，执行该程序。在执行到 "Input" 时，弹出 "Input" 对话框，输入 "2000"，主控制台界面中显示运行结果，如图 7-20 所示。

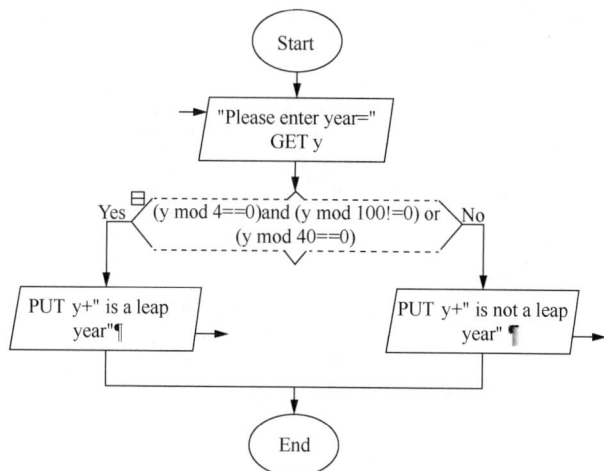

图 7-19　实验内容 3 的 main 流程图

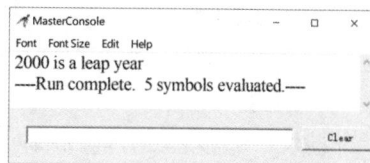

图 7-20　实验内容 3 的运行结果

4．计算 10 的阶乘，输出计算结果。

【分析】阶乘是一个累乘问题，求 10 的阶乘即求 1×2×3×…×10 的结果。

【实验步骤】

（1）启动 Raptor 软件，打开程序设计界面。单击 "File" 菜单中的 "Save" 命令，选择保存目录，保存文件为 "实验 7-4.rap"。

（2）在程序设计界面的左窗格中单击 Assignment 符号，然后在初始流程图的连线上单击，Assignment 符号被插入 Start 符号和 End 符号之间。双击插入的 Assignment 符号，在对话框中的 "Set" 文本框中输入 "i"，在 "to" 文本框中输入 "1"（设置 i 为循环变量，初值为 1），如图 7-21 所示。单击 "Done" 按钮。

（3）在左窗格中单击 Assignment 符号，在流程图中 "i←1" 的下方再添加一个 Assignment 符号。双击添加的 Assignment 符号，在对话框中的 "Set" 文本框中输入 "factorial"，在 "to" 文本框中输入 "1"（设置 factorial 为阶乘的结果变量，初值为 1）。单击 "Done" 按钮。

（4）在左窗格中单击 Loop 符号，在流程图中 Assignment 符号的下方添加 Loop 符号。双击添加的 Loop 符号，弹出 "Enter Loop Condition" 对话框，如图 7-22 所示，输入跳出循环的条件 "i>10"，单击 "Done" 按钮。

（5）在循环的 "No" 分支上添加 Assignment 符号，双击添加的 Assignment 符号，在对话框中的 "Set" 文本框中输入 "factorial"，在 "to" 文本框中输入 "factorial*i"。单击 "Done" 按钮。

（6）在循环的 "No" 分支上 "factorial←factorial*i" 的下方再添加 Assignment 符号，双击添加的 Assignment 符号，在对话框中的 "Set" 文本框中输入 "i"，在 "to" 文本框中输入 "i+1"（设置循环变量 i 的变化量）。单击 "Done" 按钮。

（7）在 End 符号上方添加 Output 符号，双击添加的 Output 符号，在对话框中的 "Enter Output Here" 文本框中输入 ""10!="+factorial"，如图 7-23 所示。单击 "Done" 按钮。流程图如图 7-24 所示。

（8）在程序设计界面中单击工具栏上的 "Run" 按钮，执行该程序。主控制台界面中显示运行结果，如图 7-25 所示。

< 149 >

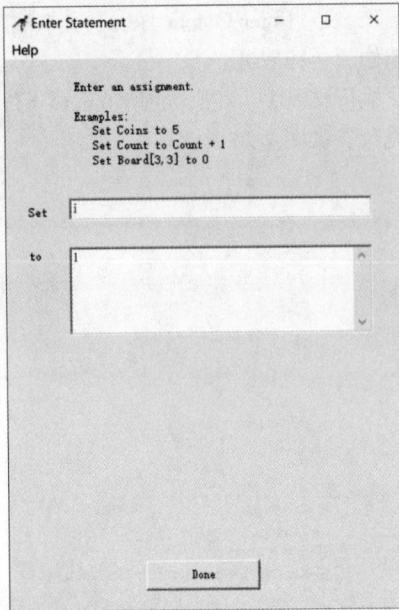

图 7-21 实验内容 4 的"Assignment"设置

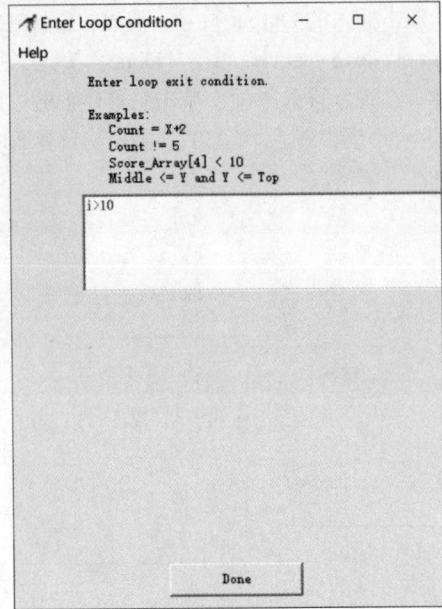

图 7-22 实验内容 4 的"Loop"设置

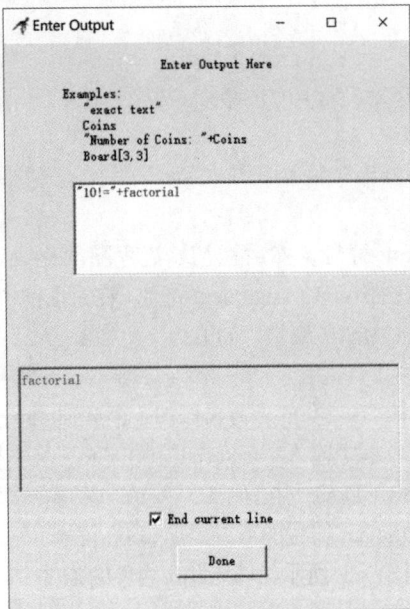

图 7-23 实验内容 4 的"Output"设置

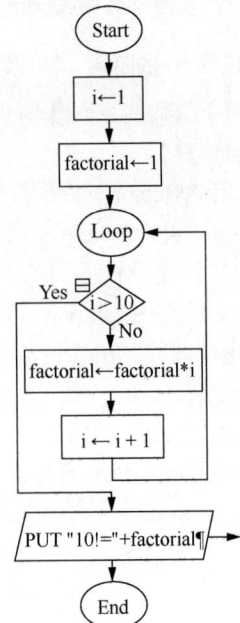

图 7-24 实验内容 4 的 main 流程图

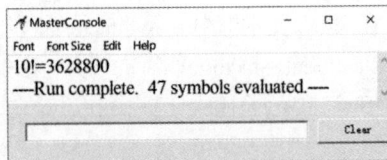

图 7-25 实验内容 4 的运行结果

三、实验作业

1. 判断数的奇偶性。 从键盘输入一个整数，判断该整数是奇数还是偶数，并输出判断的结果。保

< 150 >

存文件为"7-1 数的奇偶性.rap"。

2. 从键盘上输入偶数 n，计算 2～n 的所有偶数之和，输出计算结果。保存文件为"7-1 偶数和.rap"。

【分析】本题可以用变量 sum 存储偶数的和，设置 sum 的初值为 0，用 i 表示 2～n 的偶数，然后利用循环求 2～n 的偶数和 sum 值，其中循环变量 i 的变化量是 i+2。

也可以用 i 表示 2～n 的所有数，则其变化量是 i+1，此时需要先判断 i 是偶数再求和。

3. 素数判断。给出一个正整数 n，判断它是否为素数，并输出判断的结果。保存文件为"7-1 判断素数.rap"。

【分析】素数也称质数，是除了 1 和它本身，不能被任何整数整除的数，例如，17 就是素数。

判断一个正整数 n 是否为素数，最基本的方法是将 n 除以 2,3,…,n-1，如果都除不尽，则 n 必为素数。

根据此思路，解决该问题的算法步骤用自然语言描述如下。

设 i 为除数，i 的值从 2 变化到 n-1。

S1：输入正整数 n。

S2：设置 i 的初值为 2。

S3：判断 n 除以 i 的余数是否为 0。

S4：若余数为 0，则 n 能被 i 整除，n 不是素数，算法结束，否则执行 S5。

S5：使 i 的值加 1。

S6：若 i<=n-1，则返回 S3 重新执行；若 i>n-1，则表示 n 已除以 2～n-1，都不能被整除，可以判定 n 是素数，算法结束。

实际上，n 不必除以 2～n-1 各数，只需除以 2～$\sqrt{n}$。

4. 最大公约数。从键盘输入两个自然数，用辗转相除法求这两个数的最大公约数。保存文件为"7-1 最大公约数.rap"。

【分析】运用辗转相除法，算法步骤的自然语言描述如下。

S1：输入两个自然数 m、n，并使 m>n。

S2：求 m 除以 n 的余数 r。

S3：若 r=0，则 n 为求得的最大公约数，算法结束，否则执行 S4。

S4：将 n 的值放在 m 中（即 m←n），将 r 的值放在 n 中（即 n←r）。

S5：返回 S2，重新执行。

实验 7-2　枚举法

一、实验目的

1. 熟悉 Raptor 流程图环境。
2. 掌握用枚举法解决问题的方法。
3. 掌握枚举法在 Raptor 软件中的操作步骤。

二、实验内容和步骤

1. 数鸡蛋问题。一篮子鸡蛋，三个三个地数余 1，五个五个地数余 2，七个七个地数余 3，问：这篮子里面最少有多少个鸡蛋?

【分析】本题是求除以 3 余 1、除以 5 余 2、除以 7 余 3 的最小自然数。枚举对象是符合条件的最小自然数，设为 x。枚举范围为 1,2,3,4,…，直到符合条件的自然数。解应同时满足 3 个条件：① x mod

< 151 >

3=1；② x mod 5=2；③ x mod 7=3。

解的 3 个判定条件同时进行判断，使用逻辑运算符 and 连接，因此，解的判定条件写成 x mod 3=1 and x mod 5=2 and x mod 7=3。

【实验步骤】

模仿教材《计算思维与人工智能基础（第 2 版）》中第 5 章的例 5-11。保存文件为"实验 7-5.rap"。最后完成的流程图如图 7-26 所示，运行结果如图 7-27 所示。

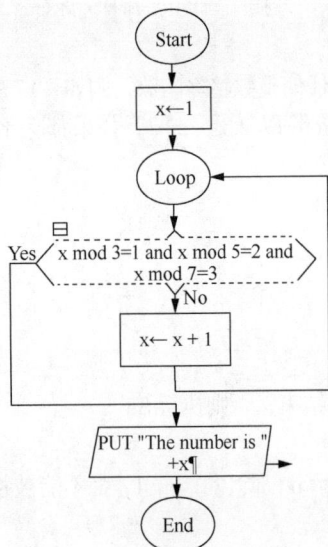

图 7-26 数鸡蛋问题的 main 流程图

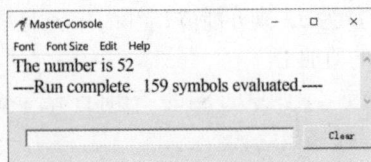

图 7-27 数鸡蛋问题的运行结果

解的 3 个判定条件也可以一一判断，先判断 x mod 3=1 是否满足，如果满足，则判断 x mod 5=2 是否满足，如果满足，则判断 x mod 7=3 是否满足。请读者完成算法流程的设计，并比较两种算法的执行效率。

2. 鸡兔同笼问题。一个笼子里关了鸡和兔子（鸡有 **2** 只脚，兔子有 **4** 只脚，没有例外），已知鸡和兔子共有 **19** 只，脚共有 **44** 只。请问鸡和兔子的数目分别是多少？

【分析】本题枚举对象是鸡和兔子的数量，分别设为 chick 和 rabbit。根据题意，鸡和兔子的总数量为 19 只，则 rabbit 的值可以表示为 19-chick，确立 chick 的枚举范围为 0～19。根据题意，鸡和兔子共有 44 只脚，因此确立解的判定条件是 2*chick+4*rabbit=44。

【实验步骤】

（1）启动 Raptor 软件，打开程序设计界面。单击"File"菜单中的"Save"命令，选择保存目录，保存文件为"实验 7-6.rap"。

（2）在程序设计界面的左窗格中单击 Assignment 符号，然后在初始流程图的连线上单击，Assignment 符号被放到 Start 符号和 End 符号之间。双击插入的 Assignment 符号，在对话框中的"Set"文本框中输入"chick"，在"to"文本框中输入"0"，如图 7-28 所示。单击"Done"按钮。

（3）在程序设计界面的左窗格中单击 Loop 符号，在流程图中"chick←0"符号的下方添加 Loop 符号。双击添加的 Loop 符号，弹出"Enter Loop Condition"对话框，如图 7-29 所示，输入跳出循环的条件"chick>19"。单击"Done"按钮。

（4）在程序设计界面的左窗格中单击 Assignment 符号，在流程图中 Loop 符号下方单击，Assignment 符号被放到 Loop 符号和"chick>19"之间。双击添加的 Assignment 符号，在对话框中的"Set"文本框中输入"rabbit"，在"to"文本框中输入"19-chick"，如图 7-30 所示。单击"Done"按钮。

< 152 >

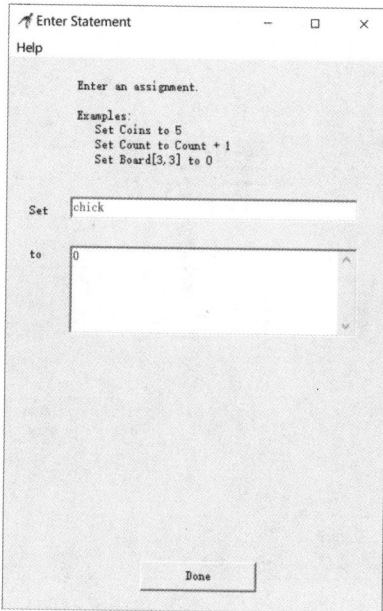

图 7-28　鸡兔同笼问题的 "Assignment" 设置一

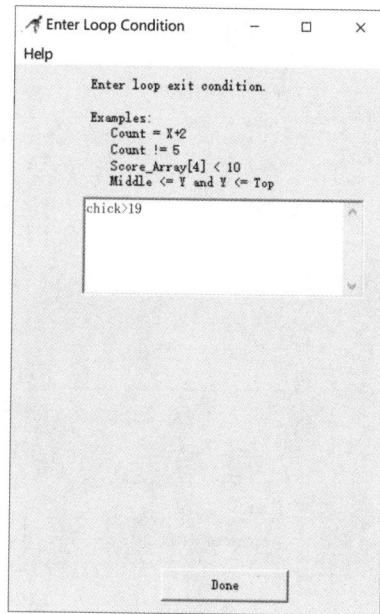

图 7-29　鸡兔同笼问题的 "Loop" 设置

（5）在程序设计界面的左窗格中单击 Selection 符号，在流程图中 "chick>19" 符号下方单击。双击添加的 Selection 符号，在对话框中输入 "2*chick+4*rabbit==44"，如图 7-31 所示。单击 "Done" 按钮。

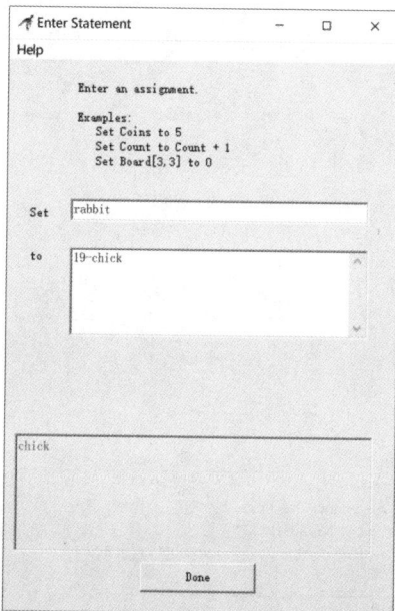

图 7-30　鸡兔同笼问题的 "Assignment" 设置二

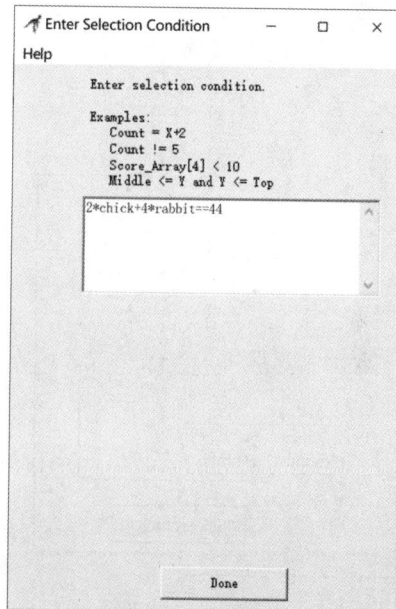

图 7-31　鸡兔同笼问题的 "Selection" 设置

（6）在程序设计界面的左窗格中单击 Output 符号，在流程图中 "2*chick+4*rabbit==44" 符号的 "Yes" 分支上单击。双击添加的 Output 符号，在对话框中输入 ""chick="+chick+" "+"rabbit="+rabbit"，如图 7-32 所示。单击 "Done" 按钮。

（7）在程序设计界面的左窗格中单击 Assignment 符号，在流程图中 "2*chick+4*rabbit==44" 符号的 "Yes" 和 "No" 分支汇合线下面单击。双击添加的 Assignment 符号，在对话框中的 "Set" 文本框中输入 "chick"，在 "to" 文本框中输入 "chick+1"，如图 7-33 所示。单击 "Done" 按钮。

< 153 >

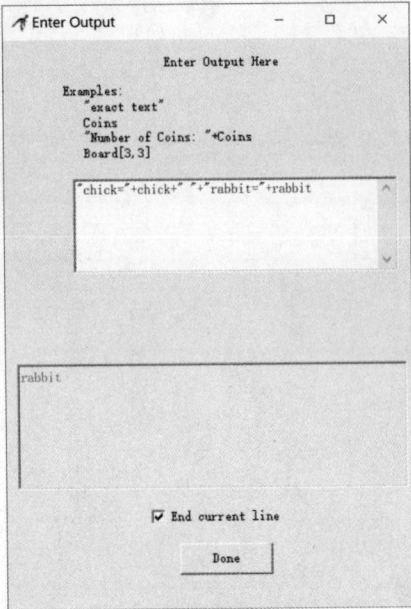

图 7-32　鸡兔同笼问题的"Output"设置

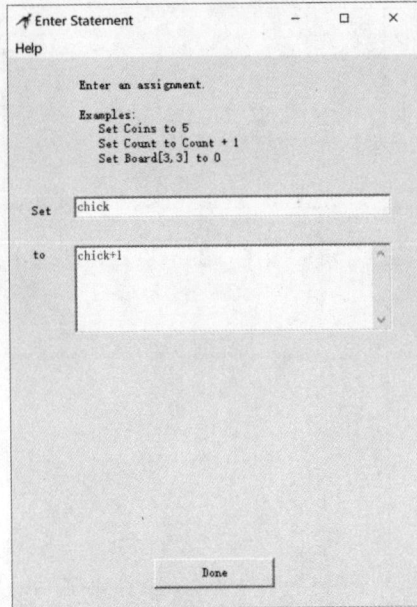

图 7-33　鸡兔同笼问题的"Assignment"设置三

（8）在程序设计界面中单击工具栏上的"Run"按钮，执行该程序。流程图如图 7-34 所示，运行结果如图 7-35 所示。

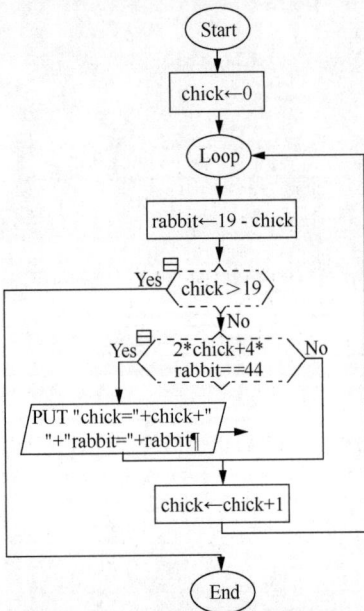

图 7-34　鸡兔同笼问题的 main 流程图

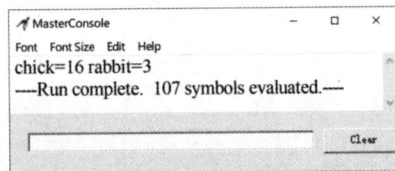

图 7-35　鸡兔同笼问题的运行结果

3. 货币兑换问题。用 50 元和 10 元两种纸币凑成 240 元（每种至少 1 张），共有哪些组合方式?

【分析】本题的枚举对象是 50 元和 10 元纸币的数量，将它们分别设为 x 和 y。根据题意，纸币凑成 240 元，确定了 x 的枚举范围为 1～4，y 的枚举范围为 1～23，判定条件是 50*x+10*y=240。

【实验步骤】

（1）启动 Raptor 软件，打开程序设计界面。单击"File"菜单中的"Save"命令，选择保存目录，

< 154 >

保存文件为"实验 7-7.rap"。

（2）在程序设计界面的左窗格中单击 Assignment 符号，然后在初始流程图的连线上单击。双击添加的 Assignment 符号，在对话框中的"Set"文本框中输入"x"，在"to"文本框中输入"1"。单击"Done"按钮。

（3）在程序设计界面的左窗格中单击 Loop 符号，在流程图中 Assignment 符号的下方添加 Loop 符号。双击添加的 Loop 符号，弹出"Enter Loop Condition"对话框，如图 7-36 所示，输入跳出循环的条件"x>=5"，单击"Done"按钮。

（4）在程序设计界面的左窗格中单击 Assignment 符号，在流程图中"x>=5"符号下方的"No"分支上单击。双击添加的 Assignment 符号，在对话框中的"Set"文本框中输入"y"，在"to"文本框中输入"1"。单击"Done"按钮。

（5）在程序设计界面的左窗格中单击 Loop 符号，在流程图中"y←1"符号的下方添加 Loop 符号。双击添加的 Loop 符号，弹出"Enter Loop Condition"对话框，输入跳出循环的条件"y>=24"，单击"Done"按钮。

（6）在程序设计界面的左窗格中单击 Selection 符号，在流程图中"y>=24"符号下方的"No"分支上单击。双击添加的 Selection 符号，在对话框中输入"50*x+10*y==240"，如图 7-37 所示。单击"Done"按钮。

图 7-36 货币兑换问题的"Loop"设置

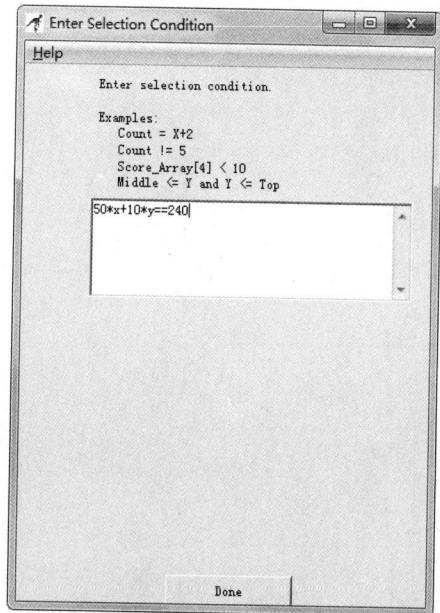

图 7-37 货币兑换问题的"Selection"设置

（7）在程序设计界面的左窗格中单击 Output 符号，在流程图中"50*x+10*y==240"符号的"Yes"分支上单击。双击添加的 Output 符号，在对话框中输入""The number of 50 is "+x+" The number of 10 is "+y"，如图 7-38 所示。单击"Done"按钮。

（8）在程序设计界面的左窗格中单击 Assignment 符号，在流程图中"50*x+10*y==240"符号的"Yes"和"No"分支汇合线下面单击。双击添加的 Assignment 符号，在对话框中的"Set"文本框中输入"y"，在"to"文本框中输入"y+1"。单击"Done"按钮。

（9）在程序设计界面的左窗格中单击 Assignment 符号，在流程图中"y>=24"符号的"Yes"分支上单击。双击添加的 Assignment 符号，在对话框中的"Set"文本框中输入"x"，在"to"文本框中输入"x+1"。单击"Done"按钮。

< 155 >

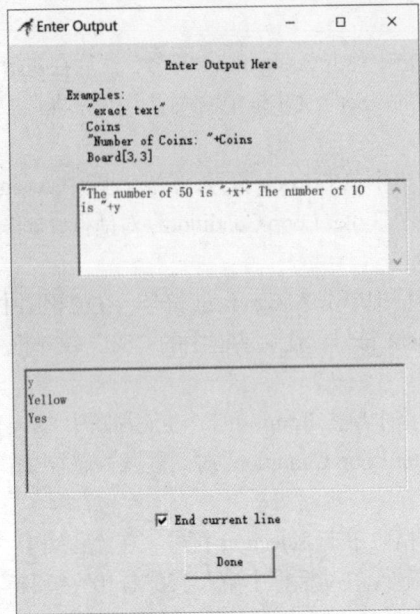

图 7-38　货币兑换问题的"Output"设置

（10）在程序设计界面中单击工具栏中的"Run"按钮，执行该程序。流程图如图 7-39 所示，运行结果如图 7-40 所示。

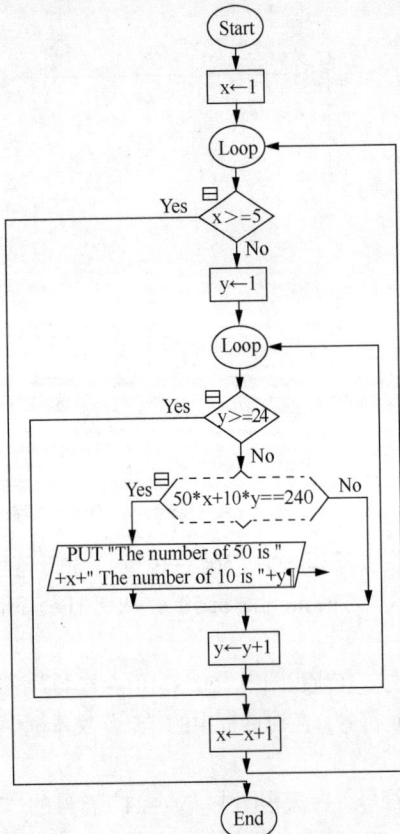

图 7-39　货币兑换问题的 main 流程图

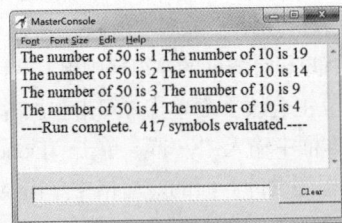

图 7-40　货币兑换问题的运行结果

< 156 >

上面的算法流程采用的是二重循环，请思考如何用一重循环的思路来解决问题，并比较其执行效率。

三、实验作业

1. 吃馒头问题。100 个人 140 个馒头，大人 1 人分 3 个馒头，小孩 1 人分 1 个馒头，求大人和小孩各有多少人。保存文件为"7-2 吃馒头问题.rap"。

【分析】本题的枚举对象是大人和小孩的人数，设大人的人数为 x，则小孩的人数 y=100-x。其中 x 的枚举范围为 0～46。由于大人和小孩共分 140 个馒头，因此解的判定条件是 x*3+y*1=140。

2. 求 100～999 的所有水仙花数。"水仙花数"是指各位数字的立方和等于该数本身。例如，153 是一个三位"水仙花数"，因为 $153=1^3+5^3+3^3$。保存文件为"7-2 水仙花数.rap"。

【分析】本题的枚举对象是水仙花数，将它设为 x。根据题意，x 的枚举范围为 100～999。假设 x 的百位数字为 a、十位数字为 b、个位数字为 c，则解的判定条件是 x=a^3+b^3+c^3。难点是如何求 a、b 和 c，其中 c=x mod 10、b=(x-c)/10 mod 10、a=(x-b*10-c)/100 或 a=floor(x/100)。这是一重循环的思路。

> 📖 **说明**
>
> 函数 floor(x)的返回值是小于或等于 x 的最大整数。例如，函数 floor(15.9)的返回值是 15，floor(3.1)的返回值是 3，floor(-4.1)的返回值是-5。

本题也可以将三位数的每位数字 a（百位）、b（十位）和 c（个位）作为枚举对象，其中 a 的枚举范围为 1～9，b 和 c 的枚举范围为 0～9，判定条件是 a^3+b^3+c^3=a*100+b*10+c。这是三重循环的思路。

3. 涂抹单据问题。一张单据上面有一个 5 位数组成的编号，万位数是 1，百位数是 8，个位数是 9，千位数和十位数已经变得模糊不清。但是知道这个 5 位数是 67 和 59 的倍数。请找出所有满足这些条件的 5 位数。保存文件为"7-2 涂抹单据问题.rap"。

【分析】本题的枚举对象是千位和十位上的数字，分别设为 x 和 y，这样该 5 位数就可以表示成 m=10809+x*1000+y*10，其中 x 和 y 的枚举范围都是 0～9。根据题意，解的判定条件是(m mod 67=0) and (m mod 59=0)。

实验 7-3　递推法

一、实验目的

1. 熟悉 Raptor 流程图环境。
2. 掌握用递推法解决问题的方法。
3. 掌握递推法在 Raptor 软件中的操作步骤。

二、实验内容和步骤

1. 数列问题。已知一个数列 3,9,27,81,…，求该数列到第 10 项为止数列各项的值。

【分析】通过观察，可知该数列是一个等比数列，数列中后一项是前一项的 3 倍，记第 i 项为 X_i，递推关系式为 $X_i=X_{i-1}*3$。已知第 1 项 $X_1=3$ 是初始条件，则可以递推计算出 X_2 到 X_{10}。

【实验步骤】

（1）启动 Raptor 软件，打开程序设计界面。单击"File"菜单中的"Save"命令，选择保存目录，保存文件为"实验 7-8.rap"。

（2）在程序设计界面的左窗格中单击 Assignment 符号，然后在初始流程图的连线上单击。双击添加的 Assignment 符号，在对话框中的"Set"文本框中输入"x"，在"to"文本框中输入"3"。单击"Done"

< 157 >

按钮。

（3）在程序设计界面的左窗格中单击 Assignment 符号，在流程图中"x←3"符号的下方单击。双击添加的 Assignment 符号，在对话框中的"Set"文本框中输入"i"，在"to"文本框中输入"1"。单击"Done"按钮。

（4）在程序设计界面的左窗格中单击 Loop 符号，在流程图中"i←1"符号的下方添加 Loop 符号。双击添加的 Loop 符号，弹出"Enter Loop Condition"对话框，输入跳出循环的条件"i>10"，单击"Done"按钮。

（5）在程序设计界面的左窗格中单击 Output 符号，在流程图中"i>10"符号的"No"分支上单击。双击添加的 Output 符号，在对话框中输入"x"。单击"Done"按钮。

（6）在程序设计界面的左窗格中单击 Assignment 符号，在流程图中"PUT x"符号下方单击。双击添加的 Assignment 符号，在对话框中的"Set"文本框中输入"x"，在"to"文本框中输入"x*3"。单击"Done"按钮。

（7）在程序设计界面的左窗格中单击 Assignment 符号，在流程图中"x←x*3"符号下方单击。双击添加的 Assignment 符号，在对话框中的"Set"文本框中输入"i"，在"to"文本框中输入"i+1"。单击"Done"按钮。

（8）在程序设计界面中单击工具栏中的"Run"按钮，执行该程序。流程图如图 7-41 所示，运行结果如图 7-42 所示。

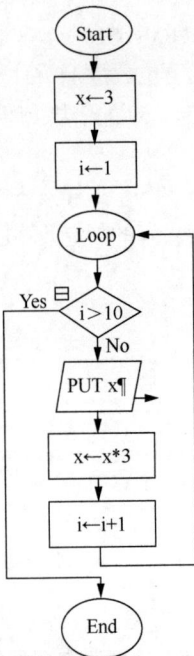

图 7-41 数列问题的 main 流程图

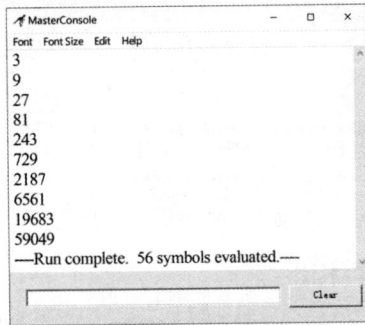

图 7-42 数列问题的运行结果

2. 翻番问题。设某企业 2018 年产值为 1000 万元，计划以后每年递增 10%，问：该企业的产值在哪一年可以实现翻一番？输出翻番的年份和产值。

【实验步骤】

（1）启动 Raptor 软件，打开程序设计界面。单击"File"菜单中的"Save"命令，选择保存目录，保存文件为"实验 7-9.rap"。

（2）在程序设计界面的左窗格中单击 Assignment 符号，然后在初始流程图的连线上单击。双击添

< 158 >

加的 Assignment 符号，在对话框中的"Set"文本框中输入"p0"，在"to"文本框中输入"1000"。单击"Done"按钮。

（3）在程序设计界面的左窗格中单击 Assignment 符号，在流程图中"p0←1000"符号的下方单击。双击添加的 Assignment 符号，在对话框中的"Set"文本框中输入"year"，在"to"文本框中输入"2018"。单击"Done"按钮。

（4）在程序设计界面的左窗格中单击 Assignment 符号，在流程图中"year←2018"符号的下方单击。双击添加的 Assignment 符号，在对话框中的"Set"文本框中输入"p1"，在"to"文本框中输入"p0"。单击"Done"按钮。

（5）在程序设计界面的左窗格中单击 Loop 符号，在流程图中"p1←p0"符号的下方添加 Loop 符号。双击添加的 Loop 符号，弹出"Enter Loop Condition"对话框，输入跳出循环的条件"p1>=2*p0"，单击"Done"按钮。

（6）在程序设计界面的左窗格中单击 Assignment 符号，在流程图中"No"分支上单击。双击添加的 Assignment 符号，在对话框中的"Set"文本框中输入"p1"，在"to"文本框中输入"p1*(1+0.1)"。单击"Done"按钮。

（7）在程序设计界面的左窗格中单击 Assignment 符号，在流程图中"p1←p1*(1+0.1)"符号的下方单击。双击添加的 Assignment 符号，在对话框中的"Set"文本框中输入"year"，在"to"文本框中输入"year+1"。单击"Done"按钮。

（8）在程序设计界面的左窗格中单击 Output 符号，在"Yes"分支上单击。双击添加的 Output 符号，在对话框中输入""Year is "+year+" p1= "+p1"。单击"Done"按钮。

（9）在程序设计界面中单击工具栏中的"Run"按钮，执行该程序。流程图如图 7-43 所示，运行结果如图 7-44 所示。

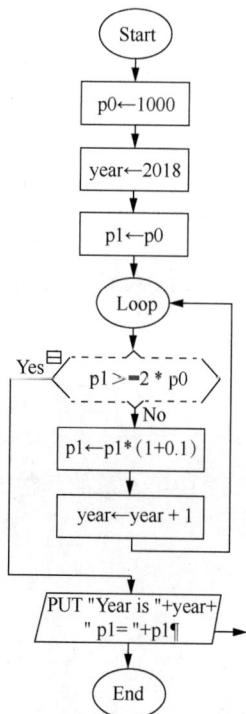

图 7-43　翻番问题的 main 流程图

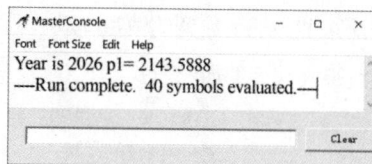

图 7-44　翻番问题的运行结果

< 159 >

三、实验作业

1. 年龄问题。 有 5 个人坐在一起。问第五个人多大，他说比第四个人大 2 岁。问第四个人岁数，他说比第三个人大 2 岁。问第三个人，又说比第二个人大 2 岁。问第二个人，又说比第一个人大 2 岁。问第一个人，他说他 10 岁。请问第五个人多大？保存文件为"7-3 年龄问题.rap"。

【分析】 记 X_i 为第 i 个人的年龄，已知第一个人的年龄 $X_1=10$ 是初始条件，根据题意得到递推关系式：$X_{i+1}=X_i+2$，则可以递推计算出 X_2、X_3、X_4 和 X_5。

2. 猴子吃桃问题。 第一天，小猴子摘了若干个桃子，立即吃了一半，还觉得不过瘾，又多吃了 1 个。第二天，小猴子接着吃剩下的桃子的一半，还觉得不过瘾，又多吃了 1 个。以后小猴子每天都是吃剩下的桃子的一半多一个。到第十天，小猴子再去吃桃的时候，看到只剩下一个桃子。问：小猴子第一天一共摘了多少个桃子？保存文件为"7-3 猴子吃桃问题.rap"。

【分析】 设第 n 天的桃子数为 X_n，则它与前一天的桃子数 X_{n-1} 的递推关系是 $X_n=X_{n-1}/2-1$，即 $X_{n-1}=(X_n+1)*2$。根据题目已知，当 $n=10$ 时，$X_{10}=1$，则可以依次递推出 X_9、X_8、X_7、X_6、X_5、X_4、X_3、X_2 和 X_1，从而求出第一天摘的桃子数。

3. 楼梯走法问题。 有一段楼梯，一共 12 级台阶，规定每一步只能跨一级或者两级台阶，问：要登上第 12 级台阶有多少种不同的走法？保存文件为"7-3 楼梯走法问题.rap"。

【分析】 设 n 级台阶的走法有 $f(n)$ 种。当 $n=1$ 时，$f(1)=1$；当 $n=2$ 时，$f(2)=2$；当 $n=k$ 时，可以先走到 $k-1$ 级台阶那里，然后向前走一级，或者先走到 $k-2$ 级台阶那里，然后向前走两级，因此 $f(k)=f(k-1)+f(k-2)$。分析到这里，应该能发现楼梯走法问题就是斐波那契数列问题。

实验 7-4 递归法

一、实验目的

1. 熟悉 Raptor 流程图环境。
2. 掌握用递归法解决问题的方法。
3. 掌握递归法在 Raptor 软件中的操作步骤。

二、实验内容和步骤

1. 用递归法求 n 的阶乘。

【分析】 设 n 阶乘的结果是 $f(n)$。当 $n=1$ 时，$f(1)=1$；当 $n>1$ 时，对 $f(n)$ 的求解可以转化为求 $n*f(n-1)$，即先求出 $f(n-1)$（$n-1$ 的阶乘），再乘以 n。

由此分析出 n 阶乘的递归形式：

$$f(n)=\begin{cases}1 & n=1\\ n*f(n-1) & n>1\end{cases}$$

【实验步骤】 参见教材《计算思维与人工智能基础（第 2 版）》中第 5 章的例题 5-16。保存文件为"实验 7-10.rap"。

2. 用递归法求斐波那契数列的第 10 项。

【分析】 斐波那契数列的递归形式：

$$F(n)=\begin{cases}1 & n=1\\ 1 & n=2\\ F(n-1)+F(n-2) & n>2\end{cases}$$

【实验步骤】 参见教材《计算思维与人工智能基础（第 2 版）》中第 5 章的例题 5-17。保存文

< 160 >

件为"实验 7-11.rap"。

3. 用递归法求两个自然数的最大公约数。

【分析】用 m 和 n 表示两个自然数, gcd(m,n)表示 m 和 n 的最大公约数。根据前面描述的辗转相除法的算法步骤, 求两个数最大公约数的递归形式如下:

$$gcd(m,n) = \begin{cases} n & m \bmod n = 0 \\ gcd(n, m \bmod n) & m \bmod n\ != 0 \end{cases}$$

【实验步骤】

(1) 启动 Raptor 软件, 打开程序设计界面。单击"File"菜单中的"Save"命令, 选择保存目录, 保存文件为"实验 7-12.rap"。

(2) 在程序设计界面的左窗格中单击 Input 符号, 然后在初始流程图的连线上单击。双击添加的 Input 符号, 在对话框中的"Enter Prompt Here"文本框中输入""m="", 在"Enter Variable Here"文本框中输入"m"。单击"Done"按钮。

(3) 在程序设计界面的左窗格中单击 Input 符号, 然后在流程图中""m=" GET m"符号下方单击。双击添加的 Input 符号, 在对话框中的"Enter Prompt Here"文本框中输入""n="", 在"Enter Variable Here"文本框中输入"n"。单击"Done"按钮。

(4) 将鼠标指针移动到主图"main"标签上, 单击右键, 在快捷菜单中选择"Add Procedure", 在弹出的"Create Procedure"对话框中设置参数,"Procedure Name"文本框中输入"gcd","Parameter1"文本框中输入"m","Parameter2"文本框中输入"n", 单击"Done"按钮, 系统弹出子过程 gcd。

(5) 在子过程 gcd 中, 单击左窗格 Selection 符号, 然后在初始流程图的连线上单击。双击添加的 Selection 符号, 在对话框中的"Enter selection condition"文本框中输入"m<n", 单击"Done"按钮。

(6) 在子过程 gcd 中, 单击左窗格 Assignment 符号, 然后在流程图中"m<n"符号的"Yes"分支上单击添加 Assignment 符号。双击添加的 Assignment 符号, 在对话框中的"Set"文本框中输入"s", 在"to"文本框中输入"m", 单击"Done"按钮。

(7) 在子过程 gcd 中, 单击左窗格 Assignment 符号, 然后在流程图中"s←m"符号下方单击添加 Assignment 符号。双击添加的 Assignment 符号, 在对话框中的"Set"文本框中输入"m", 在"to"文本框中输入"n", 单击"Done"按钮。

(8) 在子过程 gcd 中, 单击左窗格 Assignment 符号, 然后在流程图中"m←n"符号下方单击添加 Assignment 符号。双击添加的 Assignment 符号, 在对话框中的"Set"文本框中输入"n", 在"to"文本框中输入"s", 单击"Done"按钮。

📖 说明

实验步骤(5)~(8)的功能是比较 m 和 n 中的数的大小, 然后将大数保存于 m, 小数保存于 n。

(9) 在子过程 gcd 中, 单击左窗格 Selection 符号, 在流程图中整个"m<n"结构的下方再添加一个 Selection 符号。双击添加的 Selection 符号, 在"Enter Selection Condition"对话框中输入条件"m mod n=0", 单击"Done"按钮。

(10) 在子过程 gcd 中, 单击左窗格 Output 符号, 在流程图中"Yes"分支上单击添加 Output 符号。双击添加的 Output 符号, 在弹出的"Enter Output"对话框的"Enter Output Here"文本框中输入"n"。单击"Done"按钮。

(11) 在子过程 gcd 中, 单击左窗格 Call 符号, 在流程图中"No"分支上单击添加 Call 符号。双击添加的 Call 符号, 在弹出的"Enter Call"对话框的"Enter a procedure call"文本框中输入"gcd(n, m mod n)"。单击"Done"按钮, 完成 gcd 子过程的设计, 如图 7-45 所示。

< 161 >

（12）单击 main 标签，在程序设计界面的左窗格中单击 Call 符号，在流程图中""n=" GET n"符号下方单击添加 Call 符号。双击添加的 Call 符号，在弹出的"Enter Call"对话框的"Enter a procedure call"文本框中输入"gcd(m,n)"。单击"Done"按钮，完成主程序的设计，如图 7-46 所示。

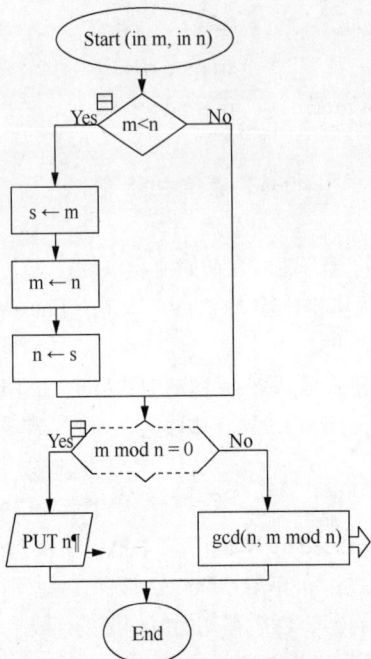

图 7-45 求最大公约数的 gcd 子过程

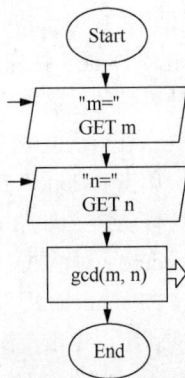

图 7-46 求最大公约数的 main 流程图

（13）执行该程序，在弹出的"Input"对话框中依次输入两个数，例如，输入 m 为 319，n 为 377，程序运行结果如图 7-47 所示。

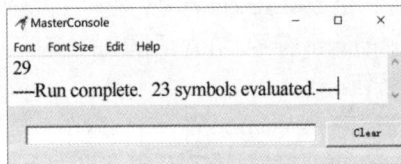

图 7-47 求最大公约数的运行结果

三、实验作业

1. 递归法求 $\dfrac{1}{2}+\dfrac{2}{3}+\cdots+\dfrac{n}{n+1}$。保存文件为"7-4 递归法数列求和.rap"。

【分析】设 $\dfrac{1}{2}+\dfrac{2}{3}+\cdots+\dfrac{n}{n+1}$ 的结果是 f(n)，其递归形式如下：

$$f(n)=\begin{cases}\dfrac{1}{2} & n=1\\[2mm] f(n-1)+\dfrac{n}{n+1} & n>1\end{cases}$$

2. 递归法解决猴子吃桃问题。保存文件为"7-4 递归法求猴子吃桃.rap"。

【分析】可以这样来考虑猴子吃桃问题：第 n 天，小猴子摘了若干个桃子，立即吃了一半，还觉得不过瘾，又多吃了 1 个；第 n-1 天，小猴子接着吃剩下的桃子的一半，还觉得不过瘾，又多吃了 1 个；

< 162 >

以后小猴子每天都是吃剩下的桃子的一半多一个；到第 1 天，小猴子再去吃桃的时候，看到只剩下一个桃子。问：小猴子第 n 天一共摘了多少个桃子?

设第 n 天的桃子数为 p(n)，其递归形式如下：

$$p(n) = \begin{cases} 1 & n = 1 \\ (p(n-1)+1)*2 & n > 1 \end{cases}$$

主程序可参考图 7-48 所示的流程图，子过程 p 可参考图 7-49 所示的流程图。

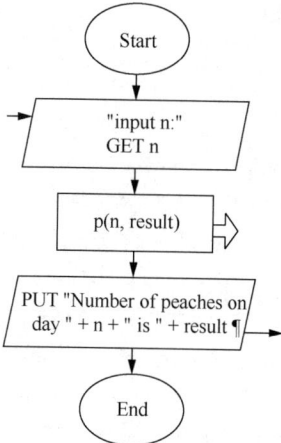

图 7-48　猴子吃桃问题 main 流程图

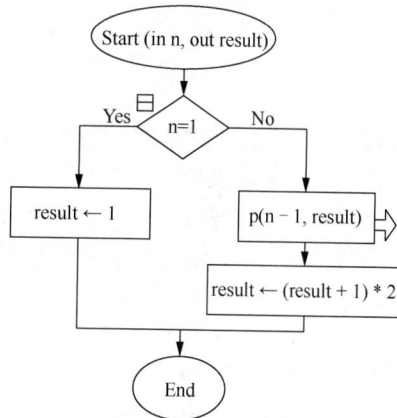

图 7-49　猴子吃桃问题过程 p

< 163 >

第8章 基于 Weka 平台的机器学习算法实现

Weka 平台的全称是怀卡托智能分析环境（Waikato Environment for Knowledge Analysis），它是一种使用 Java 语言编写的机器学习软件。该软件的缩写名称 Weka 也是新西兰独有的一种鸟的名字（新西兰黑秧鸡），而其主要开发者也恰好来自新西兰的怀卡托大学。Weka 是一套完整的集成数据处理、机器学习算法评价分析的工具，能够实现数据可视化、统一图形用户界面，也能够对不同学习算法的性能进行比较和评估，这使得 Weka 可以为无编程开发基础、无相关技术背景的爱好者提供研究支持。2005 年 8 月，在第 11 届 ACM SIGKDD 国际会议上，怀卡托大学的 Weka 小组荣获了数据挖掘和知识探索领域的最高服务奖，Weka 系统得到了广泛的认可，被誉为机器学习和数据挖掘历史上的里程碑。

本章将简要介绍 Weka 平台、数据处理，以及基于 Weka 平台决策树算法、k 均值算法、k 近邻算法的简单示例，更多复杂操作请参阅相关资料。

学习指导

一、Weka 平台概述

Weka 作为一个公开的机器学习与数据挖掘工作平台，集合了前沿的机器学习算法，使用户能够快速灵活地将已有的处理方法应用于新的数据集，包括对数据进行预处理、分类、回归、聚类、关联规则分析，以及可视化。

通过网络下载 Weka 安装包，安装完成后运行 Weka，首先显示 Weka GUI Chooser 界面，如图 8-1 所示。

Weka GUI Chooser 界面提供了 5 种应用模块供用户选择使用。

（1）Explorer 模块

Explorer 是 Weka 的主要图形用户界面，包含 6 个选项卡：数据预处理（Preprocess）、分类（Classify）、聚类（Cluster）、关联（Associate）、属性选择（Select attributes）、可视化（Visualize）。

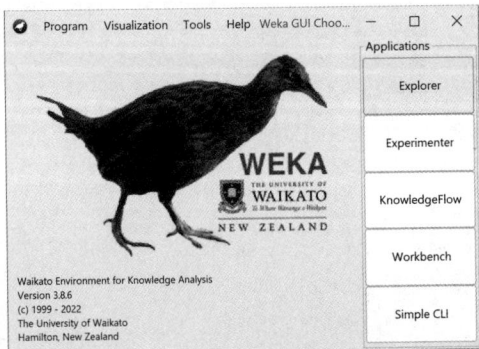

图 8-1　Weka 主界面

单击相应的选项卡标签即可实现选项卡的切换。Explorer 模块界面可分为 8 个主要区域，如图 8-2 所示。

区域 1 的几个选项卡标签用于切换不同的选项卡，下面以 "Preprocess" 选项卡为例进行区域功能介绍，其他选项卡与其类似。

区域 2 是一些常用按钮，提供打开数据、保存及编辑功能。

区域 3 的功能是选择 Filter（过滤器），单击"Choose"按钮会出现"Filter"列表。Filter 用于筛选数据或者对数据进行某种变换，数据预处理主要就利用它来实现。

区域 4 展示数据集的一些基本情况。

区域 5 中列出数据集的所有属性。勾选某属性并单击区域 5 底部的"Remove"按钮就可以删除相应属性，删除后还可以利用区域 2 的"Undo"按钮找回。

区域 6 是区域 5 中选中属性的摘要，包含最大值、最小值等基本统计量；区域 7 是区域 5 中选中属性的直方图。若数据集的最后一个属性是分类属性（这里的"class"正好是），直方图中的每个长方形就会按照该属性的比例被分成不同颜色的段。

区域 8 是状态栏，可以查看 Log（日志）以判断是否有错。右边的 Weka 鸟在动说明 Weka 正在执行任务。右键单击状态栏还可以执行 Java 内存的垃圾回收。

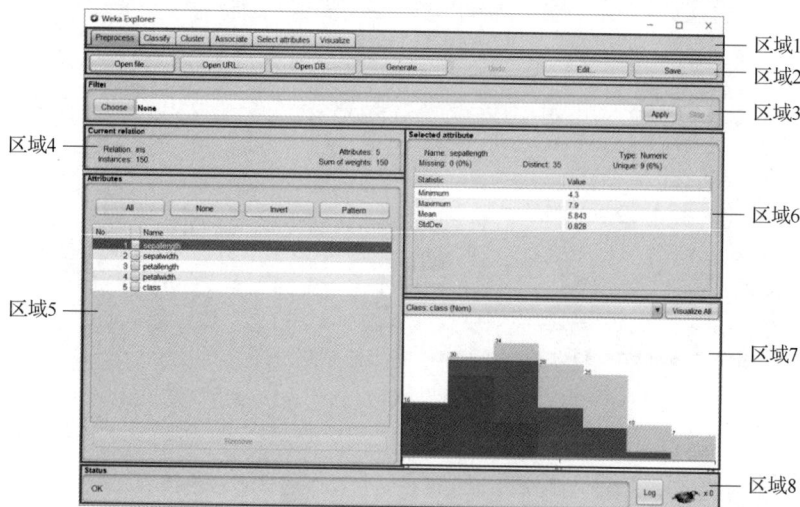

图 8-2　Explorer 模块界面

（2）Experimenter 模块

Experimenter 可以用于比较不同的学习方案。选择一组数据集，使用不同的学习算法，运行之后可收集性能统计数据，同时可以实现自动化。

（3）KnowledgeFlow 模块

KnowledgeFlow 允许通过拖曳的方式，按照一定顺序将数据源、预处理工具、学习算法、评估手段和可视化模块的各构件组合在一起，形成数据流。如果选取的过滤器和学习算法具有增量学习功能，则可以实现大型数据集的增量分批读取和处理。

（4）Workbench 模块

Workbench 为其他界面提供了统一的操作接口。

（5）Simple CLI 模块

Simple CLI 提供了一个简易的命令行接口，可以调用所有的 Weka 类。

下面以 glass.arff 数据集为例，使读者更加清晰直观地了解 Weka 的 Explorer 模块。

在 Explorer 模块界面中单击"Open file…"按钮，弹出"打开"对话框（Weka 平台自带部分常用数据集，存放在 Weka 安装路径下的 data 文件夹中），如图 8-3 所示，打开 glass 数据集。

导入数据的同时，Weka 将识别相应的数据属性，并在数据扫描期间计算每个属性的一些基本统计量，如图 8-4 所示。

< 165 >

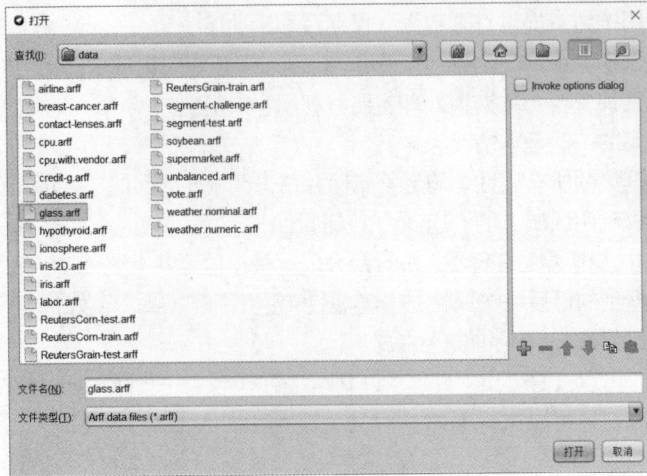

图 8-3　导入数据

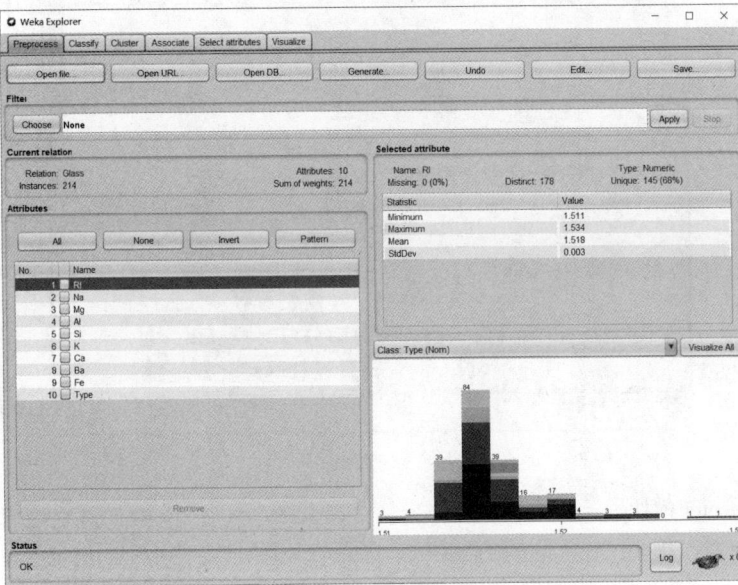

图 8-4　数据属性

　　单击左边 Attributes 区域中的任意属性，右侧 Selected attribute 区域中显示该属性的基本统计量。对于分类属性，将显示每个属性值的频度；对于连续属性，可以看到最小值、最大值、均值和标准差等，如图 8-5 所示。

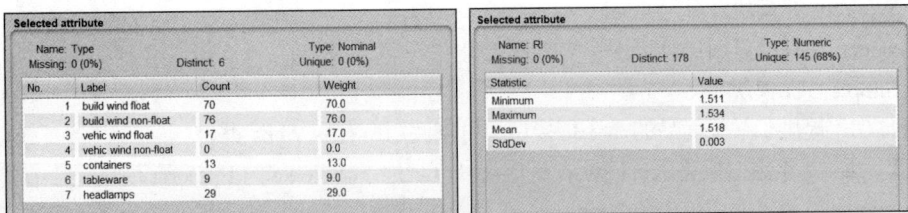

图 8-5　分类属性与连续属性基本统计量

　　单击区域 7 右上角的 "Visualize All（全部可视化）" 按钮，即可全部可视化所导入的数据，如图 8-6 所示。

< 166 >

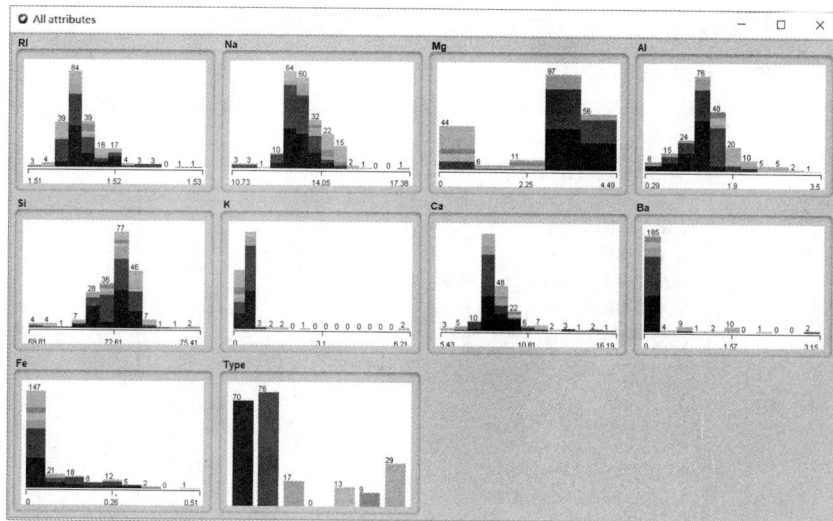

图8-6　全部可视化

同时按住 Alt 键和 Shift 键，并单击图 8-6 所示的"All attributes"窗口中的任一图片，可弹出相应图片的保存对话框，如图 8-7 所示。

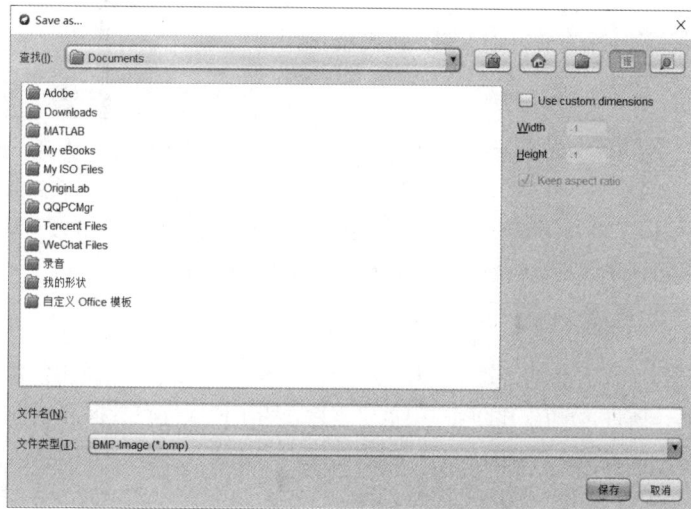

图8-7　图片保存对话框

在该对话框中可设置图片的长宽尺寸（单位：像素）、文件名及文件类型。复选框"Use custom dimensions"表示可自定义图片尺寸，复选框"Keep aspect ratio"表示保持宽高比。

二、数据格式与数据制作

1. 数据组织形式

Weka 平台存储数据的文件格式是 ARFF，这种格式的文件是一种 ASCII 文本文件，文件的扩展名为.arff。.arff 文件可以用记事本等软件打开和编辑。在.arff 文件中，以"%"开始的行代表注释，Weka在运行时会忽略这些行。一般而言，在.arff 文件的最前面的注释行应该简单介绍数据集来源、内容以及意义。除去注释后，整个.arff 文件可以分为两个部分：第一部分给出头信息（head information），包括对关系的声明和对属性的声明；第二部分给出数据信息（data information），即数据集中的数据。

< 167 >

"@DATA"标记之后为数据信息。在 Weka 安装目录下的 data 文件夹中存放了一些数据集，图 8-8 所示为其中鸢尾花（iris）数据集的部分内容。

```
数据代码
% 1. Title: iris Database

@RELATION iris
@ATTRIBUTE sepallength    REAL
@ATTRIBUTE sepalwidth     REAL
@ATTRIBUTE petallength    REAL
@ATTRIBUTE petalwidth     REAL
@ATTRIBUTE class          {Iris-setosa,Iris-versicolor,Iris-virginica}
@DATA
5.1,3.5,1.4,0.2,Iris-setosa
4.9,3.0,1.4,0.2,Iris-setosa
4.7,3.2,1.3,0.2,Iris-setosa
5.1,2.5,3.0,1.1,Iris-versicolor
5.7,2.8,4.1,1.3,Iris-versicolor
6.3,3.3,6.0,2.5,Iris-virginica
5.8,2.7,5.1,1.9,Iris-virginica
```

图 8-8　iris.arff 数据集部分内容

（1）关系声明

关系在.arff 文件的第一个有效行中声明，格式如下：

@RELATION <关系名>

<关系名>是一个字符串。如果这个字符串包含空格，它必须加上引号（英文单引号或双引号）。

（2）属性声明

属性声明用一列以"@ATTRIBUTE"开头的语句表示。数据集中的每一个属性都有对应的"@ATTRIBUTE"语句，来定义它的属性名和数据类型（datatype）：

@ATTRIBUTE <属性名> <数据类型>

<属性名>必须是以字母开头的字符串，和<关系名>一样，如果这个字符串包含空格，它必须加上引号。需要注意的是，属性声明语句的顺序很重要，它表明了该属性在数据部分的位置。

下面以鸢尾花数据集为例，详细介绍每一行数据代码的含义。

"@RELATION iris"表示该关系的名称为"iris"。

"@ATTRIBUTE"表示数据集的属性（attribute），相当于统计学中的一个变量，或者数据库中的一个字段。

"@ATTRIBUTE sepallength REAL"表示鸢尾花的一个属性"花萼长度"。

"@ATTRIBUTE sepalwidth REAL"表示鸢尾花的一个属性"花萼宽度"。

"@ATTRIBUTE petallength REAL"表示鸢尾花的一个属性"花瓣长度"。

"@ATTRIBUTE petalwidth REAL"表示鸢尾花的一个属性"花瓣宽度"。

"@ATTRIBUTE class {Iris-setosa,Iris-versicolor,Iris-virginica}"表示鸢尾花的一个属性"品种"，这里提供 3 个可选品种。

"@DATA"下方的每一行称作一个实例（instance），相当于统计学中的一个样本，或者数据库中的一条记录。

图 8-8 所示的 iris 数据集部分内容中共有 7 个实例，5 个属性。实例"5.1,3.5,1.4,0.2,Iris-setosa"表示花萼长度值为 5.1，花萼宽度值为 3.5，花瓣长度值为 1.4，花瓣宽度值为 0.2，品种为 Iris Setosa（山鸢尾）。

< 168 >

2．数据获取

Weka 获取数据的途径多种多样，可以直接使用 ARFF 格式数据，也可以从 CSV、二进制等多种格式的文件中"导入数据"。

ARFF 格式是 Weka 支持的首选格式，但往往使用 Weka 平台时，面临的第一个问题就是数据格式不是 ARFF。因此，Weka 还提供了对 CSV 格式的支持，而这种格式是被很多其他软件（如 Excel）所支持的，XLSX 格式可被另存为 CVS 格式，然后利用 Weka 可将 CSV 格式转换成 ARFF 格式。下面详细介绍三者的转换步骤。

① 双击打开一个 Excel 文件，如图 8-9 所示。

② 单击"文件"选项卡，再单击"另存为"命令，设置完保存路径后，弹出"另存为"对话框。此时将保存类型设置为"CSV(逗号分割)"（即.CSV 格式），单击"保存"按钮完成操作。

③ 在 Weka 的 Explorer 模块界面中，选择"Preprocess"选项卡，单击"Open file…"按钮，弹出"打开"对话框，选中一个 CSV 格式文件，再单击"打开"按钮，即可完成导入，如图 8-10 所示。

age	Job information	Real estate information	Credit conditions	category
youth	no	no	general	no
youth	no	no	good	no
youth	yes	no	good	yes
youth	yes	yes	general	yes
youth	no	no	general	no
middle-aged	no	no	general	no
middle-aged	no	no	good	no
middle-aged	yes	yes	good	yes
middle-aged	no	yes	excellent	yes
middle-aged	no	yes	excellent	yes
old age	no	yes	excellent	yes
old age	no	yes	good	yes
old age	yes	no	good	yes
old age	yes	no	excellent	yes
old age	no	no	general	no

图 8-9　Excel 文件示例

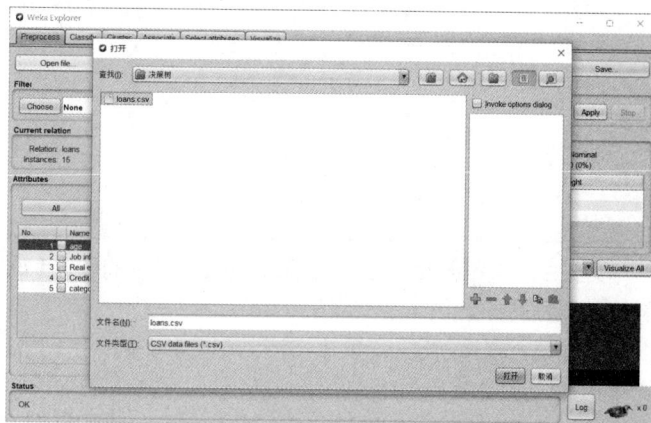

图 8-10　打开.csv 文件对话框

④ 在"Preprocess"选项卡中单击区域 2 右端的"Save…"按钮，弹出"保存"对话框，将文件类型设置为"Arff data files(*.arff)"，然后单击"保存"按钮，即可完成转换，如图 8-11 所示。

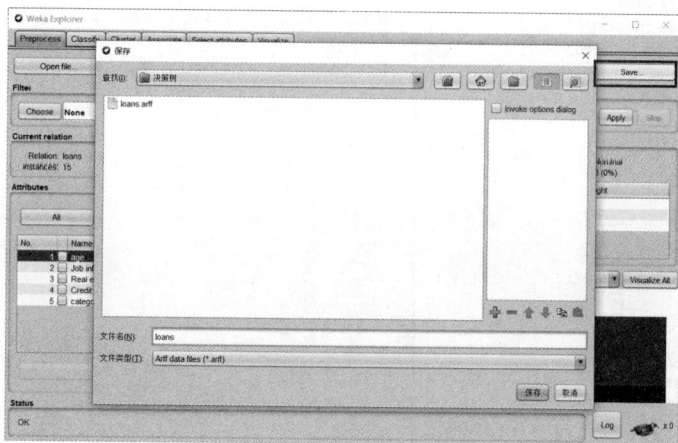

图 8-11　保存.arff 文件对话框

3．自定义数据集

通过以上学习，读者也可以自定义数据集。现有一个贷款申请（loans）的表格，如表 8-1 所示，

< 169 >

有 5 个属性，分别为年龄（age）、就业情况（Job information）、房地产情况（Real estate information）、信用情况（Credit conditions）、类别（category），以及 15 个实例。如何将其转化为 Weka 平台支持的格式呢？

表 8-1　贷款申请样本数据集

age	Job information	Real estate information	Credit conditions	category
youth	no	no	general	no
youth	no	no	good	no
youth	yes	no	good	yes
youth	yes	yes	general	yes
youth	no	no	general	no
middle	no	no	general	no
middle	no	no	good	no
middle	yes	yes	good	yes
middle	no	yes	excellent	yes
middle	no	yes	excellent	yes
old	no	yes	excellent	yes
old	no	yes	good	yes
old	yes	no	good	yes
old	yes	no	excellent	yes
old	no	no	general	no

方法一：参照前面介绍的格式转换方法，首先将表 8-1 的内容导入一个 Excel 文件，然后按照格式转换的流程进行操作。

方法二：首先创建一个文本文档，在文本文档中手动录入数据，录入规则参照前面介绍的"数据组织形式"，具体代码如图 8-12 所示；然后，选择"File"菜单中"Save As"子菜单，如图 8-13 所示，"Save as type"选择"All Files(*.*)"，"File name"文本框中输入"loans.arff"。

```
数据代码
@relation loans

@attribute age {youth,middle,old}
@attribute 'Job information' {no,yes}
@attribute 'Real estate information' {no,yes}
@attribute 'Credit conditions' {general,good,excellent}
@attribute category {no,yes}

@data
youth,no,no,general,no
youth,no,no,good,no
youth,yes,no,good,yes
youth,yes,yes,general,yes
youth,no,no,general,no
middle,no,no,general,no
middle,no,no,good,no
middle,yes,yes,good,yes
middle,no,yes,excellent,yes
middle,no,yes,excellent,yes
old,no,yes,excellent,yes
old,no,yes,good,yes
old,yes,no,good,yes
old,yes,no,excellent,yes
old,no,no,general,no
```

图 8-12　贷款申请样本数据集代码

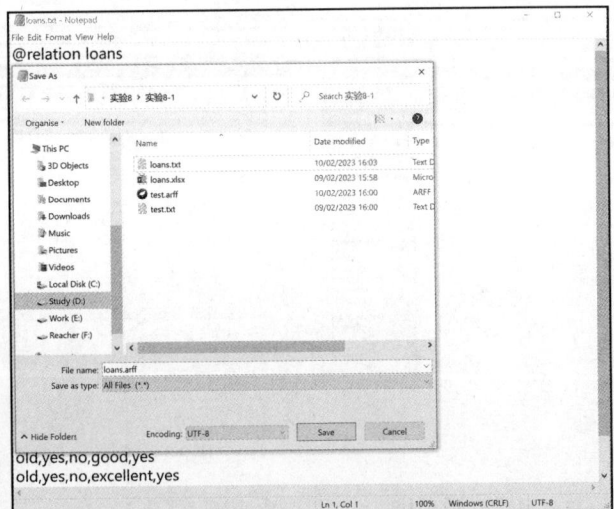

图 8-13　保存.arff 文件

< 170 >

实验

实验 8-1　基于决策树方法的贷款申请类别预测分析

一、实验目的

1. 熟悉 Weka 平台决策树算法操作流程。
2. 掌握 .arff 数据制作与转换方法。
3. 掌握数据导入、模型选择、数据可视化等基本操作方法。

二、实验任务描述

银行为了准确地为申请贷款的客户提供服务，收集到了 15 名客户在银行申请贷款的个人信息，如本章表 8-1 所示。表中用 age、Job information、Real estate information、Credit conditions 这 4 个属性来描述客户。age 属性为离散属性，取值分别为 youth、middle、old；Job information 为离散属性，取值分别为 yes、no；Real estate information 属性为离散属性，取值分别为 yes、no；Credit conditions 属性为离散属性，取值分别为 general、good、excellent。最后一个属性 category 为决策属性，当属性值为 yes 时，银行可以给该客户贷款，当属性值为 no 时，银行不会为其提供贷款服务。

（1）试根据这些数据建立分类决策树；

（2）若给定一客户数据为 old、no、no、excellent，问：这位客户能否获得贷款？

三、实验内容和步骤

1. 数据准备及预处理

实验中需要两个不同的数据集，训练数据集和测试数据集。按照"学习指导"中"数据获取"部分介绍的自定义数据集转换方法（二），建立如图 8-14 所示的测试数据集"test.arff"。训练数据集为实验 8-1 素材库中的"loans.arff"文件。

2. 基于 Weka 平台的具体实现

（1）打开 Weka 软件，单击 Explorer 模块界面中的"Open file…"按钮，在弹出的对话框中选择素材库中"loans.arff"文件并打开，如图 8-15 所示。

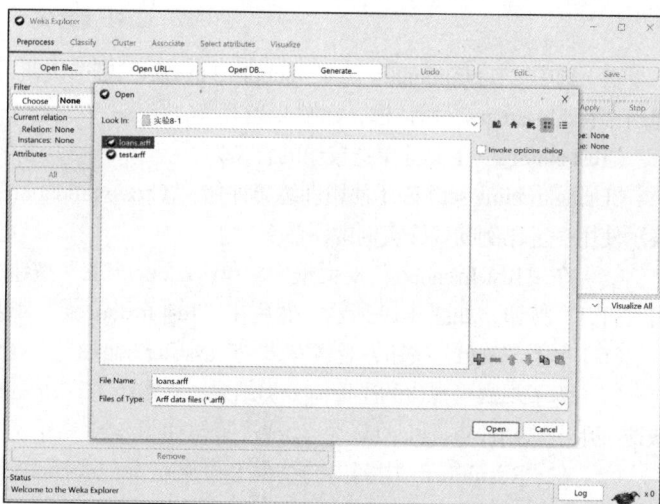

```
@relation loans

@attribute age {youth,middle,old}
@attribute 'Job information' {no,yes}
@attribute 'Real estate information' {no,yes}
@attribute 'Credit conditions' {general,good,excellent}
@attribute category {no,yes}

@data
old,no,no,excellent,?
```

图 8-14　建立测试文件

图 8-15　打开数据集

< 171 >

（2）在图 8-16 所示的界面中，可以观察到 loans 数据集中共有 15 个实例，每个实例有 5 个属性，选择某个属性，可以看到 15 个实例此属性的最大值、最小值、均值等信息，然后单击顶部的"Classify"选项卡标签。

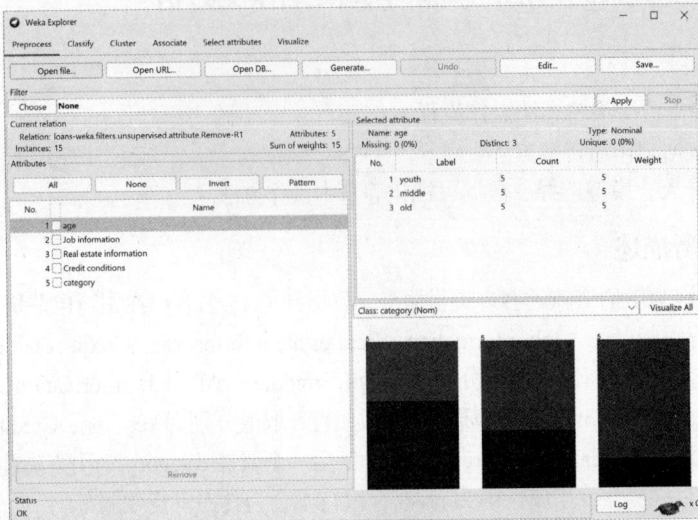

图 8-16　观察案例属性

（3）单击"Choose"按钮，选择"tree"文件夹下的 J48 分类器，如图 8-17 所示。

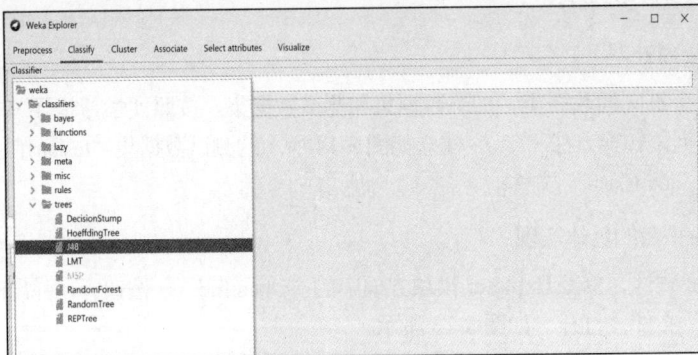

图 8-17　选择分类算法

（4）选中"Test options"下的"Supplied test set"单选按钮，使用测试集评估。单击"Set…"按钮，弹出"Test Instances"对话框，如图 8-18 所示。

"Test options"下其他单选按钮的含义如下。

"Using training set"表示使用训练集评估；"Cross-validation"表示使用交叉验证；"Percentage split"表示使用一定比例的训练实例做评估。

（5）在"Test Instances"对话框中，单击"open file"按钮，选择准备好的"test.arff"文件，并单击"打开"按钮，如图 8-19 所示。然后在"Test Instances"对话框中，单击"close"按钮。

（6）单击"Start"按钮，观察右边"Classifier output"分类结果，如图 8-20 所示。

（7）为了观察可视化的决策树分类结果，在左下方"Result list"中列出的结果上右击，在弹出的快捷菜单中选择"Visualize tree"，生成决策树如图 8-21 所示。

（8）在"Result list"中列出的结果上再次右击，选择"Visualize classifier error"，结果如图 8-22 所示。

< 172 >

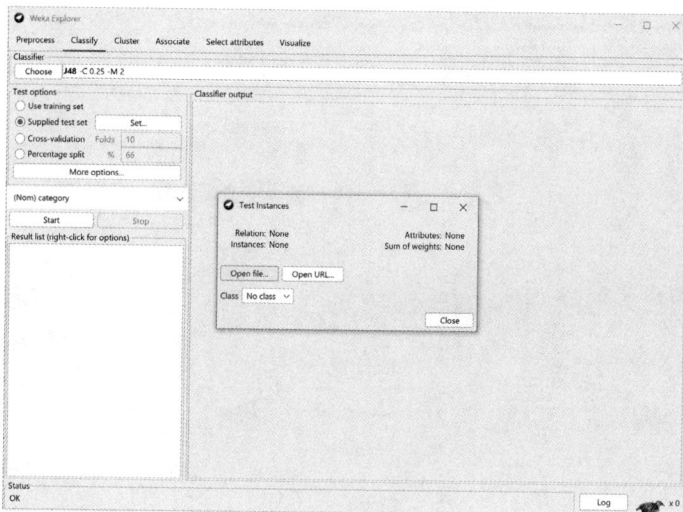

图 8-18　设置测试选项

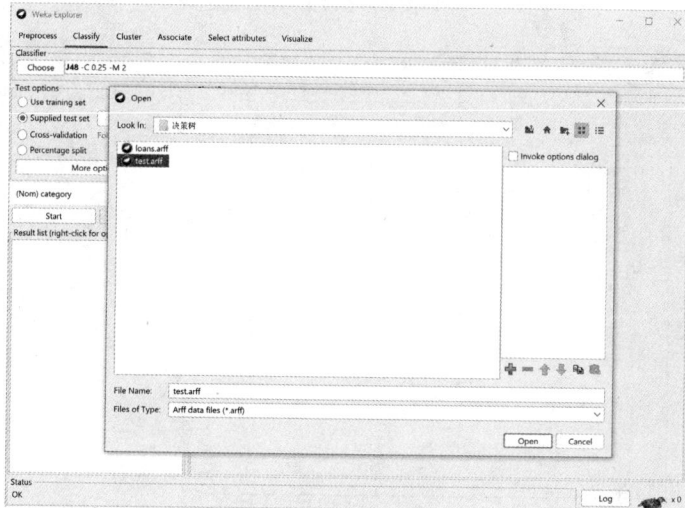

图 8-19　选择测试文件

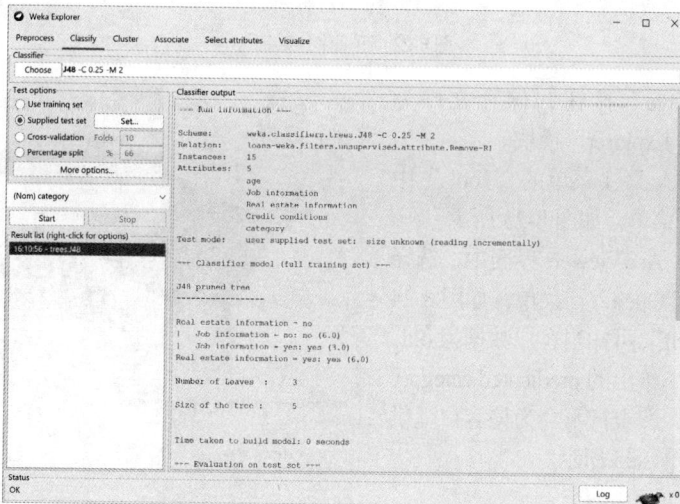

图 8-20　"Classifier output"分类结果

< 173 >

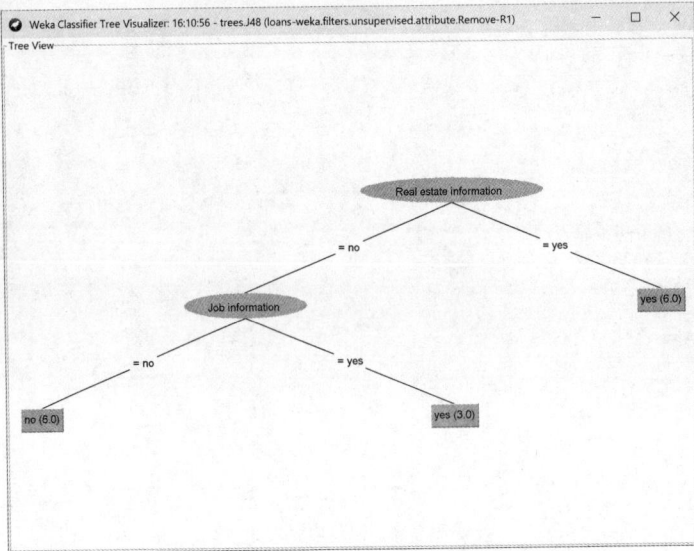

图 8-21 决策树

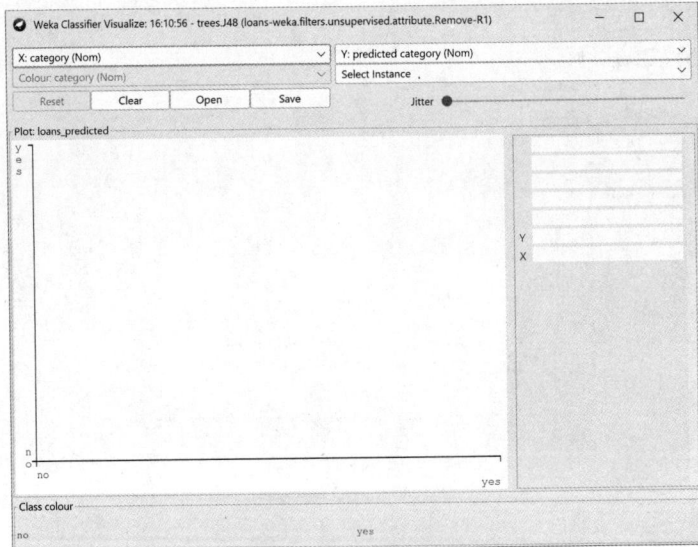

图 8-22 可视化分类结果

（9）单击"Save"按钮，保存文件为"result.arff"，关闭"Explorer"模块。

（10）选择"Weka"主菜单的"Tools"中的"ArffViewer"子菜单，如图 8-23 所示。

（11）在打开的 ArffViewer 界面中，选择"File"主菜单下的"Open"子菜单，如图 8-24 所示，选中"result.arff"，可知当客户数据为 old、no、no、excellent 时，给出的 predicated category（预测结果）为 no，即银行不会为该客户提供贷款，预测结果如图 8-25 所示。

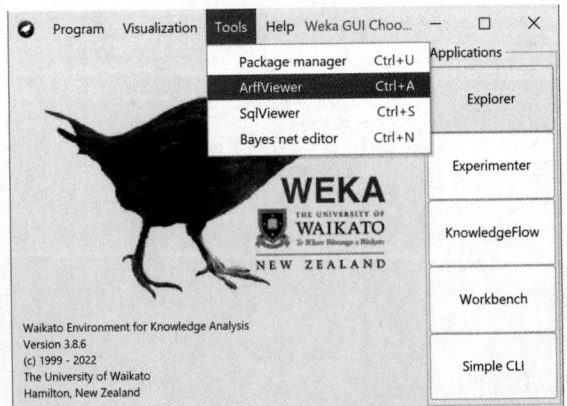

图 8-23 "ArffViewer"子菜单

< 174 >

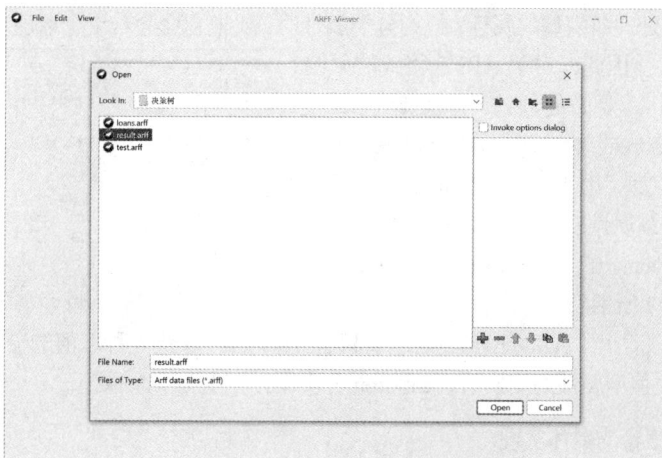

图 8-24　打开 result 文件

result.arff						
Relation: loans_predicted						
No.	1: age Nominal	2: Job information Nominal	3: Real estate information Nominal	4: Credit conditions Nominal	5: prediction margin Numeric	6: predicted category Nominal	7: **category** Nominal
1	old	no	no	excellent	1.0	no	

图 8-25　预测结果

实验 8-2　基于 *k* 均值算法的银行客户聚类分析

一、实验目的

1. 熟悉 Weka 平台 *k* 均值算法操作流程。
2. 掌握.arff 数据制作与转换方法。
3. 掌握模型选择、数据可视化等基本操作方法。

二、实验任务描述

互联网金融快速发展，如何充分挖掘客户潜力？针对目标群体开展精准营销，实现银企双赢，成了现代数字服务业不可不讨论的话题。本实验利用 Weka 平台提供的"simpleKMeans（*K* 均值）"算法对"bank-data"数据集进行聚类分析，其目的就是发现具有相似消费能力的客户，为银行针对不同客户群体制定营销策略提供支持。"bank-data"数据集包括 600 个实例，每个实例包含用户 ID、年龄、性别、收入、婚姻状况、房产、汽车等信息。该数据集可用于分类、聚类、回归、关联规则分析等任务，部分内容如图 8-26 所示。

id	age	sex	region	income	married	children	car	save_act	current_act	mortgage	pep
ID12101	48	FEMALE	INNER_CITY	17546	NO	1	NO	NO	NO	NO	YES
ID12102	40	MALE	TOWN	30085.1	YES	3	YES	NO	YES	YES	NO
ID12103	51	FEMALE	INNER_CITY	16575.4	YES	0	YES	YES	YES	NO	NO
ID12104	23	FEMALE	TOWN	20375.4	YES	3	NO	NO	YES	NO	NO
ID12105	57	FEMALE	RURAL	50576.3	YES	0	NO	YES	NO	NO	NO
ID12106	57	FEMALE	TOWN	37869.6	YES	2	NO	YES	YES	NO	YES
ID12107	22	MALE	RURAL	8877.07	NO	0	NO	NO	YES	NO	YES
ID12108	58	MALE	TOWN	24946.6	YES	0	YES	YES	YES	NO	NO
ID12109	37	FEMALE	SUBURBAN	25304.3	YES	2	YES	NO	NO	NO	NO
ID12110	54	MALE	TOWN	24212.1	YES	2	YES	NO	NO	NO	NO
ID12111	66	FEMALE	TOWN	59803.9	YES	0	NO	NO	NO	NO	NO
ID12112	52	FEMALE	INNER_CITY	26658.8	NO	0	YES	YES	YES	YES	NO
ID12113	44	FEMALE	TOWN	15735.8	YES	1	NO	YES	YES	YES	YES
ID12114	66	FEMALE	TOWN	55204.7	YES	1	YES	YES	YES	NO	NO
ID12115	36	MALE	RURAL	19474.6	YES	0	NO	YES	YES	NO	NO
ID12116	38	FEMALE	INNER_CITY	22342.1	NO	0	YES	YES	YES	NO	YES
ID12117	37	FEMALE	TOWN	17729.8	YES	2	NO	NO	NO	YES	NO
ID12118	46	FEMALE	SUBURBAN	41016	YES	0	NO	YES	NO	NO	YES
ID12119	62	FEMALE	INNER_CITY	26909.2	YES	0	NO	NO	NO	NO	YES

图 8-26　"bank-data.xlsx"数据集部分内容

三、实验内容和步骤

1. 数据的准备及预处理

原始数据文件 bank-data.xlsx 是 Excel 文件，需要转换成 Weka 支持的 ARFF 格式，转换方法参见本章"学习指导"。

< 175 >

k 均值算法只能处理数值型的属性，遇到分类属性时，要把它变为若干个取值 0 和 1 的属性，Weka 将自动实施这个变换。因此，对于 ARFF 格式的原始数据 bank-data.arff，需要做的预处理只是删去属性 "id"，修改属性 "children" 为分类属性（children 属性不能直接处理为数值型，因为孩子的数量不能出现小数，所以要将 children 属性变为分类属性）。修改过程如下：打开 bank-data.arff，将 "@attribute children numeric" 改成图 8-27 所示的一行内容。

```
@attribute age numeric
@attribute sex {FEMALE,MALE}
@attribute region {INNER_CITY,TOWN,RURAL,SUBURBAN}
@attribute income numeric
@attribute married {NO,YES}
@attribute children {0,1,2,3}
@attribute car {NO,YES}
@attribute save_act {NO,YES}
@attribute current_act {NO,YES}
@attribute mortgage {NO,YES}
@attribute pep {YES,NO}
```

图 8-27　children 属性数据类型修改

从图 8-27 中可以看出，children 属性变成了只有 0、1、2、3 这 4 种取值的分类属性。在 Weka 自动实施分类属性到数值型属性的变换后，children 分类属性则变为 4 个取值。

2．基于 Weka 平台的具体实现

（1）打开 Weka 软件，单击 Explorer 模块界面中的 "Open file…" 按钮，在弹出的对话框中打开包含 600 个实例的数据集 "bank-data.arff"，并切换到 "Cluster" 选项卡。

（2）单击 "Choose" 按钮，选择 "SimpleKMeans"，如图 8-28 所示。

（3）单击 "Choose" 按钮旁边的文本框，修改参数。将参数 "numClusters" 设置为 6，即把这 600 个实例聚成 6 类，$K=6$；设定随机种子值 "seed" 为 10，依此产生一个随机数，用来得到 K 均值算法中第一次给出的 K 个簇中心的位置，如图 8-29 所示。

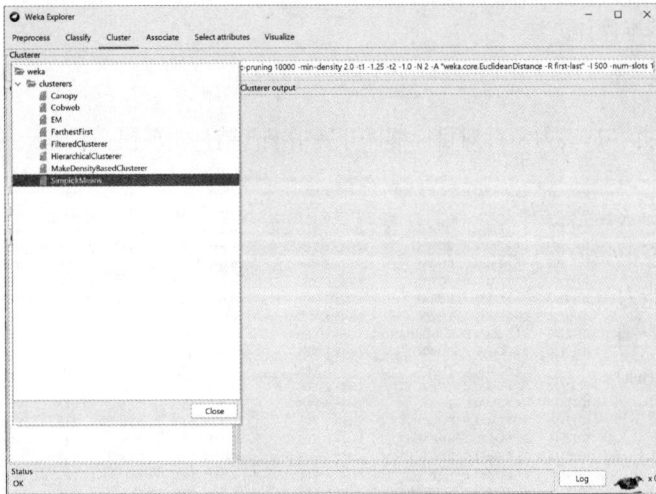

图 8-28　选择聚类算法

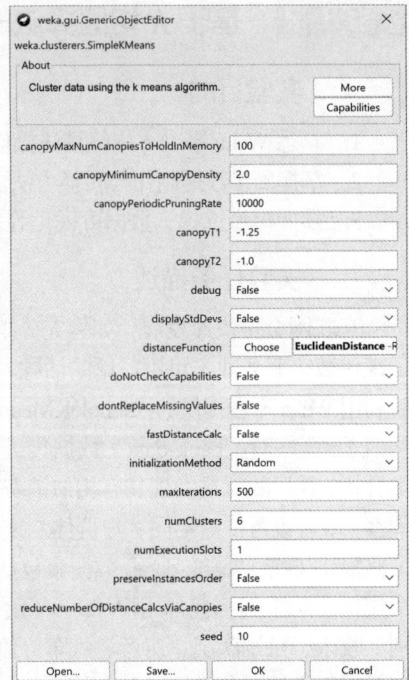

图 8-29　设置簇的个数

单击 "OK" 按钮系统返回如图 8-30 所示界面。其中，"Cluster Mode" 包含的 4 个单选按钮的含义如下。

"Use training set" 单选按钮，报告训练对象的聚类结果和分组结果。

"Supplied test set" 单选按钮代表使用附加的检验集，报告训练对象的聚类结果和附加的检验对象的分组结果。

< 176 >

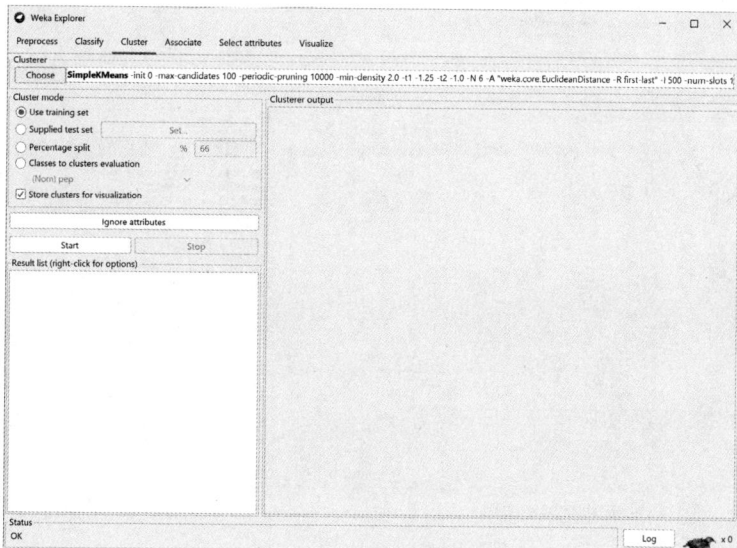

图 8-30　Cluster Mode

"Percentage split"单选按钮代表百分比划分，报告全部对象的聚类结果、训练对象的聚类结果，以及检验对象的分组结果。

"Classes to clusters evaluation"单选按钮代表监督评估，报告训练对象的聚类结果和分组结果、类/簇混淆矩阵和错误分组信息。

（4）单击"Start"按钮，观察右边"Clusterer output"聚类结果，如图 8-31 所示。

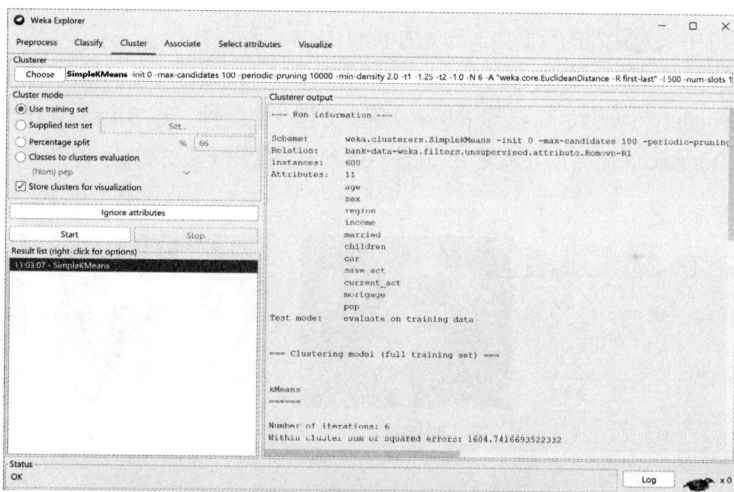

图 8-31　"Clusterer output"聚类结果

（5）为了观察可视化的聚类结果，在左下方"Result list"中列出的结果上右击，在弹出的快捷菜单中选择"Visualize cluster assignments"，在弹出的窗口中可以查看实例、属性值和簇之间的对应关系，最上方的两个下拉列表框用于选择横坐标和纵坐标，第二行下拉列表框中的"Colour"是散点图着色的依据，默认根据不同的簇（Cluster）给实例标上不同的颜色。例如，横坐标选择"Instance_number"，纵坐标选择"income"，可视化聚类结果如图 8-32 所示。

（6）在图 8-32 所示窗口中，单击"Save"按钮，把聚类结果保存成 KMeansCluster_bank.arff 文件。用文本文档编辑器打开该文件，"Instance_number"属性表示某实例的编号，"Cluster"属性表示聚类算法给出的该实例所在的簇，如图 8-33 所示。

< 177 >

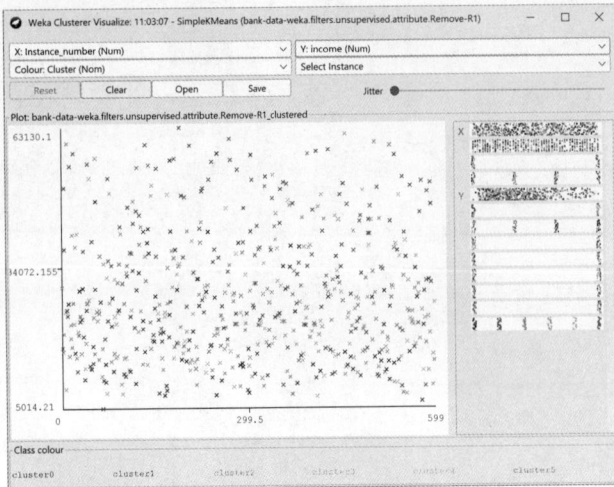

图 8-32　可视化聚类结果

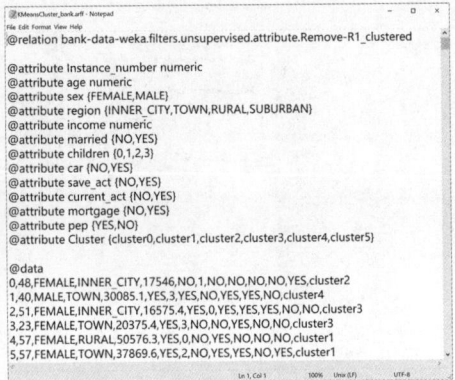

图 8-33　查看每个实例所在的簇

实验 8-3　基于 k 近邻算法鸢尾花数据分类分析

一、实验目的

1. 熟悉 Weka 平台 k 近邻算法的操作流程。
2. 掌握模型选择、数据可视化等基本操作方法。

二、实验任务描述

现有收集到的 150 朵鸢尾花的数据集，部分内容如图 8-34 所示。

每朵鸢尾花都有 4 个属性，分别为 Petal width（花瓣宽度）、Petal length（花瓣长度）、Sepal width（花萼宽度）和 Sepal length（花萼长度）。已知 150 朵鸢尾花分属 3 个品种：Iris Setosa（山鸢尾）、Iris Versicolor（变色鸢尾）和 Iris Virginica（维吉尼亚鸢尾），如图 8-35 所示。使用 k 近邻算法来判断数据集中的鸢尾花分别属于哪个品种。

Petal_width	Petal_length	Sepal_width	Sepal_length
0.2	1.4	3.5	5.1
0.2	1.4	3	4.9
0.2	1.3	3.2	4.7
0.2	1.5	3.1	4.6
0.2	1.4	3.6	5
0.4	1.7	3.9	5.4
0.3	1.4	3.4	4.6
0.2	1.5	3.4	5

图 8-34　鸢尾花数据集部分内容

图 8-35　鸢尾花的 3 个品种

三、实验内容和步骤

（1）打开本章图 8-1 所示 Weka 主界面，单击 "Explorer" 按钮。

（2）单击 "Open file…" 按钮，选择文件 iris.arff 并打开，如图 8-36 所示。

（3）在图 8-37 所示的界面中，可以观察到 iris 数据集中共有 150 个实例，每个实例有 5 个属性，选择某个属性，可以看到 150 个实例此属性的最大值、最小值、均值等信息，然后单击顶部的 "Classify" 选项卡标签。

（4）单击 "Choose" 按钮，选择 "IBk" 算法，如图 8-38 所示。

（5）单击 "Choose" 按钮旁边的文本框，修改参数。k 近邻算法的性能由距离函数、k 值、分类决策规则 3 个参数决定。

< 178 >

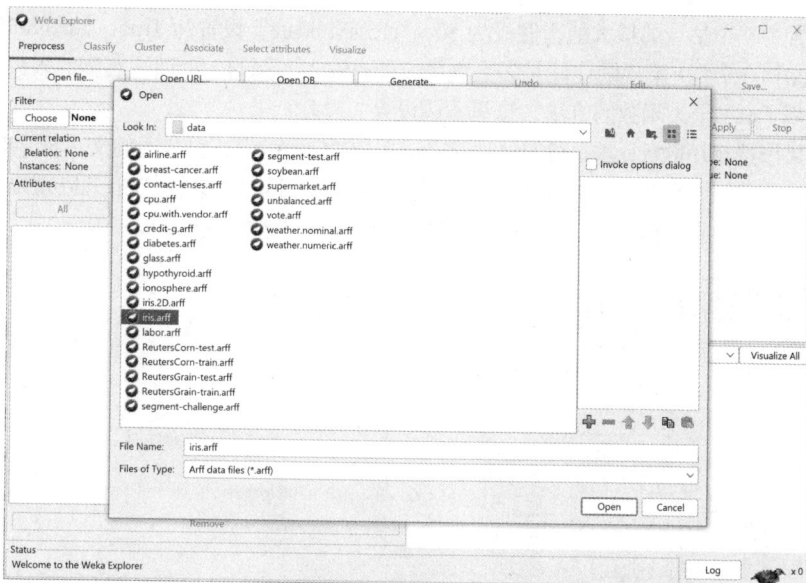

图 8-36　打开数据文件

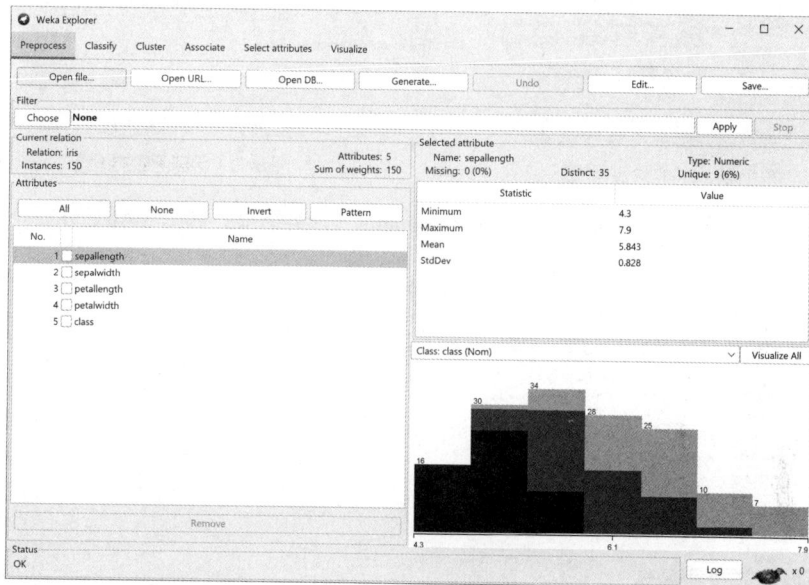

图 8-37　观察实例属性

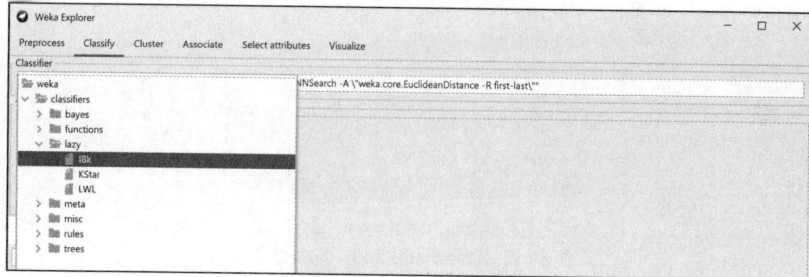

图 8-38　选择 k 近邻算法

k 值的选择会对 k 近邻算法的结果产生重大影响。k 值过大，会使模型过于简单，导致欠拟合；k 值过小，会使模型过于复杂，导致过拟合。在实际应用中，通常采用交叉验证法来选取最优的 k 值。

< 179 >

这里将 k 值设置为一个估计的最大值，假设为 50，"crossValidate"设置为 True，如图 8-39 所示。

k 近邻算法中的分类决策规则往往是多数表决，即由输入实例的 k 个训练实例的多数类决定分类，实质上就是利用了 0-1 损失函数的方法，这里不用设置。

距离度量可以选择用欧氏距离、曼哈顿距离等，单击"Choose"按钮旁边的文本框，出现如图 8-40 所示的对话框。系统默认距离选择欧氏距离，单击"Choose"按钮，选择"EuclideanDistance"。单击"OK"按钮，退出修改距离函数界面。单击"OK"按钮，退出参数选择界面。

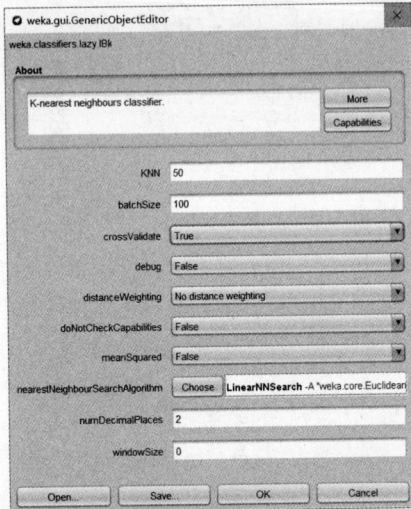

图 8-39　k 值的设置

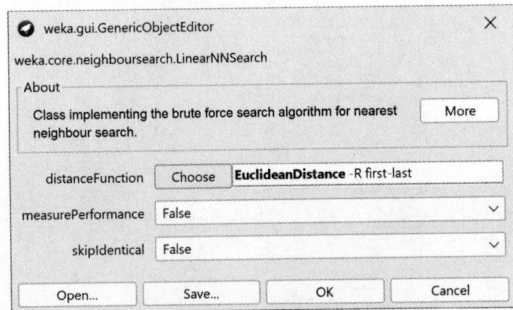

图 8-40　距离函数的设置

（6）单击"Start"按钮，观察右边"Classifier output"分类结果，如图 8-41 所示。

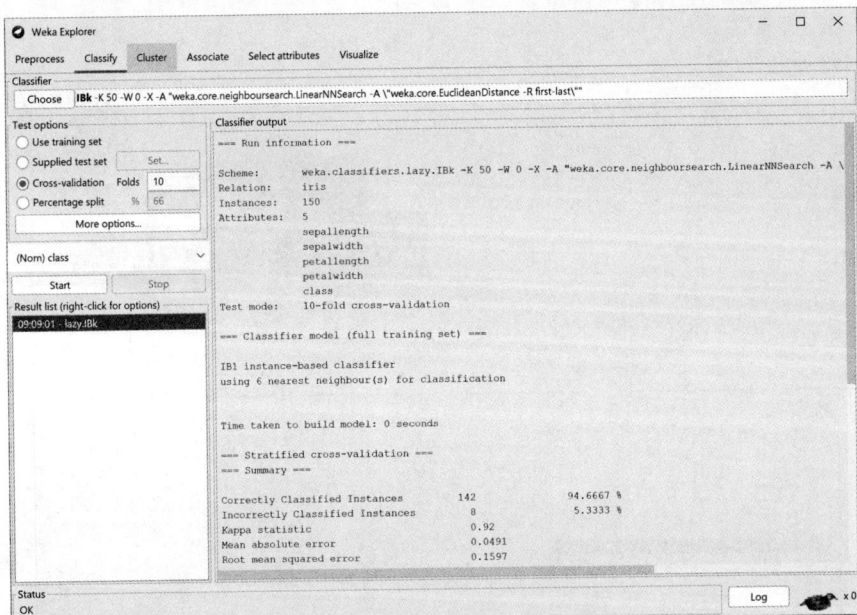

图 8-41　"Classifier output"分类结果

通过上面的结果分析，用交叉验证法选取到的 k 值是 6。

（7）为了观察可视化的分类结果，在左下方"Result list"中列出的结果上右击，在弹出的快捷菜单中选择"Visualize Classifier error"，结果如图 8-42 所示。

< 180 >

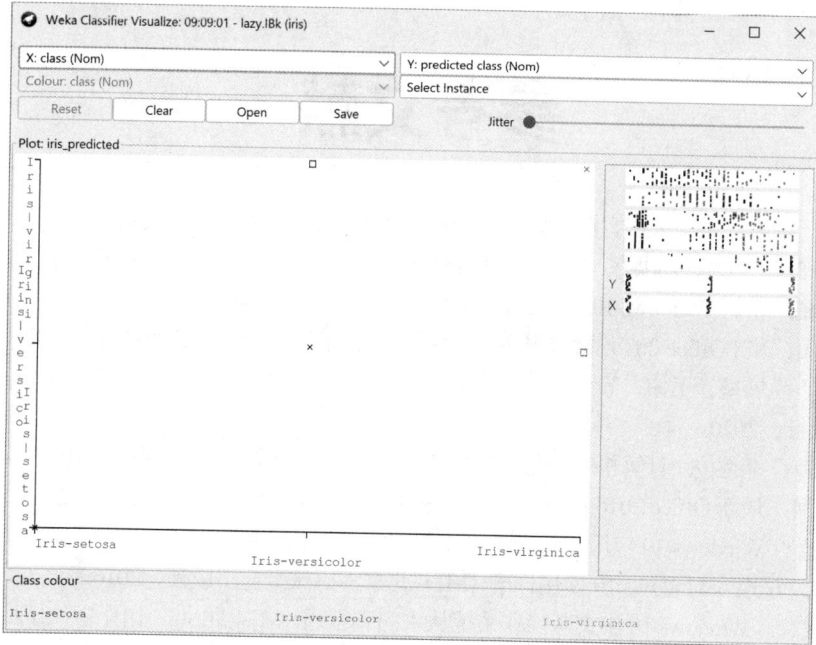

图 8-42　"Visualize Classifier error"结果

（8）在图 8-42 所示窗口中，单击"Save"按钮，把分类结果保存成 KnnClassifier_isir.arff 文件，关闭"Explorer"模块。

（9）选择"Weak"主菜单的"Tools"中的"ArffViewer"子菜单，在打开的 ArffViewer 界面中，选择"File"主菜单下的"Open"子菜单，选中"KnnClassifier_isir.arff"，查看 arff 文件，即可得到预测结果，如图 8-43 所示。

No.	1: sepallength Numeric	2: sepalwidth Numeric	3: petallength Numeric	4: petalwidth Numeric	5: prediction margin Numeric	6: predicted class Nominal	7: class Nominal
1	6.7	3.1	5.6	2.4	0.998521	Iris-virginica	Iris-vir...
2	6.3	2.7	4.9	1.8	0.599112	Iris-virginica	Iris-vir...
3	6.5	3.2	5.1	2.0	0.599112	Iris-virginica	Iris-vir...
4	6.4	3.1	5.5	1.8	0.599112	Iris-virginica	Iris-vir...
5	6.5	3.0	5.8	2.2	0.998521	Iris-virginica	Iris-vir...
6	5.7	3.8	1.7	0.3	0.998521	Iris-setosa	Iris-se...
7	4.7	3.2	1.6	0.2	0.998521	Iris-setosa	Iris-se...
8	5.0	3.5	1.3	0.3	0.998521	Iris-setosa	Iris-se...
9	5.4	3.9	1.3	0.4	0.998521	Iris-setosa	Iris-se...
10	4.8	3.1	1.6	0.2	0.998521	Iris-setosa	Iris-se...
11	6.1	2.8	4.0	1.3	0.998521	Iris-versicolor	Iris-ve...
12	6.7	3.1	4.7	1.5	0.865385	Iris-versicolor	Iris-ve...
13	5.6	2.5	3.9	1.1	0.998521	Iris-versicolor	Iris-ve...
14	6.1	2.8	4.7	1.2	0.865385	Iris-versicolor	Iris-ve...
15	6.0	2.7	5.1	1.6	-0.465976	Iris-virginica	Iris-ve...
16	6.7	3.0	5.2	2.3	0.99631	Iris-virginica	Iris-vir...
17	7.7	2.6	6.9	2.3	0.99631	Iris-virginica	Iris-vir...
18	6.7	3.3	5.7	2.5	0.99631	Iris-virginica	Iris-vir...
19	7.7	3.8	6.7	2.2	0.99631	Iris-virginica	Iris-vir...
20	6.5	3.0	5.2	2.0	0.99631	Iris-virginica	Iris-vir...
21	4.9	3.0	1.4	0.2	0.996835	Iris-setosa	Iris-se...
22	5.3	3.7	1.5	0.2	0.99631	Iris-setosa	Iris-se...
23	4.6	3.1	1.5	0.2	0.99631	Iris-setosa	Iris-se...
24	4.5	2.3	1.3	0.3	0.99631	Iris-setosa	Iris-se...
25	5.0	3.3	1.4	0.2	0.99631	Iris-setosa	Iris-se...
26	6.6	2.9	4.6	1.3	0.99631	Iris-versicolor	Iris-ve...
27	5.6	3.0	4.1	1.3	0.99631	Iris-versicolor	Iris-ve...
28	4.9	2.4	3.3	1.0	0.99631	Iris-versicolor	Iris-ve...
29	5.4	3.0	4.5	1.5	0.99631	Iris-versicolor	Iris-ve...
30	5.6	2.7	4.2	1.3	0.99631	Iris-versicolor	Iris-ve...

图 8-43　每个实例的预测结果

< 181 >

参考文献

[1] 周勇. 计算思维与人工智能基础（第 2 版）[M]. 北京：人民邮电出版社，2021.

[2] 陈海洲，王俊芳，刘洪海. 信息技术基础 Windows 10+WPS [M]. 北京：清华大学出版社，2022.

[3] 李志鹏. 精解 Windows 10（第 3 版）[M]. 北京：人民邮电出版社，2021.

[4] 周凤石. MS Office 2016 高级应用案例教程 [M]. 南京：南京大学出版社，2021.

[5] 甘勇，尚展垒，王伟，等. 大学计算机基础实践教程：Windows 10+Office 2016 [M]. 北京：人民邮电出版社，2020.

[6] 高万萍，王德俊. 计算机应用基础教程 [M]. 北京：清华大学出版社，2019.

[7] 金松河. 最新 Office 2016 高效办公六合一 [M]. 北京：中国青年出版社，2018.

[8] 丁爱萍. Windows 10 应用基础 [M]. 北京：电子工业出版社，2018.

[9] 刘冲，方芳. Windows 10 使用详解 [M]. 北京：机械工业出版社，2016.

[10] 任成鑫. Windows 10 中文版操作系统从入门到精通 [M]. 北京：中国青年出版社，2016.

[11] 龙马高新教育. Windows 10 入门与提高 [M]. 北京：人民邮电出版社，2016.

[12] 吕咏，葛春雷. Visio 2016 图形设计从新手到高手 [M]. 北京：清华大学出版社，2016.

[13] 张艳，姜薇. 大学计算机基础实验教程（第 3 版）[M]. 北京：清华大学出版社，2016.

[14] 王新，高娟. 大学计算机基础实验指导 [M]. 北京：清华大学出版社，2016.